中青年学者文库

章　辉 ◎著

实践美学：历史谱系与理论终结

Practice Aesthetics: Historical Pedigree and Theoretic Finality

图书在版编目(CIP)数据

实践美学:历史谱系与理论终结/章辉著. —北京:北京大学出版社,2006.9

(未名中青年学者文库)

ISBN 7-301-11091-X

Ⅰ.实… Ⅱ.章… Ⅲ.美学史 Ⅳ.B83-09

中国版本图书馆 CIP 数据核字(2006)第 113618 号

书　　　名:	实践美学:历史谱系与理论终结
著作责任者:	章辉　著
组　　　稿:	杨书澜
责 任 编 辑:	魏冬峰
标 准 书 号:	ISBN 7-301-11091-X/B·0378
出 版 发 行:	北京大学出版社
地　　　址:	北京市海淀区成府路 205 号　100871
网　　　址:	http://www.pup.cn
电　　　话:	邮购部 62752015　发行部 62750672　编辑部 62752824
	出版部 62754962
电 子 邮 箱:	weidf@pup.pku.edu.cn
印　刷　者:	三河市新世纪印务有限公司
经　销　者:	新华书店
	650 毫米×980 毫米　16 开　17.75 印张　340 千字
	2006 年 9 月第 1 版　2006 年 9 月第 1 次印刷
定　　　价:	33.00 元

未经许可,不得以任何方式复制或抄袭本书之部分或全部内容。
版权所有,侵权必究
举报电话:010-62752024　电子邮箱:fd@pup.pku.edu.cn

目　录

序言 …………………………………………………………（1）

第一章　实践美学:历史缘起 ………………………………（1）
　第一节　实践美学的历史缘起 …………………………（3）
　第二节　实践美学的理论崛起 …………………………（9）
第二章　实践美学:理论建构 ………………………………（19）
　第一节　李泽厚与实践美学 ……………………………（21）
　第二节　朱光潜与实践美学 ……………………………（35）
第三章　实践美学:发展谱系 ………………………………（45）
　第一节　刘纲纪:创造自由论 ……………………………（47）
　第二节　周来祥:美在关系 ………………………………（55）
　第三节　蒋孔阳:实践美学的总结者 ……………………（61）
　第四节　邓晓芒:新实践美学 ……………………………（69）
　第五节　张玉能:实践美学的终结者 ……………………（77）
　第六节　《巴黎手稿》与实践美学 ………………………（85）

第四章 实践美学:理论终结 ……………………………… (103)
    第一节 实践美学与本体论问题 ……………………… (105)
    第二节 实践美学局限分析 …………………………… (133)
    第三节 实践美学与现代性问题 ……………………… (151)
    第四节 从比较视野看实践美学 ……………………… (171)
    第五节 论审美超越 …………………………………… (196)
    第六节 告别实践美学 ………………………………… (216)

结语:现代性与中国当代美学 ………………………………… (236)

参考文献 ……………………………………………………… (246)

附录 实践美学研究文献索引 ………………………………… (250)

跋 实践美学:我的思路 ……………………………………… (265)

序　言

　　大学本科时，我和许多文学青年一样，经常参加一些文学社团的活动，但我更多的是阅读文学名著。读过许多文学作品后，我发现自己的所获并没有增加，比起那些训练有素的批评家和文学研究者，我的阅读非常肤浅。我很快找到原因，那就是缺乏理论素养，于是我找来文学理论方面的书阅读。这时，我又选修了跨系课程《美学》，老师介绍了朱光潜，于是我找来当时还只出版了5卷的《朱光潜全集》。先从朱光潜解放前的书读起，兴趣渐浓，读到解放后的美学论争，发现朱先生所引用的论争对象李泽厚的美学观点似乎很有说服力，于是就读李泽厚的书，开始信奉李泽厚创立的实践美学。就这样，因各种机缘，我对文艺学美学发生了兴趣。本科毕业时，我想，如果不从事自己喜爱的专业的研究，那就永远只能作一个文学的业余爱好者了。能够把自己的业余爱好转变成专业工作来做不是很幸福的事情吗？于是我在本科毕业之际报考了文艺学专业的硕士研究生。读硕士研究生期间，我注意到学界开始批评实践美学，于是又阅读了一些这方面的文章，后来就以"从实践美学到后实践美学"为题写作硕士论文。但一是限于学力，许多问题没有想清楚；二是实践美学与后实践美学的论争还没有真正展开，实践美学的新发展也还没有提出，结果我只是在论文里表达了一些个人的体会——对我而言这一点弥足珍贵。这些体会现在就构成本书第四章第五节的内容。博士论文我选的是西方美学方向，但读书期间仍然对实践美学问题保持着兴趣和关注。博士毕业后，2002年进入中国人民大学哲学系博士后流动站工作，我决定对实践美学问题作一系统性的清理，本书就是在博士后研究报告的基础上修订而成。本课题可以说是我多年学术兴趣和知识积累的一个总结，写作本书也算是一个圆梦行为。

那么,我们如何对待如何清理实践美学的问题呢?我认为,任一理论学说都有其发生的社会历史缘起,都有其思想来源,都有特定的逻辑行程和阐释限度,这些构成了其理论的基本言说方式和深层结构。面对实践美学这一美学学说,我们也必须询问这样一些问题:实践美学发生的社会历史背景是怎样的?其代表人物如何形成了继承与发展的谱系?其理论核心是什么?其思想来源有哪些?作为美学理论,实践美学具有怎么样的价值取向和阐释有效性?从前沿理论和其他参照系来看,实践美学有哪些缺陷?这些缺陷如何导致了其合法性的丧失?等等。也就是说,从历史背景、基本观点、发展谱系、成败得失四个方面去把握,实践美学作为问题史所应有的内容就可以清晰地呈现出来。

在我看来,实践美学的历史功绩在于,第一,强调了人的实践和征服自然的伟大力量,在特定时代弘扬人道主义和主体性,以呼唤人性复归的姿态领导了新时期思想解放的潮流。第二,实践美学反对了旧唯物主义自然本体论和唯心主义精神本体论的美学观。实践美学自成逻辑体系,影响了中国近半个世纪的美学教材的写作和学术价值取向。第三,实践美学注重审美的认识性和功利性,突出了艺术的意识形态性,多方面地研究了艺术社会学和审美心理学,对文艺的外部研究和内部研究做了深入的开拓。第四,实践美学呼唤主体精神,把崇高给予人的能动的创造性,具有积极乐观的人文品格。第五,实践美学找到了实践这个人与自然的中介,这是它对美学本体论的最大贡献。

但实践美学的理论缺陷更为明显,这可以从宏观微观、比较对照视野分别考察。从宏观整体上看,实践美学按照西方传统本体论哲学形态结构美学体系,即按照黑格尔所说的历史和逻辑统一的原则,从哲学起点推演出美学范畴来结构体系。其缺陷在于,理性是有限的,一种阐释视角的选择必然是对另一种视角的遮蔽,一种本体的选取就决定了这种理论的逻辑行程和阐释限度。黑格尔以理念为本体必然贬抑感性生命;实践美学以实践为本体,实践又是集体性的社会性的客观活动,美是实践的产物,对于个体而言,美就是先在的,现成的,个体的审美活动就在其逻辑之外。实践作为本体是有弊病的,实践只能区分人与自然,无法区分认识、伦理与审美,无法区分群体与个体,无法关注现代性的个体存在。马克思主义是哲学原则,但实践美学就把这个哲学原则直接应用于美学,所以美学一直没有找到自己的问题域,而存在主义哲学和哲学解释学的出发点是个体人的命运,是个体的自由如何可能的问题,而审美活动首先就是个体的活动,是个体验为何又有共通性的问题,因此当代西方的人学思潮就与美学有天然联系,这也就是后实践美学以存在论哲学和当代西方美学为思想资源而能超越实践美学的原因。从微观分析,就是从实践美学本身看其观点的局限,实践美学存在起源本质论、美感认识论、忽视审美主体、古典自由观、褊狭的艺术观和自然美观等问题,这导致了其阐释视野的有限性。

　　一种学说的精神取向和理论逻辑除了从其本身去分析外,还可以引入其他参照系,从比较对照中可以看其阐释限度。实践美学对反映论美学的代替建立在马克思和康德对近代机械唯物主义哲学观的超越之上,但实践美学的基本知识结构仍然局限于西方古典哲学。从现象学美学视野看,实践美学忽视了存在本身;从解释学视阈看,实践美学有保守倾向;从存在主义美学观点看,实践美学缺乏对生命的尊重;从分析美学角度分析,实践美学存在语言误置等等缺陷。现代性理论提供了观察对象的新维度。从现代性视角看,实践美学的思想资源来自启蒙哲学,实践美学并未获得审美现代性。实践美学的古典性表现在:理性主体性、人类中心论、科学方法论、乐观主义历史进步观、现实主义文艺观等方面。审美活动是美学研究的中心,也是实践美学最薄弱之处。现代性审美活动的根本特征是超越性和自由性,审美活动不仅超越现实的真善,而且超越个体生命的有限性,它建构着个体生命独特的精神性的超验意义。

第一章

实践美学:历史缘起

实践美学是中国化的马克思主义美学,它最初起源于对马克思《巴黎手稿》①的阐释。在20世纪五六十年代的美学大讨论中,实践美学以其深刻的哲学根基批驳了客观论、主观论和主客观统一论美学而成为中国美学界的主流知识形态。同时,特定的文化语境对实践美学的发生也产生了重要影响。

---

① 马克思的这本书原名《1844年经济学—哲学手稿》,因是马克思于1844年旅居巴黎期间所写,故我国学界习惯称之为《巴黎手稿》。

第一节　实践美学的历史缘起

中国实践美学发生于20世纪五六十年代的美学大讨论。在当时的文化语境中,中国古典文化被批判为封建主义糟粕,西方现代理论则被认定为资本主义的腐朽思想,文化创造唯一的思想来源是马克思主义,其中苏联化的马克思主义对中国当时的权威思想以及学界话语影响甚大。实践美学在我国从发生、发展到成熟已经走过近半个世纪的历程了。当我们站在世纪之交来回顾实践美学的历史缘起的时候,不能不面对这样一个基本事实,即发生在我国20世纪五六十年代的美学大讨论与苏联当时的美学论争有着惊人的相似,双方在时序和提出的理论观点上存在着同步和同构现象,在我国影响最大的实践美学与苏联影响最大的社会说美学更是交相辉映。前此的学术史在考察这一现象时往往一笔带过,语焉不详。今天我们来做学术史的清理工作的时候,仔细考察这种文化现象形成的原因、表现形态及其文化意蕴就应该是一个有意思而又有意义的课题了。

俄国革命民主主义思想家留下的丰富的美学遗产、"白银时代"的文艺繁荣以及无产阶级革命先驱普列汉诺夫等人的艺术社会学思想构成了十月革命前俄国美学思想的传统。列宁本人对文学艺术极为重视,多次阐述文艺在革命中的地位和作用。十月革命后,在对无产阶级文化派、形式主义、结构主义等文艺思潮的批判中,列宁亲自制定了党的文艺政策,强调了艺术的党性、人民性和思想性原则,批判了形式主义、为艺术而艺术等美学思想。同时,高尔基、卢那察尔斯基等人发展了无产阶级的美学思想。20世纪30年代初期,苏联学界展开了对马克思恩格斯的美学和艺术思想的研究,出版了《马克思恩格斯论艺术》、《论马克思艺术观点的发展问题》等书。1934年召开的第一次全苏作家代表大会制定了文艺领域里社会主义现实主义的创作和批评原则,宣布"社会主义现实主义是苏联艺术文学和文学批评的基本方法",随后,社会主义现实主义成为文学艺术的指导原则。但在现实主义文艺的发展过程中,由于受左的倾向的影响,形而上学僵化的思想阻滞了文艺的生命力,如只允许文艺歌颂光明,不允许暴露黑暗;把典型等同于政治原理的图解;把艺术史归结为现实主义与反现实主义的斗争史,把现实主义推崇为唯一的完美的合法的艺术原则;把20世纪的非社会主义艺术归结为资产阶级颓废主义;对西方美学批评的简单化倾向等。20世纪50年代,随着对个人崇拜的批判,美学文艺学的思考也活跃起来。1954年召开的苏联作家第二次代表大会对把社会主义现实主义视为某些教条陈规,把艺术形象看作某一预定思想内容的图解的观点做了批评。1955年《共产党人》杂志社发表编辑部文章《文学与艺术中的典型问题》,批评了美学研究中的教条主义倾向,这种倾向把典型归结为某一社会历史现象的本质。文章指出,庸俗化的思想把党性和典型性混为一谈,把列宁关于哲学中的党性的理解机械地搬到艺术上来,不顾艺术中的党性有其自身的特性。这些措施及时纠正了文艺政策中出现的问题,为随后展开的美学论争的开放性准备了条件。

从1956年开始,苏联学界围绕着美的本质、美学研究的对象、艺术的一般原理等问题展开了长达10年之久的讨论。这些讨论通过《学习译丛》、《外国文艺理论译丛》、各种专著的翻译以及直接的俄文原著传播到中国来,对我国同时期的美学大讨论产生了重大影响。

美的本质问题是美学中最基本的理论问题,美的本质的解决决定着美学中其他问题的解决和美学体系的构成。1956年,马克思的《1844年经济学哲学手稿》(又称《巴黎手稿》)在苏联翻译出版,这给马克思主义美学研究以及美的哲学根源的探求提供了新的材料。围绕着对《巴黎手稿》的解释,苏联美学界提出了关于美的本质问题的几种基本观点,这些观点可大体分为"自然说"和"社会说"。"自然说"认为,现实的审美特性与物质对象的机械的、物理的性质一样不依赖人类社会而存在,美的本质存在于物质世界的规律之中。"自然说"的代表人物提出了"多样性的统一"、"整体内部的各部分的对应"、"对称性"、"生命发展中的最高阶段"等概念,认为美的规律存在于物质自然中。主张"自然说"的学者有德米特里耶娃、波斯彼罗夫、卡兰塔尔等人。德米特里耶娃认为,美是对象自身的多样化的统一与和谐,当生活达到真正的和谐时也就达到了美。如果人在自然界中看到了美,那么,在这里,自然本身固有的属性在某种程度上也起了作用。波斯彼罗夫在《审美和艺术》一书中提出了美的进化等级说,他认为,无机自然界的美在于天然的组织中;有机生命的美取决于有机体的进化水平以及在一定物种内个体的优越性和完善程度;原始人的美在于个体把社会——种族的特性相对明显地体现出来;阶级社会中的美则更多地取决于社会——道德因素。在引证《巴黎手稿》时,波斯彼罗夫把"美的规律"理解为物种内在的尺度,即"按照周围每一种对象的整个内部结构的基础的质和量的相互关系"来创造美,因此他认为,马克思是主张美在客体对象自身的,审美感受、认识和关系离开物质的审美客体就不能存在,而社会说的提倡者忽视了审美客体,走向了主观主义。卡兰塔尔认为美是客观的,是"反映出客观的普遍规律性的物质的发展过程"。坚持"自然说"的一些学者认为《巴黎手稿》并不是成熟的马克思主义的著作,他们主张美学问题的解决应该根据列宁的反映论,把审美对象与审美感受区分开,认为马克思所说的"美的尺度"是事物内在的尺度,从而坚持了美在事物本身的自然属性的观点。可以看出,"自然说"的理论主张与蔡仪"美是典型"的美学观基本一致,特别是波斯彼罗夫的有机生命和无机自然的美的等级理论与蔡仪的"无机界—有机界","低级生命—高级生命"的理论十分相似。这种在人文科学中抹杀主体性,把美的存在客观化,把美学自然科学化的学说被"社会说"的倡导者斥为机械唯物主义。

持"社会说"的学者认为马克思的《巴黎手稿》中的"自然人化"的重要思想奠定了马克思主义美学的基础,是解决美学问题的关键。他们认为,美根源于人类的客观社会实践。在实践活动中,一方面,人的本质力量对象化;另一方面,对象的尺度规律为人所掌握,成为对人的本质力量的肯定,这种对象化的过程才是美的根源。人在对象化的产品中直观到人的本质力量,因此引起人的审美感受。"社会说"的代表是斯托罗维奇。他认为,事物的审美特性,就是具体感性事物由于它们在具体社会关系中所起的作用而引起人对它们的一定思想感情关系的能力。因此,事物和现象的自然性质就是它们的审美特性的形式,而这些事物和现象在社会历史实践过程中客观地形成的社会意义则是审美特性的内容。事物的审美特性就是它们的社会特性。斯托罗维奇主张在社会生活,在历史实践中探寻美的根源,认为美存在于社会关系中,是社会实践的产物,而那些未经过改造的自然之所以是美的,也不在于它们的自然属性本身,而是因为它们已经客观地包含在人的实际生活中,它们好像是生活的"背景",它们的美是由它们在一定的具体历史条件下人的生活中的地位决定的。鲍列夫也主张在事物的社会意义中寻求美的本源,提出美是现象的肯定的社会价值这一命题。美是社会的,必须在人类社会历史的实践中去寻求其本质,美又是客观存在的,应该把人对现实的审美关系和客观的审美属性区别开。这种观点与我国美学讨论中主张从马克思的自然人化说去寻找美的根源的客观社会说的倡导者李泽厚、洪毅然等人的观点极为相似。

斯托罗维奇在论证美的社会性时比较有说服力,但他过分强调美的客观性,把美与人的个体创造割裂开了。为了避免这种观点的僵化,另一些"社会说"的支持者主张把主观性引进美的本质中。万斯罗夫要求把审美评价包括进美的范畴中,他认为美是作为对现实现象、首先是对人的劳动产品的审美评价的范畴而产生的,审美评价一方面反映现实现象本身所固有的客观特征,另一方面也包含对生活的审美要求和对生活价值的一定理解。显然,把美说成是审美评价,这就把主观的意识活动包括进美的存在中了。在自然美的问题上他受车尔尼雪夫斯基的影响,认为自然美也离不开主观的因素。这种美学观与朱光潜十分接近。朱光潜在1949年后主张用马克思的意识形态理论和艺术生产理论以及列宁的反映论来考察美的本质。与李泽厚和洪毅然不同的是,朱光潜重视审美主体对美的生成的意义。

"社会说"引起了"自然说"的批评。坚持"自然说"的学者们认为前者把马克思人的本质力量的对象化的思想任意扩大到未经改造过的自然对象上,把对美的感知与审美客体相混淆,在美学上陷入唯心主义,在艺术上导致了形式主义、表现主义等非现实主义艺术的产生。

从1956年开始到1966年结束,苏联学术界和文艺界围绕着美的本质问题展开了声势浩大的争论,各种杂志和专业刊物发表了大量论文,出版了相当数量的专著。各派理论展开交锋,论争没有取得一致意见。讨论以两本论文集《审美》和《审美的本质和功能》的出版告一段落。

"五四"运动后,左翼文艺界在通过俄文和日文转译马克思、恩格斯的文艺美学论著的同时,翻译了大量的俄苏马克思主义者的美学文艺学著作,如普列汉诺夫的《艺术与社会生活》、卢那察尔斯基的《艺术论》、沃罗夫斯基的《社会作家论》等。马克思主义者梅林、拉法格、高尔基、法捷列夫等人的关于文艺的理论成为我国无产阶级文艺思想的直接来源。概而言之,1949年以前,我国是通过苏联接受马克思主义创始人的思想,这种接受过程的间接性导致了把苏联的一些译介性的阐释也奉为经典,致使苏联化的马克思主义基本原理包括文艺思想一直在我国占有一个非同寻常的地位。1949年后,随着我国政治学术文化的全面苏联化,苏联的文艺学美学思想,它的创造性连同它的形而上学的片面性都传播到中国来,这些苏联化的马克思主义文艺思潮对我国的文艺理论和美学乃至党的文艺政策都发生了极大的影响。

苏联美学讨论中产生的几派理论在我国都有拥护者及其相似的理论观点,两国的美学讨论在时间维度、理论向度上有着惊人的相似和同构。造成这种文化现象的原因可以归纳为这么几点:1. 相同的理论来源——马克思列宁主义哲学及其文艺理论传统;2. 相似的意识形态背景——两党对文艺有基本一致的认识并制定了大致相似的文艺政策,都对西方文化采取批判的立场和虚无主义态度,并确立了苏联化的马克思主义思想的指导地位;3. 相关的文艺思潮——以社会主义现实主义为唯一的合法的艺术创作方法,一切其他流派和风格的文艺都被称为反现实主义的而被排斥。两国美学论争的焦点是美学的哲学基础问题,就其本身的提问方式和逻辑行程来看,其结论要么是美在主观,要么是美在客观,要么是主客观统一。统一说又可分为统一于主观精神、客观精神或客观实践,这也是人类历史上对这个问题解决的几种基本途径。基于以上几个方面的文化背景的相似,加上我国对苏联在政治思想文化上的全面依从,致使两国的美学讨论具有同步性和同构性。

可以说,发生在我国的美学大讨论是在"苏联模式",在苏联理论为阅读范式的"前结构"下展开的。但在我国对唯心主义批判,对马克思唯物主义合法化论证的特定历史背景中,苏联的社会说美学观更能得到认同,这派美学对我国影响也最大。李泽厚的实践美学认为,美根源于人类实践对自然的历史改造,美具有客观性和社会性,美感是对美的反映,艺术美是对现实美的反映,现实主义是艺术地掌握世界的最深刻的方式。这些观点与苏联的社会说具有明显的一致性,因此,实践美学是在苏联美学的影响下崛起的。

阐明苏联美学对我国的影响并不抹杀实践美学的独创价值,毕竟两国的政治学术文化背景并不完全相同。苏联影响只是外因,实践美学在我国发起的特殊背景,主要是反对机械反映论美学和批判1949年以前朱光潜的美学思想,这两派都在认识论层面讨论美学问题,只有马克思的《巴黎手稿》提供了从人与自然通过实践的双向对象化的辩证发展来探索美的起源和本质的本体论哲学基础。美学大讨论中实践美学的崛起对我国当代美学的发展具有重要意义,是建构具有中国特色的美学理论的开端。由于此后特定的政治文化的发展,我国在20世纪80年代再度掀起的美学热在政治上具有思想解放的意义,实践美学因其对主体性和人的自由的高扬更是充当了思想解放的先锋。而苏联美学在20世纪五六十年代的讨论后转向审美意识、技术美学、生产美学等方向的研究,两国美学不同的发展道路正表明了美学问题在中国所包含的特定的思想文化含义。同时,两国美学理论的同构是由于诸多文化背景的相似,这种文化现象从反面昭示我们,只有广泛地而不是单一地吸收思想文化遗产,才能在人类精神宝库中开出灿烂的花朵。

第二节 实践美学的理论崛起

美学大讨论的缘起最早可以追溯到1949年以前。朱光潜分别于1932年和1936年出版了《谈美》、《文艺心理学》等著作,在读者中产生了广泛的影响。蔡仪于1947年出版《新美学》,试图建立唯物主义美学体系,其中对朱光潜的文艺心理学体系作了批评。1953年《文艺报》发表了吕荧的《美学问题》一文,批评蔡仪的《新美学》,指出其与客观唯心主义的天然联系,接着蔡仪提出了反批评,认为吕荧的观点是主观唯心主义的。随后,《文艺报》、《哲学研究》、《人民日报》等有组织地刊发批判朱光潜解放前美学思想的文章,黄药眠、贺麟、曹景元、王子野等人从哲学根源、政治影响等方面对朱光潜作了学术和政治的批判。面对大规模有组织的批判,朱光潜写了《我的文艺思想的反动性》一文刊发于《文艺报》,对自己解放前的美学思想作了系统的自我否定。李泽厚在《哲学研究》1956年第5期上发表《论美感、美和艺术》一文,在批判朱光潜的同时尝试用马克思主义实践观建立新的美学体系。这时在阵营分明的批判中发生了戏剧性变化。黄药眠判定朱光潜为"食利者的代表",其美学是"食利者的美学"。蔡仪接着在1956年12月1日的《人民日报》上撰文《评"论食利者的美学"》,指责黄本人的观点与朱一样,是唯心主义的。蔡仪的这一掉转方向,使对朱光潜的一致的批判转入美学论争。为回应蔡仪的批评,朱光潜撰写了《美学怎样才能既是唯物的又是辩证的》,刊于1956年12月25日的《人民日报》,批评了蔡仪的观点,提出了自己学习马列主义之后的新的主客观统一论的美学。1957年1月9日的《人民日报》发表了李泽厚的《美的客观性和社会性》一文,批评了蔡和朱,进一步论证了美的客观性和社会性问题。《人民日报》在一个月时间内发表的三篇相互驳难的论文奠定了这次美学讨论的基调,此后的美学观点的论争和发展基本围绕着这三种观点展开。蔡仪对本阵营的反戈一击在客观上改变了对朱光潜单向的政治批判的调子,在一定程度上把美学批判转到学理和学术批评层面上来。随后,美学讨论在各种刊物上展开,《新建设》、《红旗》、《学术月刊》、《人民日报》等纷纷发表美学文章,蒋孔阳、周来祥、马奇、敏泽、高尔泰、宗白华等人纷纷发表自己对美学问题的看法。讨论围绕着美的主客观性和自然美问题以及艺术的一般原理等,各派意见纷然交锋,或提出自己的新观点,或批驳对方,或维护与发展一种观点。

从美学本身的逻辑来看,实践美学的提出正是建立在对前此几种观点批评的基础之上。从几种观点出现的时序看,蔡仪的客观论在解放前的《新美学》中已提出,吕荧的主观论在1953年批评蔡的文章中提出,朱光潜在解放后学习马克思主义过程中提出了新的主客观统一论,李泽厚援引《巴黎手稿》对朱和蔡作了批评,提出了实践论美学的客观社会说。从逻辑上看,这几种美学观点的哲学基础是自然本体论(客观物质说)——意识本体论(主观意识说)——历史(实践)本体论(客观社会说),恰好与西方哲学从古典到近现代(法国机械唯物主义——德国古典唯心主义——早期马克思)的历史发展一致。从逻辑行程看,前几种美学观历史地构成了实践美学的逻辑前提。

蔡仪的美学思想集中在解放前出版的《新美学》一书里。在讨论中,蔡仪没有正面阐述自己的美学思想,主要是站在自己的立场上批评朱和李等人。对于美是什么这个根本问题,蔡仪的回答是:"我们认为美的东西就是典型的东西,就是个别之中显现着一般的东西;美的本质就是事物的典型性,就是个别之中显现着种类的一般。于是美不能如过去许多美学家所说的那样是主观的东西,而是客观的东西,便很显然可以明白了。"①又说:"总之美的事物就是典型的事物,就是种类的普遍性、必然性的显现者,在典型的事物之中更显著地表现着客观现实的本质、真理,因此我们说美是客观事物的本质、真理的一种形态,对原理原则那样抽象的东西来说,它是具体的。"②蔡仪强调美与真的一致,这个真不是艺术之真,而是现实之真,是现实生活的客观必然规律和本质。显然,这种符合论的真理观抹杀了艺术本身的特质和情感的逻辑,美不过是这种抽象真理的形象显现。在蔡仪那里,美只是人的认识的对象,是与

---

① 蔡仪:《新美学》,北京:中国社会科学出版社1985年版,第68页。
② 蔡仪:《蔡仪美学论文选》,长沙:湖南人民出版社1982年版,第55、56页。

人的实践生活,与人的主体无关的东西。美是预成的,先天的,等待着人们去认识,所以蔡仪的学说只关认识论,不关实践论,其本体论是自然物质本体论,这就使他无法解释美产生的哲学根源,只能说美是亘古就有的万古如斯的实体。

美的形象是个别中显现着一般,即典型性,典型是个别和一般的统一,其中一般是主导,对一般的认识依靠的是人的理性,因此在感性和理性的统一中理性为主导,这就导致了蔡仪否定审美之中的情感、直觉等非理性因素,斥责朱光潜等注重情感性的人为非理性的主情主义。典型说的哲学根源是近代哲学的认识论,这种哲学以解决思维和存在的关系为根本,认为哲学的要义是达到对事物的本质的认识。现象与本质相对,本质是现象背后的看不见摸不着而又规范着现象的东西,只有靠逻辑理性才能把握它,本质是最高的真,这种哲学观导致了蔡仪审美认识论的理性主义。由于脱离社会生活来统一自然美和社会美,蔡仪的典型说显得勉为其难,不得不在典型的规定之后加上诸多补充说明。哲学的规定应该是抽象的,最有一般性和概括性的,这种烦琐的补充论证就足以说明蔡仪对美的规定没有达到一般抽象的层次。

蔡仪直接搬用经典作家关于思维和存在的关系以及反映论原则解释审美,认为美感是对美的反映。把审美当作认识和反映,美学即是认识论,事实上是取消了美学本身。蔡仪的静观唯物主义遵循主客二分思维模式,把美这个人文科学的对象等同于自然科学研究的对象,像自然科学那样做客观的分析,这是十七八世纪旧唯物主义受自然科学理性认知方式影响的结果。在蔡仪那里,美学确实为自然科学之一,他说:"因为很显然,对于客观事物的本质和规律的认识能力,自然科学有关的认识能力,都只是社会的人才有的,也是在社会生活的基础上形成的,却不能说自然事物的本质规律,自然科学的对象,也只能是社会的而不是自然的。"①它把对美的认识与自然科学中对物质对象的认识等同,把人对花的美和对花的红的认识等同,美也像事物的物理的化学的性质一样,是超

---

① 四川省社会科学院文学研究所编:《中国当代美学论文选》第1集,重庆:重庆出版社1984年版,第45页。

社会超时代的,历万古而不变的客观存在。

由于不理解马克思的实践观,蔡仪从旧唯物主义出发盲目地否定实践观对美学的意义,更不理解人的主体性、自然人化的真正内涵。蔡仪把李泽厚的自然人化命题直接推演于审美现象,使之滑稽化而否定它,不理解自然人化只是一个哲学前提和基础,不能直接解释具体的审美现象。透过历史的沉积,现在来看,蔡试图用唯物主义来解决美学问题的出发点是值得肯定的。但蔡的美学观的哲学基础是自然物质本体论和反映论,是近代自然科学思维方式的产物,其美是客观存在的典型,美感是对美的反映的学说根本就还没有进入美学本身的问题域,只能作为中国当代美学史上历史地被扬弃的一个环节。

从美学问题的逻辑本身来说,吕荧的主观论是对蔡仪客观论的否定。吕荧的主要观点表达在《美学问题》、《美是什么》等文章中,"美,这是人人都知道的,但是对于美的看法,并不是所有的人都相同的。同是一个东西,有的人会认为美,有的人却认为不美;甚至于同一个人,他对于美的看法在生活过程中也会发生变化,原先认为美的,后来会认为不美;原先认为不美的,后来会认为美。所以美是物在人的主观中的反映,是一种观念"。"美是人的一种观念,而任何精神生活的观念,都是以现实生活为基础而形成的,都是社会的产物,社会的观念。……美的观念也是如此。"[1]又说:"美是人的社会意识。它是社会存在的反映,第二性的现象。……自从美学提出以来,深思的唯物论者从来没有把美当做离开人的客观存在看待。"[2]吕荧的批评对象是蔡仪,指出蔡的见物不见人的唯物主义离客观唯心主义并不远。在美学讨论中,吕荧对自己的美学观较少正面阐述,在他看来,美就是一种观念,但他并没有对这种观点加以哲学论证,没有给这种美学观一个思辨的哲学基础。吕荧的这种旧唯心主义色彩浓厚的直观观点自然难以驳倒蔡仪,因为就经验的朴素的日常意识来说,美的客观说比主观论更为有力。吕荧看到美是客观的典型不能自圆其说,就认为美是主观的,

---

[1] 《中国当代美学论文选》第1集,重庆:重庆出版社1984年版,第5页。
[2] 同上书,第272页。

又把这种直觉信念比附马克思的学说,这导致其本身的逻辑混乱。吕荧把美、美的观念、美学混为一谈,把观念来源的客观性当做观念本身的客观性,论证缺乏逻辑是其理论没有说服力的原因。

另一个坚持主观论的人物高尔泰也是激情多于逻辑。高尔泰说:"美与美感,实际上是一个东西。……美,只要人感受到它,它就存在,不被人感受到,它就不存在。要想超越美感去研究美,事实上完全不可能。"①这在客观主义认识论模式成为主流的时代氛围里,是一个有学术勇气的论断。他接着说:"我们说'牵牛花是美的',这是人的意识在发表意见,是感觉在表示自己,而不是对牵牛花的说明。"②这种认识很接近分析哲学对术语概念的厘定,说出了关于美的一个真相。高尔泰说:"大自然给予虾蟆的,比之给予黄莺和蝴蝶的,并不缺少什么,但是虾蟆没有黄莺和蝴蝶所具有的那种所谓'美',原因只有一个:人觉得它是不美的。……'美'是人对事物自发的评价。离开了人,离开了人的主观,就没有美。"③与吕荧一样,高尔泰立足于日常经验直观,缺乏哲学的论证,但其天才的灵感使他在那个时代说出了关于美的真正合理的见解,比如,"事实上,艺术在创造着美,这美不是在艺术家的劳动过程中,而是在读者受到感动的时候产生出来的。"④这就与接受美学的观点相同了。"假如艺术不是把艺术家灵魂深处的东西带到外界来的桥梁,那么它又是什么呢?"⑤虽然与前面的观点不一致,但与朱光潜一样,高尔泰重视作家的主体性,这与当时的反映论美学相对立。事实上,美就在美感中,美就是美感。客观主义认为不论人喜欢与否,《红楼梦》的美是客观存在的,但这个存在着的美在哪里呢?存在于人物形象林黛玉贾宝玉身上吗?存在于故事情节和节奏安排上吗?都不是,它的美只存在于接受者的美感中。高尔泰的缺点是没有展开论证,一种理论观点没有哲学的提升就只是日常经验的意见。主观论美学很快就被斥为主观唯心主义而遭到否定。

①　《中国当代美学论文选》第1集,重庆:重庆出版社1984年版,第285页。
②　同上书,第286页。
③　同上书,第287页。
④　同上书,第292页。
⑤　同上书,第414页。

朱光潜观点的发展有一个过程,在最初的美学讨论中,他还没有援引马克思的实践观来论证美学问题,而是引用马克思的意识形态理论把"物"与"物的形象",美的条件与美区别开,认为自然美只是艺术美的雏形。他的主要观点是客观事物只有美的条件,美的生成决定于人的意识。朱光潜立足于艺术活动的现实,批评了蔡、吕等人抹杀审美主体对于美的作用。朱光潜对讨论中出现的问题非常清醒,他批评客观派不恰当地应用列宁的反映论,抹杀了艺术的意识形态和生产劳动特性,否定了主观能动性和创造性对于美的作用,把客观绝对化,对主观存在着迷信式的畏惧。① 相对于蔡仪,朱光潜更为重视艺术主体性;相对于吕荧和高尔泰,朱光潜更有理论深度。朱光潜吸收了蔡仪的美的条件,认同吕荧的审美主体,把两者综合起来,但引用马克思的意识形态论和列宁的反映论表明仍然是在认识论而非本体论层面解释美的本质,这就为李泽厚的出场做了逻辑铺垫。

讨论中几乎没有人赞同蔡仪的典型说,主要是以朱光潜为代表的强调个体主体性、主观意识形态作用的主观派与以李泽厚为代表的客观社会派的论战。究其原因,一方面,朱光潜基于艺术审美活动的事实,难以驳倒,而李泽厚的实践观因为找到了实践这个人与自然的中介而有深厚的哲学根基;另一方面,正因为如此,朱光潜在认识论,在具体的艺术创作方面立论,而李泽厚是在本体论,在美的哲学根源上谈问题,两者的理论意识不在一个层面上,这就导致了在逻辑上自说自话,在争论中无的放矢的现象。而且,李泽厚对个体在审美活动中的漠视,其客观社会说中美的本源与美的具体生成之间的中介的断裂都使其难以获得完全的认同。

审美活动统一了审美对象和审美主体,美的产生离不开主体和对象的审美素质,主观说和客观说各自抓住一端,后来蒋孔阳和周来祥以审美关系概念把两方面统一起来,但审美关系根源于社会实践,因此只有李泽厚抓住了美学的哲学基础。从美学问题本身的逻辑来看,当代美学的历史行程是蔡仪——吕荧——朱光潜——李泽厚。基于各种原因,讨论中赞同李泽厚的基本观点,试

---

① 朱光潜:《朱光潜美学文集》第3卷,上海:上海文艺出版社1983年版,第66页。

图以马克思的实践观来解释美学问题的人占多数。

蒋孔阳、曹景元、继先、敏泽等人明确地反对朱光潜和蔡仪,赞同实践观的美学,认为美不是人的心灵和意识可以随意创造的,但也不能离开人类社会生活,不是一种物质的自然属性的存在。他们主张从实践对人和自然的改造中寻找美和美感的根源:"一方面,就美感的源泉与审美的对象来说,就不是与人无关的一般的自然界,而是人在劳动的过程中,按照自然的规律所改造了的自然界。……由于它是人的现实,人在当中揭示了自己丰富的本质,所以我们人也才能够发现和欣赏它的美。……另方面,作为审美主体的人的主观感受世界,他的各种感觉器官,也不是什么天生的、一成不变的,也是历史社会的产物。"[①]作为审美对象的现实和作为主体的人的审美能力都是人们在劳动实践中客观地形成的,是人类社会的产物,所以美不是自然现象而是社会现象,美客观独立地存在于我们身外,不以我们的意识为转移,它是人类社会生活的属性。因为人类社会生活本身是客观的,所以美也是客观的。自然美也是一种社会现象:"人的一系列的改造自然的活动,目的都不是要消灭自然,而是要把自然引导到人的生活中来,使它们成为'人化的自然'。正是这种'人化的自然',构成了人的活动的现实背景,成为人类美感对象的自然。"[②]

这些坚持实践观的美学理论可以归为客观主义一派,其共同倾向是把美客观化、实体化。他们承认实践观对于美学的意义,但对于《巴黎手稿》的理解比较肤浅,基本停留在旧的静观唯物主义的水平上,不理解马克思实践范畴的丰富含义;对美学范畴没有展开论述,具体的哲学论证也没有超过李泽厚;基于自然主义的日常经验态度,预设了美的先在性,也就是说,对于个体而言美是先天的先在的,美感只能反映认识美。如果面对美的事物而没有美感,那只是美感能力有缺陷。这种未经反思,缺乏批判的朴素信念发展到极端,竟然把美认作是客观存在的物质,"正因为美是物质,因

---

① 朱光潜:《朱光潜美学文集》第 3 卷,上海:上海文艺出版社 1983 年版,第 314、315 页。
② 《中国当代美学论文选》第 2 集,重庆:重庆出版社 1984 年版,第 192 页。

此美学问题上的唯物主义与唯心主义的分水岭,如上所说,必须划分在美是物质还是意识上"①。这种思维模式把审美活动等同于认识活动,有论者站在认识论立场批评朱光潜:"实际上美感就不成其为一种认识反映,而只不过是一种情感活动罢了。这显然是不对的。"②也就是说,作者认为美感是一种认识,而非情感。但不是没有人认识到对真的反映(认识)和对美的反应(鉴赏)的区别,有论者认为:"鉴赏和认知的区别不是感性和理性的区别,而是感情和理智的区别。我们对美的鉴赏总是感情的。"③作者认为,艺术理论和艺术批评都不是对美的鉴赏,而是对美的认知。但在反映论的强大洪流中,这种声音太微弱了,人们普遍忽视了审美的独特性。许多自称实践派的立论基于粗朴信念,凭经验直观加上几句经典作家的言论就匆忙得出结论。凭经验只能达到康德所批评的独断论,而讨论中的论证混乱、逻辑不清、术语模糊、断章取义等毛病都使这次美学争鸣显示出学理上的不成熟。由于对客观的迷信,实践美学在创始之初就打上了深刻的机械唯物主义印记,这使它与反映论美学在某些观点上具有一致性。

在美学讨论中,给予实践美学以理论论证的完备性和彻底性的,除了李泽厚外,另一个重要人物是洪毅然。如果说李泽厚是实践美学的创建者,那么洪毅然则是其坚定的拥护者和理论的阐发者。在当时的理论建构中,洪毅然和李泽厚笔战群需,为实践美学的崛起做出了重要贡献。

洪毅然也是在人通过实践与自然的双向对象化中来论述审美活动与生产实践活动的关系,认为美感是在劳动对世界以及人自身的改造中逐步培养起来的。洪毅然给美下的定义是:"美是一切事物处于人类生活实践关系中所自己具有的、体现其好的内在品质的、外在可感知的形象。"④所谓事物好的内在品质,指其原有的好的自然属性,在人的生活关系中所取得的好的社会意义。"人化

---

① 文艺报编辑部:《美学问题讨论集》第4集,北京:作家出版社1959年版,第216页。
② 《中国当代美学论文选》第2集,重庆:重庆出版社1984年版,第405页。
③ 文艺报编辑部:《美学问题讨论集》第5集,北京:作家出版社1962年版,第97页。
④ 《中国当代美学论文选》第2集,重庆:重庆出版社1984年版,第93页。

的自然"如何取得美的意义呢？洪毅然解释说，如果某个人化的自然物正处在对于人有这种那种有益于其生活向前发展要求的好作用，那么它对于人的生活就是一个具有好的意义的事物。这种好的意义产生于事物与人的具体关系中，是实际地客观地存在的，所以是一种客观的性质。这种客观本质由自然物质性的色、线、形、音等构成的形象显现出来，成为那种本质的外部形象特征即为美，反映于人们的直观感受，必引起一种喜悦爱好和赞赏即为美感。

　　洪毅然强调美客观地存在于事物本身的形象中，美离不开事物自然性方面的形式诸因素。李泽厚在论证美的自然性和社会性的矛盾统一时，强调社会性因素的决定作用，相对忽视了美的自然性因素的重要性。洪毅然批评说，美既关乎物的社会性本质又关乎物的自然性本质，美的寄宿者——物的形象也必然体现这种矛盾的统一，"只有这样，一切物的形象在形式方面的色、线、形、音等，才能具有美或不美的意义。同时也只有这样，一切物的社会性内容和意义，才能体现于具体可感觉的物的形象之形式方面的色、线、形、音等"①。洪毅然力求在社会性与自然性、本质与现象、内容与形式、善（好）与真（形象）的矛盾统一中把握美，他批评西方的实验美学片面抓住自然性，蔡仪只抓住自然性而不自觉地放跑了社会性，李泽厚没有足够地重视自然性，其社会性难免落空，朱光潜则把社会性误作主观性，必然否认美的存在的客观实在性。② 洪毅然的基本观点是，美是不以人的主观意识为转移的客观存在，美感的差异来源于人们主观能动性的差异。美是艺术的特性也是文艺以外一般现实界所具有的一种属性，艺术美是自然美的反映，反映需有艺术家的主观能动性，但艺术反映本身由对象引起，受对象的一定条件所制约，美感是美的反映和模写、复写。艺术美只是比自然美更集中、更典型、更理想、更精粹而已。艺术美客观地存在于艺术形象中。

　　洪毅然企图在美学中应用马克思的实践观，并试图在人与自然的矛盾对立统一中解决美学问题。但他把美感与美的主客观的

---

① 《中国当代美学论文选》第1集，重庆：重庆出版社1984年版，第373页。
② 同上书，第375页。

对立推向极端,把美客观化绝对化,主体在审美活动中的功能被忽视,甚至移情作用也被否认。① 总之,洪毅然坚持在实践观上探索美学问题,使实践美学在发生之初趋向完善化、体系化,为实践美学在大讨论中的崛起做出了贡献。同时,他更强调矛盾对立而非统一,这就导致实践美学走向稳固化和僵化,实践美学的弊端被暴露出来。

实践美学崛起于美学大讨论中,而美学大讨论之所以在较少程度上受到政治的干扰,意外地成为一次真正意义上的学术争鸣,这不能不说是一个奇异的文化现象。究其原因,一是外部政治环境的宽松。鉴于在此前的历次政治批判运动中出现的"左"的思想倾向,党提出了"百花齐放,百家争鸣"的方针。1956年5月26日,陆定一代表中共中央作了题为《百花齐放,百家争鸣》的讲话,提出"艺术上不同形式和风格可以自由发展,科学上不同的学派可以自由争论"的"双百"方针。美学讨论得此之风,较少受到政治干扰,讨论得以在学术层面上进行。二是美学本身的逻辑使其相对独立于政治,而且朱光潜学养深厚,态度清醒,这就使批评他的人在一定程度上较少偏离学术层面。三是解放初期涌现了很多新的人民大众的文艺现象需要美学给予解答,美学的人文性、理想性和自由性与当时整个社会心理相契合,这些都使美学论争没有遭到前此学术批判的厄运,成为在夹缝中生存的难得的学术争鸣。除此之外,实践美学之所以能崛起还有以下原因:一是主流意识形态所确定的马克思主义哲学的合法性以及毛泽东的《实践论》、《矛盾论》的正式发表,实践概念在我国哲学社会科学界取得了主导的学术地位。二是文艺界对胡风、胡适、俞平伯唯心主义学术的批判,强调唯物、客观等,实践美学借此东风赢得了广泛的认同。三是实践美学的客观社会论在自然和经验信念上更能投合人们的日常意识。四是实践美学具有相对完善的理论建构。相比而言,实践美学是在本体论而非认识论层面上解决美的本质问题,并把实践观运用于美学范畴的结构。基于以上原因,我们可以说,是历史选择了实践美学。

---

① 《中国当代美学论文选》第2集,重庆:重庆出版社1984年版,第111页。

第二章

实践美学:理论建构

　　李泽厚是实践美学的奠基者,实践美学的思想来源、问题视阈、精神取向在其客观主义认识论美学中形成。李泽厚后期的积淀说美学是其主体性实践哲学的一部分,积淀说美学对其早期美学有所修正和发展。朱光潜在学习马克思主义的过程中提出了对于《巴黎手稿》的新的理解,这种新理解开启了实践美学的另一维度。

第一节　李泽厚与实践美学

一、李泽厚早期实践美学观：客观主义认识论美学

本书拟把李泽厚的美学思想分为前后期分别予以考察,其原因是,李泽厚后来的美学思想较前期有所变化,按此体例,易于观其流变。许多批评实践美学的文字因缺乏历时态度,致使其解读或隔靴搔痒或断章取义,误读也由此产生。站在世纪之交回溯实践美学的学术史,从实践美学的奠基者看其理论建构,能够更好地看清实践美学的逻辑行程,也能更清晰地把握实践美学的历史命运。本书的"前期"指的是从李泽厚1956年发表于《哲学研究》的论文《论美感,美和艺术》到写于1964年的《伯克美学思想批判》,大部分论文收在《门外集》和《美学论集》中。

李泽厚前期的美学思想主要是客观社会说。在《美学论集》第一页的注释里,李泽厚说,美学基本包括三个方面的内容,即美的哲学、审美心理学和艺术社会学,他在美学讨论中的理论建构基本上围绕着这三个方面展开。本书也拟从这三方面把握其美学思想。

客观社会说是在对蔡仪的客观自然说和朱光潜的主客统一说的批评中产生的。蔡仪认为美是客观存在的典型,美的本质是"种类的一般",是事物的一种不以人的意志为转移的属性,艺术美只是自然美的反映。针对蔡仪的客观自然说,李泽厚提出:"自然本身并不是美,美的自然是社会化的结果,也就是人的本质对象化的结果。"①只有通过具有历史规定性的客观的人类实践,自然对象上"客观地揭开了人的本质的丰富性",成为"人化的自然"的时候,它

---

① 李泽厚：《美学论集》,上海：上海文艺出版社1980年版,第25页。

才成为美的。自然的社会性是自然美的根源。李泽厚一再强调，美的产生根源于人类实践对自然的改造,当现实肯定着人类实践,带着实践的印记,构成实践的前提基础而与实践相一致时,现实对人就是美的,不论人在主观上是否意识到。所以,"美的本质就是现实对实践的肯定;反过来丑就是现实对实践的否定。……自然的美、丑在根本上取决于人类改造自然的状况和程度,亦即自然'向人生成'的状况和程度"①。

美学大讨论是以批判朱光潜1949年以前的美学思想为契机的。1949年以后,朱光潜学习和接受了马克思主义,提出了新的主客统一的美学观,认为美是客观事物与主观意识统一的产物。针对朱光潜把人的意识与实践,社会意识与社会存在混同从而达到论证美是主观的目的,李泽厚指出,就意识与实践都是人类主体的活动而言,可以说是主观的活动而区别于客体自然,但意识与实践仍有区别,"意识仅仅只是主体内部活动的属性,并不客观地作用于外界,它不具有直接现实性的品格;相反,实践则不仅是一种有意识有目的的活动,而且还客观地作用于外界,实际地变化着外界……所以,具有主观目的、意识的人类主体的实践,实际上正是一种客观的物质力量"②。实践具有物质客观性,因此,李泽厚认为美是客观的,所谓客观,"是指社会的客观,是指不依存于人的社会意识、不以人们意志为转移的不断发展前进的社会生活、实践"③。实践本身是人类群体的对自然的客观的物质力量,社会生活本身就是客观的,美的客观性来自实践对现实的能动作用,而非主观的意识形态。李泽厚指出,"美的社会性是客观地存在着的,它是依存于人类社会,却并不依存于人的主观意识、情趣;它是属于社会存在的范畴,而不属于社会意识的范畴,属于后一范畴的是美感而不是美"④。美感的社会性以美的社会性为其必然的本质、存在的根据和客观的现实基础。李泽厚说,是劳动创造了美,美不依存主观意识而存在。李泽厚反对朱光潜把主观意识见之于客观的活动说

---

① 李泽厚:《美学论集》,上海:上海文艺出版社1980年版,第147页。
② 同上书,第153页。
③ 同上书,第160页。
④ 同上书,第25、26页。

成是美之根源，反对把艺术生产等同于劳动生产，也就是说，美是与精神相对立的以客观物质的形态存在的东西。李泽厚对于美的结论是："美不是物的自然属性，而是物的社会属性。美是社会生活中不依存于人的主观意识的客观现实的存在。自然美只是这种存在的特殊形式。"①这里第一句话与蔡仪区别开，第二句话与朱光潜区别开，李泽厚关于美的基本思想由此奠定。

李泽厚对车尔尼雪夫斯基"美是生活"的定义极为推崇。"美是生活"包括两个方面的内容：一、美是社会的，二、美是客观的。但车尔尼雪夫斯基并不理解生活的本质含义。李泽厚认为，如果对此加以唯物主义改造，这个定义就很完善。所谓社会生活，即是生产斗争和阶级斗争的社会实践，人类社会就在这种斗争中发展着，这就是社会生活的本质规定和理想。"美正是包含社会发展的本质、规律和理想而有着具体可感形态的现实生活现象，美是蕴藏着真正的社会深度和人生真理的生活形象（包括社会形象和自然形象）。"②这里引申出美的两个基本特性：一是它的客观社会性。美的客观社会性不仅指美不能脱离人类社会而存在，而且还"指美包含着日益展开着的丰富具体的无限存在，这存在就是社会发展的本质、规律和理想……它构成了美的客观社会性的无限内容"③。二是它的具体形象性，"即美必须是一个具体的、有限的生活形象的存在，不管是一个社会形象还是一个自然形象"④。无限的社会内容通过有限的形象表现出来，美的两个基本特性是内容与形式的关系。

美是具体形象，所以李泽厚在批评蔡仪的同时指出，美虽然并不在那些自然形式本身，但那些构成具体形象的某些自然属性却是美存在的必要条件，它们有助于美的形成和确定。美是形象的真理，美与真不可分。朱光潜以海景和菜园为例，说明美不关功利，实用的并不一定是美的。李泽厚则认为，生活中美善是统一的，"但美不是与狭隘的某个个人的实用价值相一致、相统一，而是

---

① 李泽厚：《美学论集》，上海：上海文艺出版社1980年版，第29页。
② 同上书，第30页。
③ 同上书，第30、31页。
④ 同上书，第31页。

与整个社会生活的大实用价值相一致、相统一"①。美与善不可分。在生活中,美是真与善的统一。

自然美是讨论中一个众说纷纭的问题。蔡仪认为自然美就在自然物本身的客观的生物的、物理的一般特性;朱光潜、高尔泰用移情说解释自然美,认为自然美产生于主观情感、主观心理对自然的人化,这种观点由于符合艺术创作和欣赏的实际而赢得许多人的赞同。李泽厚则用自然人化理论来解说自然美。自然人化指的是通过实践,人类与自然发生了多方面的丰富的关系,这就使自然在客观上具有丰富的社会性质,自然日益社会化,成为人的无机的身体,即"通过人类实践来改造自然,使自然在客观上人化,社会化,从而具有美的性质"②。李泽厚认为这才是自然人化的深刻含义,高尔泰和朱光潜的移情说只有在这个基础上才有可能,移情现象不过是自然与人类的一定的客观社会关系在人的主观心理中的反映,它只是美感之一种,它"以自然本身对人的客观社会关系的发展和改变为根据和基础"③。随着社会生活的发展,随着实践不断对自然的改造和征服,自然与人的客观关系愈来愈丰富多样,它的美也变得丰富和多样起来。由于自然美的社会内容丰富而朦胧,它给人们的情感和想象留下了巨大的空间,这就给朱光潜所说的艺术创造活动中的主观的自然人化以多种形式。

李泽厚在对朱光潜和蔡仪的批评中建立了客观社会说的实践美学,美的客观性针对朱光潜的主观意识形态,社会性则是批评蔡仪的与人类社会无关的典型说,主张从历史地发展着的实践这个人与自然的中介去寻找美的根源,把美的哲学根基奠定在马克思主义的实践观上,在本体论而非认识论层面上为美的本质问题寻求答案。

李泽厚的美学思想是从对美感的论述展开的。美感包含着相互矛盾的二重性,"就是美感的个人心理的主观直觉性质和社会生活的客观功利性质,即主观直觉性和客观功利性"④。这两方面构

---

① 李泽厚:《美学论集》,上海:上海文艺出版社1980年版,第32页。
② 同上书,第93页。
③ 同上书,第28页。
④ 同上书,第4页。

成美感内容和形式的统一体,前者为统一体的外貌现象,后者为统一体的实质基础。所谓"美感的个人心理的主观直觉性质",即是美感经验的具体的形象感受性,"它在刹那间有不经个人理智活动或逻辑思考的直觉特点"[①]。但美感不是简单的生理学或心理学上的概念,它"是人类文化发展历史和个人文化修养的精神标志"[②]。在非实用的美感直觉本身中,就已经包含人类社会生活的功利实用的内容,只是对个人来说,这种内容是潜移默化的,不能觉察的,这才产生了美感的阶级性、时代性、民族性等种种差异,所以,"美感完全是被决定被制约于一定历史时代条件的社会生活,是这一生活的客观必然的产物。任何一个人的'超功利'和超理智的主观美感直觉本身中,即已不自觉地包含了一个阶级一个时代一个民族的客观的理智的功利判断"[③]。美感在客观上的确有人类历史文化和功利的内容,后实践美学把美感引申为个人的情感活动,注重其纯粹的精神性、超越性和体验性,对美感的社会功利性则避而不谈,这就使他们无法解释审美的历史文化差异,这不能不说是后实践美学矫枉而过正之一例。

在美与美感的关系上,李泽厚遵循的是反映论原则,认为美感的普遍性和必然性根源于美的客观性和必然性。"美是不依赖人类主观美感的存在而存在的,而美感却必须依赖美的存在才能存在。美感是美的反映、美的模写。"[④]美是客观存在的,美感是对美的反映。美感的主观直觉性是美的存在的形象性的反映,美感的客观功利性则是美的社会性的反映。同时,美感可以反作用于美,这要通过两种途径:一是艺术美反映生活美,艺术家的美感——主观意识把现实美集中概括起来,创造高于生活美的艺术美,但艺术家的主体作用是有限的,艺术美的根源在生活美。二是美感和艺术创作出来后,教育人们使之创造更多更高的生活美。李泽厚把经典作家关于思维与存在的关系的论述以及反映论原理直接应用到美与美感的关系中,这种客观主义认识论美学把美与美感分割

---

① 李泽厚:《美学论集》,上海:上海文艺出版社1980年版,第5页。
② 同上书,第10页。
③ 同上书,第12页。
④ 同上书,第18页。

开,预设了美的存在的客观性,在美学讨论中得到了大多数人的赞同。

李泽厚在人与自然的对立统一的关系中来考察美的发生,认为美是真与善,合规律性和合目的性的统一,是现实对实践的肯定。优美表现的是事物相对静止的状态,是人与自然统一的结果,它以单纯直接的形态表现了美的本质。崇高和滑稽表现为真与善统一的过程,是实践与现实斗争的严重痕迹,是事物绝对运动的状态。崇高仍然是客观的,因为实践对现实的斗争是客观的。丑是美的对立物,其美学意义是作为美丑斗争的一方面,成为间接表现美的本质的感性存在形态。

美的存在的客观论,审美认识的反映论与现实主义文艺理论有着天然的逻辑联系。由于坚持了美在现实生活中的客观存在,美感是对美的反映,在艺术上必然主张艺术美是对现实美的反映。现实美本身的特性之一是它的具体形象性,因此,艺术必须通过具体感性的形象来反映生活的真实和真理。那么如何把现实形象变为艺术形象呢?回答是通过典型化手段。对于艺术创作来说,创造典型的过程也就是形象思维的过程,生活形象正是靠艺术家的形象思维过程的提炼集中才能成为艺术形象的。根据唯物主义反映论,认识要从感性上升到理性,从具体上升到抽象,那么形象思维作为对生活本质的认识也有抽象化、理性化的阶段,这就涉及形象思维与逻辑思维的关系。李泽厚认为,形象思维与逻辑思维的实质相同,都是对现实本质的认识,只是形象思维不离开感性。两种思维方式的关系体现在作家身上是世界观与创作方法的矛盾,体现在艺术批评上则是政治标准和艺术标准的统一,前者由美的社会性、思想性和内容而来,后者由美的形象性、艺术性和形式决定。现实主义文艺理论认为,艺术美不是艺术家主观赋予的,而是对现实美的反映,艺术家的主观能动性仅仅是"通过选择、集中和概括的方法来深刻地反映出它"[①]。实践美学成为主流之后,由于把认识论美学和现实主义艺术观推崇为绝对的艺术标准,艺术中的表现主义、审美直觉和艺术想象等就被排斥。

---

① 李泽厚:《美学论集》,上海:上海文艺出版社1980年版,第103页。

美的客观存在论、美感认识论、艺术反映论三者构成了李泽厚早期的美学逻辑,可称之为"客观主义认识论美学"。

二、李泽厚后期实践美学观:积淀说美学

李泽厚后期的美学对前期有所修正和发展,这一美学观贯穿在20世纪70年代末出版的《批判哲学的批判——康德述评》直到最近出版的《历史本体论》中。相比以前,由于提出了比较成熟的主体性实践哲学,李泽厚后期美学思想具有新的面貌,但也有不可忽视的矛盾。在后期美学中,李泽厚以"积淀"这一概念统领美的本质、美感论和艺术论,可称之为"积淀说美学"。

《批判哲学的批判》是李泽厚用力最深的一本书,也是其主体性哲学建构的起点。主体性实践哲学中的主体性包括两个双重内容和含义,"第一个双重是,它具有外在的即工艺—社会的结构面和内在的即文化—心理的结构面。第二个双重是,它具有人类群体(又可区分为不同社会、时代、民族、阶级、阶层、集团等等)的性质和个体身心的性质。这四者相互交错渗透不可分割"[①]。分析主体性内涵的四方面,可以得出:一、内外相较,外在方面是决定的。人类群体的工艺—社会结构面(工具本体,社会物质生产活动为其核心)是根本的,时代社会的物质文明历史具体地提供和实现了个体不同的生死语言等,工具本体通过社会意识铸造和影响着心理本体(文化—心理结构)。李泽厚强调,看来是个体的需要、情欲存在等其实是抽象的,不存在的,而看来是抽象的生产方式生产关系恰好是具体的,历史现实的,真实存在的。二、主客对比,主观方面以客观方面为前提和基础。李泽厚认为,康德的先验认识形式只有在历史实践的基础上才有可能,人类一切认识的主体心理结构(感觉、知觉、概念)都建立在极为漫长的使用制造更新工具的劳动活动上,自然合规律性的结构形式首先是保持积累在这种实践活动中,然后才转化为语言符号和文化的信息体系,最终内化凝聚积淀为人的心理结构,人对世界的认识才具有不同于动物的主体性。康德的认识如何可能只有人类如何可能(历史唯物论)才能解答。

---

① 李泽厚:《李泽厚哲学文存》,合肥:安徽文艺出版社1999年版,第633页。

三、集体个体对照,集体为先。作为主体性的主观方面的文化心理结构(智力结构、伦理意识、审美享受)包括集体和个体两方面。李泽厚认为,没有集体的社会意识的活动形态,没有原始的巫术礼仪活动,没有群体性的语言符号活动,不可能有区别于动物的人的心理。个体的差异性只有社会意识的渗入和人类心理结构的形成,才展示出它的丰富性和多样性的个性特征,在群体的双重结构中才能具体把握和了解个体身心的位置、性质、价值和意义。也就是说,社会／心理,客观／主观,群体／个体这几对范畴虽然互相制约和渗透,但前者是决定的,在先的,主动的;后者是承受的,被决定的,被动的。

鉴于我国人文社会科学研究中抹杀主体的机械唯物论倾向,李泽厚看到了康德主体性哲学的有益资源,主体性实践哲学(人类学本体论哲学)就是把康德的先验主体性结构奠定在马克思的历史唯物主义基础之上,积淀说美学观是其组成部分。李泽厚认为,马克思主义不仅是革命的哲学,更应该是建设的哲学,因为文明建设,包括精神文明和物质文明对整个人类来说,是更长期的基本的主要的事情,它是人类赖以生存和发展的基础。从文明建设的角度坚持和发展马克思主义就是人类学本体论哲学的要旨,美学则关系心理塑造和人性培育。人类以其使用制造更新工具的物质实践构成了社会存在的本体(工具本体),同时也形成了超生物族类的人的认识、意志、享受(心理本体),理性融在感性中,社会融在个体中,历史融在心理中,"寻找、发现由历史所形成的人类文化—心理结构,如何从工具本体到心理本体,自觉地塑造能与异常发达了的外在物质文化相对应的人类内在的心理——精神文明,将教育学、美学推向前沿,这即是今日的哲学和美学的任务"①。精神文明建设涉及文化心理结构问题,从这个角度来分析审美经验和艺术理论,美学将具有新的面目。李泽厚说,人类学本体论的哲学是人生之诗,它关心的远不是艺术,而涉及整个人类,它不是艺术哲学,而是人的哲学。从这个角度出发,美不是对审美对象的描述,而是美的本质的直观;美感不是审美经验的科学剖析,而是陶冶性情,

---

① 李泽厚:《李泽厚十年集》第1卷,合肥:安徽文艺出版社1994年版,第451页。

塑造人性,建立新感性;艺术不是词语分析,批评原理,而是艺术本体归结为心理本体,艺术是人性情感的生存扩展。

主体性实践哲学认为,外在自然的人化使客体成为美的现实,内在自然的人化使主体心理获得美感,前者是美的本质,后者是美感的本质,它们都通过整个社会的实践历史地达到。从外在自然的人化到内在自然的人化,这个过程就是"积淀"。"积淀说"有广义和狭义之分。广义的积淀,"是指人类经过漫长的历史进程,才产生了人性——即人类独有的文化心理结构,即人类(历史总体)的积淀为个体的,理性的积淀为感性的,社会的积淀为自然的,原来是动物性的感官人化了,自然的心理结构和素质化成为人类性的东西"①。这种人性建构的历程就是"积淀",即内在自然的人化,或文化心理结构(心理本体)的形成。文化心理结构可分为三大领域:一是人的逻辑能力,思维模式;二是伦理领域,即人的道德品质和意志能力;三是情感领域,即人的美感趣味和审美能力。人性不是动物性,不是社会性,而是自然的人化,是动物性生理基础上的感知等各种功能的人化,是感性个体的心理中积淀着理性。可见,审美是这个人性结构中的有关人性情感的某种子结构,广义的"积淀"包含着狭义的"积淀"。"积淀"落实在客体上就是美,在主体则是美感。

李泽厚说:"通过漫长历史的社会实践,自然人化了,人的目的对象化了。自然为人类所控制改造、征服和利用,成为顺从人的自然……自然与人、真与善、感性与理性、规律与目的、必然与自由,在这里才具有真正的矛盾统一。真与善、合规律性与合目的性在这里才有了真正的渗透、交融与一致。理性才能积淀在感性中、内容才能积淀在形式中,自然的形式才能成为自由的形式,这就是美。"②李泽厚认为,美根源于"自然人化","自然人化说是马克思主义实践哲学在美学的一种具体的表达或落实。就是说,美的本质、根源来自实践,因此才使得一些客观事物的性能、形式具有审

---

① 李泽厚:《李泽厚十年集》第1卷,合肥:安徽文艺出版社1994年版,第495页。
② 李泽厚:《批评哲学的批判——康德述评》,北京:人民出版社1979年版,第403页。

美性质,而最终成为审美对象。这就是主体论实践哲学(人类学本体论)的美学观"①。可以看出,这种美学观仍然承续20世纪五六十年代的美的本质观。在美学大讨论中,李泽厚曾提出"美是自由的形式"的命题,在《美学四讲》中,他对这一命题做了解释:"自由"是对必然的支配,使人具有普遍形式(规律)的力量;"形式"首先是一种主动造型的力量,其次才表现为对象外观上的形式规律或性能。"所谓自由的形式,也首先指的是掌握或符合客观规律的物质现实性的活动过程和活动力量。美作为自由的形式,首先是指这种合目的性(善)与合规律性(真)相统一的实践活动和过程本身。……然后是这种现实的成果、产品或痕记。"②李泽厚解释说,真正的自由必须是具有客观有效性的伟大行动力量,这种力量之所以自由,在于它符合或掌握了客观规律。只有这样,它才是一种"造型"——改造对象的普遍力量。这就与高尔泰的"美是自由的象征"的精神意识的对象化活动区别开。朱光潜、高尔泰等人也以"人的本质力量对象化"来定义美,但这是指情感、思想、意志等精神活动的对象化。李泽厚指出,从哲学根源上而不是从审美对象上来探讨美的最终根源,"人的本质力量对象化"是指人类的物质生产而不是指个人的情感、意识和意志,是人类总体的社会历史实践创造了美,也正是这种实践活动使得自然形式具有审美性质(蔡仪),才使审美对象的构成活动(朱光潜、高尔泰)成为可能。美的根源是社会的历史实践,可见李泽厚后期的美的本质观与前期一致。

　　自然美主要是形式美。李泽厚认为,形式美来自人类远古劳动操作的生产实践活动,来自这种活动所主动造成的形式结构和各种因果系列;另外,经过实践活动的整理、安顿和澄清,自然界的规律性和秩序性呈现出来,形式成为人类历史实践所构造的感性中的结构,感性中的理性,因此才是"有意味的形式"。由于坚持实践活动对于美的生成,技术美成为李泽厚关注的问题。李泽厚认为,美之所以是"自由的形式",正是通过技术来消除目的性与规律性的对峙以达到自由的王国,所以与当代西方反科技主义的思潮

---

① 李泽厚:《李泽厚十年集》第1卷,合肥:安徽文艺出版社1994年版,第463页。
② 同上书,第467页。

不同,李泽厚大唱科技赞歌。至于科技异化,他认为只有靠人的自然化和寻找工具本体本身的诗意来弥补和纠正。

"积淀说"也是李泽厚美感论的基石。李泽厚曾认为美感具有两重性,即在非功利性的感性直观中有超感性的社会功利性。那么,理性的怎样表现在感性中,社会的怎么表现在个人中,历史的怎么表现在心理中呢?这就是李泽厚后期提出的狭义"积淀说"所论述的内容,即通过自然的人化,社会的、理性的、历史的累积沉淀成了个体的、感性的、直观的东西。美感是感性而不只是感性,是形式而不只是形式,它是感性之中渗透了理性,个性之中具有了历史,自然之中充满了社会,它是人类所能够意识到的感性的肯定,这就是"新感性",它是自然人化的成果。在美感中,社会与自然,理性与感性,历史与现实,人类与个体具有真正的、内在的、全面的交融合一。"积淀说"论述了美感的历史缘起和功能形态,这与李泽厚早期的美感认识论有一定差异。美感既然是历史积淀的成果,它就存在一个结构问题,李泽厚认为,美感的心理要素有感知、理解、想象和情感,美感的形态可分为悦耳悦目、悦心悦意和悦志悦神。

如果说,李泽厚在20世纪五六十年代的现实主义艺术观从属于客观主义美学,那么他晚期的艺术观则是其主体性实践哲学的一部分。主体性实践哲学从建构人类心理情感本体的角度出发,认为情感本体或审美心理结构作为人类内在自然人化的重要组成部分,艺术品乃是其物态化的对应者,因此,艺术的本质就是人类共同的心理情感本体的物态化。由此,对艺术的研究也就是对物态化了的一定时代社会的心灵结构,即人类心理情感本体的研究。以审美经验为中心和出发点,主体性实践哲学给予艺术史、艺术批评和艺术理论以新的解释。在这种美学观看来,艺术发展只是人们审美心理中各种不同要素的不同比例的流变,它们不断沿袭、展示了人类心理情感本体不断充实、更新、扩张和成长的历史,不断构成着这个日益强大的情感本体世界。这是从纵向看艺术的历史发展,从横断面看艺术的内在构成,则有艺术的三层与三种积淀。艺术的形式层、形象层和意味层与审美的三种形态即耳目之悦、心意之悦和志神之悦对应,而三种积淀——原始积淀、艺术积淀和生活积淀则与审美心理的感知、理解和想象情感对应。

艺术既然是人类精神生命不断延伸着的物态化的确证,是人值得活着的强有力的依托,因此,人类学本体论的哲学认为,艺术的功能在培育人性,即人类特有的文化心理结构。人们在这物态化的对象中,直观到自己的生存和变化而获得培养、增添自我生命的力量,这就是对人性的培育和陶冶,即是建立"新感性"。① 艺术作品是人类心理情感的对应物,反过来它又推动着人类心理本体的建设。艺术的功能不再是认识和改造世界,而是内在自然的人化。可以看出,李泽厚后期的艺术观与中国古典艺术观的怡情养性论关系密切,超越了早期狭隘的现实主义艺术观。

"积淀说"来自马克思的实践论对康德的先验论的改造,它把康德的先验人类学体系建立在历史唯物主义的基础上,从而为人类先验的心理结构找到经验的历史根源,它着意说明的是与动物不同的人类文化心理形成的历史必然性。具体到审美,积淀说论述的是具有普遍性和主体间性的审美心理结构的历史形成及其性质。前文已分析,在积淀说的几对范畴中,外在决定内在,客观决定主观,集体优于个体的决定论使这种理论具有保守倾向,同时,物质、社会、理性为先,感性、形式、自由为后的逻辑也导致了审美的理性化、现实化,个体的感性乃至非理性的创造活动被忽视。问题在于,个体如何获得这种心理结构? 也就是从工具本体(审美积淀的客观方面)到心理本体(审美积淀的主观方面)的中介是什么? 进一步追问,个体与积淀下来的传统的关系如何? 传统如何向未来开放? 这些问题积淀说都没有涉及,也不可能回答。这一理论困境与积淀说的思想资源和逻辑构架有关。积淀说的提出来自对马克思、康德和皮亚杰的创造性综合,马克思和康德的出发点是人类主体而非个体存在,前者是主体的客观外在的物质活动和人类历史的宏观进程,后者是主体内在心理的先验形式和人类整体的静态的主体普遍性。这种宏观的历史视角导致了积淀说的个体在这种社会结构和认知结构中的从属地位,对于审美这种极具个体性和创造性的活动而言,积淀说无法解释。李泽厚说,"新感性"是

---

① 李泽厚:《李泽厚十年集》第1卷,合肥:安徽文艺出版社1994年版,第575页。

指由人类自己历史地建构起来的心理本体。但由于积淀说重历史积淀,轻个体突破,"新感性"之"新"就可能落空。

积淀说以社会理性为本,个体存在为末,因此刘晓波从个体感性入手提出的突破说就并非只是情绪的表达。李泽厚在《美学四讲》的结尾处也强调了个体感性对理性突破的重要性,但那已经是在刘晓波批评后的修补,外在于积淀说的逻辑。在李泽厚看来,个体参与创造历史的时代的到来,个体主体性的突出和偶然性的增加只是一个历史过程,它决定于社会实践的历史行程。人类学本体论的出发点是"人类",是人类整体的物质实践活动提供了个体解放的历史前提,个体主体性是在总体主体性的基础和背景下引申而来的。随着人类的发展,个体主体性才越来越突出。在积淀说看来,个体在审美活动中的精神自由只是一个阿Q式的精神幻象。李泽厚从历史的外在层面看个体的解放,因此,个体在审美活动中获得的内在自由的体验,进而审美活动所具有的对于异化的反抗的可能性就被忽视。

李泽厚在近著《历史本体论》中提出"度"这一概念。度由人类感性的实践活动产生,人类本体建立在这个永不停顿的前行着的度的实现中,它是人类依据"天时、地气、材美"的创造性活动。度是主体性,但不是主观性,一切理性形式的结构和成果(知识和科学)是人类主观对度的本体的测量、规约和宣说。作为本源,度不仅是人为(主体)而且也是对自然的发现(客体)。度不仅使主体的认识形式得以建立,而且主客体之分也是在度的本体性基础上实现的,主客体在度中则是混而不分的。度的本体大于理性,它有某种不可规约性不可预见性。人类就在这个度的本体的日日新的不停顿的前行中,在突破旧的框架和积淀、旧的形式和结构中不断"超越"。人类依据度的创造即是"立美",美来自行动,来自主体性而非主观性,美就在物质活动的创造中,"立美"即是"规律性与目的性在行动中的同一",其中产生无往而不适的心理自由感即是美感的源泉。① 可见,度这一概念类似海德格尔的存在,是主体客体未分化之前的混沌一体状态。相比以前对实践的物质性、客观性、

---

① 李泽厚:《历史本体论》,北京:三联书店2002年版,第4、6页。

现实性、理性的规定，李泽厚的实践观有所改变，实践被赋予非理性、直觉性、创造性和偶然性等特征。与之相应，李泽厚的自由观也有所改变。黑格尔和恩格斯都认为自由是对必然的认识或认识必然而行动，李泽厚认为这种观点过于机械，容易走入决定论，哈耶克把自由说成是不可预计的"尝试—错误"则是太盲目，太随意，它们相互补足就成为李泽厚的自由直观即"以美启真"，它是包含知性而大于知性的想象性活动，是原创性的契机，落实到个体身上则是灵感顿悟，是对个体独特性和自发性偶然性的开放。李泽厚说："尽管个体是历史的儿女，心理是文化积淀的产物，但由于个体由先天、后来的不同从而所积淀的文化成果有巨大差异，这种由个体承担的偶然性，便极具个别性、差异性、独特性、具体性和多元性，成为实践操作活动中和认识思维领域中创造性的真正源泉和动力。"[①]可以看出，相比早期思想，李泽厚的自由观有所改变，自由不再是对必然的认识，而是在个体的直觉创造性活动中，自由关系本体论而非认识论领域。显然，这是对存在主义自由观的吸收。由此，李泽厚更为重视个体的独特性和差异性，但这样一来就与其基本思想矛盾。因为生命虽是个体性的存在，但人总是生活在具体的语言/人际/关系/权力/意义的社会关联中，如果把后者抽象掉，回归"本己，本真"则只有动物性的生、死、性而已。李泽厚对这一点非常清楚，他说："'我活着'的个体便难以成为理论的根底。以之为根底最终可以导致的，就是 Heidegger 空洞深渊的死亡进行曲。'我意识我活着'的社会性要求把根底放在历史具体的客观时空条件之下。"[②]

可以看出，李泽厚试图突破以前的思想，强调个体存在的偶然性和实践活动的直觉性和创造性，但这种思想的反驳并没有逻辑根据，把实践论与存在论沟通只能是牵强附会，矛盾仍然存在于个体与社会、实践的人类性与审美的个体性之间。以海德格尔改造马克思，或在传统唯物主义背景下强调个体存在都不是美学的出路，这一点我们看所谓的新实践美学就可以明了。

---

① 李泽厚：《历史本体论》，北京：三联书店2002年版，第43页。
② 同上书，第104、105页。

第二节 朱光潜与实践美学

把朱光潜与实践美学联在一起,这多少令人有些奇怪。人们一般认为,在20世纪五六十年代的美学大讨论中,朱光潜属于主客统一派。朱光潜以坚持主观意识对于美的生成作用而被援引马克思的李泽厚批评为主观唯心主义。但在那个不得不与时俱进的时代里,勤勉谦虚的朱光潜诚恳地学习并接受了马克思主义,对马克思的《巴黎手稿》作了不同于李泽厚的新的解读。朱光潜从艺术与审美的实际出发坚持自己的美学观,其对实践美学的诸多弊端也了然于心。最有意义的是,在那个惧怕主观,抹杀主体的特定时代氛围里,朱光潜苦苦挣扎,知其不可而为之地通过对审美实践的坚守以及对《巴黎手稿》的阐释为维护审美主体的地位而努力,这在客观主义美学占据学术主流话语的时代里①,具有一份众人皆醉我独醒的崇高意味。

1949年以前,朱光潜接受的是西方现代以克罗齐为代表,包括距离说、移情说、内模仿说等在内的文艺心理学流派,其主要观点集中在《文艺心理学》中的一段话:"美不仅在物,亦不仅在心,它在心与物的关系上面。但是这种关系并不如康德和一般人所想象的,在物为刺激,在心为感受;它是心借物的形象来表现情趣。世间并没有天生自在、俯拾皆是的美,凡是美都要经过心灵的创造。"②可以看出,朱光潜的观点具有浓厚的克罗齐思想的痕迹。克罗齐是浪漫主义艺术思潮的理论总结者。浪漫主义的哲学基础是德国古典唯心主义,是资产阶级要求个性解放的产物。浪漫主义重主观表现,强调艺术创造中的情感、直觉和想象,追求艺术的纯粹性和自律性,对艺术创作心理的重视是其文学理论的特色。由

---

① 客观主义美学指的是按照主客二分思维方式坚持认识论,把美看作是客观存在的,美感是对美的反映的学说。在20世纪五六十年代的美学大讨论中,除了李泽厚为代表的实践派美学可算做客观主义美学外,还有蔡仪的自然本体论和美感反映论的美学观,以及一些并没有达到马克思主义实践观的水平,而是停留在经验直观上认定美是客观的存在而对朱提出批评的人的美学观。

② 四川省社会科学院文学研究所编:《中国当代美学论文选》第2集,重庆:重庆出版社1984年版,第23页。

此朱光潜从西方接受的是整套的文艺心理学体系,而当时的主流权威思想是现实主义。现实主义在西方历史渊源,其远是自古希腊开始的朴素经验论求真意识在文艺上的反映,其近则是近代自然科学注重理性的思维模式以及近代哲学认识论对文艺的影响。随着无产阶级的兴起,马克思主义经典作家赋予现实主义文艺在社会结构中新的含义和地位。现实主义注重的是艺术对现实的认识和改造的社会功利作用,认为文艺作为意识形态之一种在整个社会结构系统中是被决定的,是没有自律性的,文艺应服从无产阶级的社会革命这一根本目的。朱光潜的文艺心理学体系与这套文艺社会学理论体系格格不入,前者自然成了被批判的对象。

现在看来,"百家争鸣"不过是"两家争鸣"。在哲学上是革命的马克思主义与反动的唯心主义的斗争,在文艺上则是现实主义与反现实主义的斗争。对朱光潜的批判只不过是文艺思潮中一种倾向压倒了另一种倾向而已。事实上,只有当文明发展到高度状态时,艺术的自律性问题才可能提出,人们要求艺术不负载其他意识形态的功能而成为自身,成为纯粹的审美。只有在这个时候,"为艺术而艺术"、"唯美主义"才有可能,"纯粹美"的问题才能被探讨。但在当时的语境下,朱光潜是不合时宜的,是非功利主义的,被认为是非平民的,是"食利者"的代表。

在美学讨论中,蔡仪的客观说、李泽厚的客观社会说和朱光潜的主客统一说基本上形成了三足鼎立的状态。蔡仪的典型说和李泽厚的客观社会说都有忽视审美主体的弊病,朱光潜对此极为清醒,他多次批评李泽厚、洪毅然等人抹杀了审美主体。在学习马克思主义解决美学问题的过程中,朱光潜提出了一系列与解放前不同的新观点,其要义是通过把物与物的形象、艺术反映方式和科学反映方式区别开,强调物质生产和艺术生产的一致性达到维护审美主体的目的,从而开启了实践美学新的维度。

首先,朱光潜区别了"物"与"物的形象"。"物"是自然物(物甲),"物的形象"(物乙)则是物甲在人的既定的主观条件下反映于人的意识的结果。物甲是第一性的,物乙是第二性的。物乙不纯然是自然物,而是夹杂着人的主观成分。物甲是自然科学的对象,物乙才是美感的对象,因此,朱光潜主张美感或艺术的反映形式与科学的反映形式,艺术地掌握世界与科学地掌握世界,"认识花是红的,与认识花是美的"这中间有本质的区别,"科学在反映外物界的过程中,主观条件不起什么作用,或是只起很小的作用,它基本上是客观的;美感在反映外物界的过程中,主观条件却起很大的甚至是决定性的作用,它是主观与客观的统一,自然性与社会性的统一"[1]。据此,关于美与美感的关系,朱光潜说美感能影响美。因为美是物乙的属性,物乙是美感的对象,而物乙又是物甲的客观条件加上人的主观条件影响而成的,主观条件可以影响物乙,所以人的美感能影响物乙,也就是说,美感能影响美。美是人对于物乙的评价。

客观派(蔡仪)和客观社会派(李泽厚、洪毅然)都用列宁的反映论直接解说美与美感的关系,认为美感是对客观存在的美的反映和认识。朱光潜则主张对于审美活动除了列宁的反映论外,还需要马克思的意识形态理论。朱光潜认为,美感可以分为一般感觉阶段和正式美感阶段。前者是一切认识的基础,它给艺术或美感提供感觉素材,是对于客观现实的反映。正式美感阶段则是意识形态对于客观现实世界的反映,它要经过艺术家的匠心经营,对感觉素材有所选择、排弃、概括化、理想化,有所夸张和虚构。可见,朱光潜的用意无非基于艺术创作的事实,给艺术创作的主体以一定的生存空间,使之不至于成为机械反映现实的一面镜子。

朱光潜不仅维护艺术创作主体,还竭力给艺术欣赏主体以地位。蔡仪、李泽厚和基本同意李泽厚的洪毅然都认为美是客观存在的,艺术美与自然美和社会美一样,是不以欣赏人的意志为转移的客观存在。朱光潜反对这种无视欣赏活动中主体存在的僵化观点,他说:"这个交响曲(贝多芬)的美有它的客观原因或条件,但是不能说在贝多芬谱成这个交响曲之前,或是你我作为欣赏者从这个交响曲体会到它的艺术形象之前,这个交响曲的美就已经是一种客观存在。"[2]也就是说,艺术的美只存在于艺术的欣赏接受活动中。朱光潜举红旗为例,说明具体的主体之所以从红旗中看到不

---

[1] 朱光潜:《朱光潜美学文集》第3卷,上海:上海文艺出版社1983年版,第35页。
[2] 同上书,第55页。

同的社会意义,是因为"了解意义都要通过诠释,而用来诠释事物的社会意义的都必然是主体的意识形态"①。而他的批评者把主体和客体的关系割裂,否定主体而孤立了客体。

关于自然美。朱光潜认为,单靠自然不能产生美,要使自然产生美,人的意识一定要起作用,"人不感觉到自然美则已,一旦感觉到自然美,那自然美就已具有意识形态或阶级性"②。自然美与艺术美一样,都是主观与客观统一的产品,自然美是雏形的艺术美。李泽厚的自然人化说只是自然美的前提,它不能直接解释具体的自然美现象,从这个哲学前提到具体的自然美的生成还有一系列的中介,其中主体心理活动就是其中之一,这是李泽厚直接应用自然人化说来解释自然美如《安娜·卡列尼娜》中的安德烈月夜归来前后看见同一棵老橡树而见到不同的美的例子不能自圆其说的原因,朱光潜批评说,单是一个"社会性"是不能保证事物有美的。

其次,朱光潜论述了生产劳动与艺术实践的一致性。朱光潜对《巴黎手稿》中人与自然通过实践达到双向对象化的思想的理解是深刻的,他说,人在认识和改造自然的过程中,也改变了自己,从自然形态的人提高到社会形态的人,主体和客体,人和自然结成不可分割的关系。"就一面说,主体客体化了,人'对象化'了,人借对象显示出他的本质力量;就另一面说,客体主体化了,自然'人化'了,对象对于人之所以具有'更多的东西',是由于人显出了他的'本质力量',使它具有社会的意义。……美感这种'本质的力量'也就是人类在长期认识自然和改变自然的实践过程中生长、发展起来和丰富起来的。"③应该说,朱光潜准确地把握了人与自然的矛盾对立和统一的辩证关系,与实践美学的主流看法并无大的区别,但在对物质生产与艺术生产、艺术接受的关系的认识上,朱光潜与李泽厚又有很大差异,究其根源,朱光潜从文艺创作和欣赏的事实出发,对当时客观派"见物不见人"的美学理论的主体缺席试图加以反驳。

---

① 朱光潜:《朱光潜美学文集》第3卷,上海:上海文艺出版社1983年版,第119页。
② 同上书,第316页。
③ 同上书,第50页。

美学讨论中,李泽厚严格地把艺术活动与实践活动区分开,朱光潜则根据自己对《巴黎手稿》的理解,认为艺术生产和物质生产具有一致性,他说,"劳动创造正是一种艺术创造",其"基本原则都只有一个:'自然的人化'或'人的本质力量的对象化'。基本的感受也只有一种:认识到对象是自己的'作品',体现了人作为社会人的本质,见出了人的'本质力量',因而感到喜悦和快慰"①。朱光潜根据经典作家关于反映论、意识形态和艺术生产的基本观点,进一步认为,文艺也应该视为一种生产劳动。从生产观点看文艺,可以得出以下结论:"第一,文艺不只是要反映世界,而且还要改变世界。文艺在改变世界中也改变了人自己,这就是文艺的功用。第二,现实世界只是原料,文艺要在这原料上进行毛泽东同志所说的'创造性的劳动',才能得到产品。这个创造性的生产劳动过程在美学里必须占有它的恰当的地位。第三,产品不同于原料,它是原料加上创造性的生产劳动。艺术反映客观世界要多一点东西,并非客观世界的不折不扣的翻版。"②文艺生产论强调的第二和第三点是批评反映论美学对艺术创作主体的忽视,认为艺术家自身创造了美,而不是简单地反映现实生活中的美。在此基础上,朱光潜认为美学并不是一种认识论。

在《马克思的经济学—哲学手稿中的美学问题》一文中,朱光潜再次论证了艺术生产和物质生产的相同点:"一、人通过实践来创造一个对象世界,即对于无机自然界进行加工改造。……二、这两种生产都'证实了人是一种有自意识的物种存在'。……三、'人还按照美的规律来制造',说明了人的作品,无论是物质生产还是精神生产都与美有联系,而美也有'美的规律'。"③因此,朱光潜认为:"劳动生产是人对世界的实践精神的掌握,同时也就是人对世界的艺术的掌握。在劳动生产中人对世界建立了实践的关系,同时也就建立了人对世界的审美的关系。"④对此,有三点值得注意:一是朱光潜的理解可以说明美感和艺术的起源,人对世界的艺术

---

① 朱光潜:《朱光潜美学文集》第3卷,上海:上海文艺出版社1983年版,第290页。
② 同上书,第62页。
③ 同上书,第469页。
④ 同上书,第290页。

掌握和美感起源于劳动。二是劳动也有审美因素,因为劳动是创造性的活动,是人的本质力量的实现,是人对有限自我的超越,是生命价值和存在的确证,而艺术生产也有物质劳动的因素,不仅仅是克罗齐的纯粹精神的活动,艺术本身从技术发展而来就说明了这一点。因此,劳动与艺术具有一致性。劳动本身凝聚了人的精神力量而成为广义的艺术创造,成为人对世界的艺术掌握;艺术生产是狭义的实践活动,是人的本质力量的对象化和人的自由的实现。三、朱光潜之所以坚持艺术生产与劳动实践的一致性,其目的仍然在于维护艺术生产的主体性。因为劳动是人的活动,如果艺术生产与劳动实践都是主体的对象化活动,那么其必然的结论就是艺术也是主体性的活动。

在某种意义上,劳动实践确实与艺术生产具有一致性,客观社会说把二者分割开则显僵化。马克思在《巴黎手稿》里就说过:"宗教、家庭、国家、法、道德、科学、艺术等等,都不过是生产的一些特殊的方式,并且受生产的普遍规律的支配。"[①]朱光潜从生产角度看问题,美就是主体的动态的实现;李泽厚从认识角度看问题,美就在静态的欣赏中。美对于个体而言,在朱光潜那里是生成的,创造性的,在李泽厚那里则是预成的,先在的,个体只能被动地感受美的存在。朱光潜的这一思想被后来的蒋孔阳所吸收并发展为创造论美学。

第三,朱光潜维护审美主体的第二个途径是对认识论美学的批评。当时占思维主导地位的是这样一个简单模式:"唯物主义承认美客观存在于现实生活之中,只有现实中客观的美,才能相应地引起人的美感;唯心主义否认美存在于现实生活之中,而把美统一于人的主观的审美经验的过程,认为美是主观心灵的创造,或由主观所决定的主客观的统一。"[②]在讨论中蔡仪的直观观点忽视了审美创造和欣赏的主体性,审美活动被等同于科学认知活动,审美活动自身的独特性被抹杀。李泽厚的客观社会说只有

[①] 马克思:《1844年经济学—哲学手稿》,刘丕坤译,北京:人民出版社1985年版,第78页。

[②] 《文艺报》编辑部编:《美学问题讨论集》第5集,北京:作家出版社1962年版,第352页。

类主体而没有个体主体,个体活动对于美的生成在其逻辑之外。朱光潜立足于艺术创作和欣赏的实际坚持个体对于美的生成作用,而对于美这个独特的人类体验的精神对象来说,是个体的而非群体的审美实践才是其直接的根源,所以朱光潜在美学讨论中难以驳倒。

李泽厚等人认为,美是客观存在的,美感是对美的反映,美感不能影响美。朱光潜在讨论之初的《论美是客观与主观的统一》中就批评李泽厚是"在美和美感之中挖了一条不可逾越的鸿沟"①。确实,这种绝对的客观的不可见的美存在于哪里呢?人们要感受美,只能通过美感这个中介,但具体的美感又是有差异的,那么谁的美感才权威地准确地反映了客观存在的美呢?按照李泽厚的逻辑,任何人的美感也无法达到那个绝对客观的美,美就变成了可望而不可即的海市蜃楼了。之所以出现美感与美这种简单机械的对立模式,朱光潜指出是人们简单搬用列宁的反映论的缘故。列宁的反映论认为,人们的意识反映着客观存在的物,客观存在的物决定着人们的意识,物是第一性的,意识是第二性的。因此,客观论者想当然地认为,既然美感是一种意识,那么必定是对客观存在的美的反映。在《论美是客观与主观的统一》一文中,朱光潜对讨论者简单搬用反映论,惧怕主观,否定主观能动性等毛病做了深刻的批评。②朱主张把艺术反映方式和科学反映方式区别开,坚持艺术和审美活动的独特性,主张"美感活动阶段是艺术所以为艺术的阶段,所以应该是美学研究的中心对象。"③这是很有远见的,20世纪80年代文艺心理学的勃兴,审美活动论美学的提出,可以说是对朱光潜这句话的注解。

朱光潜给美下的定义兼顾对象的自然形式和主观意识:"如果把'美'下一个定义,我们可以说,美是客观方面某些事物、性质和形状适合主观方面意识形态,可以交融在一起而成为一个完整形象的那种特质。"④朱光潜维护主体性地位的努力遭到了客观论美

---

① 朱光潜:《朱光潜美学文集》第3卷,上海:上海文艺出版社1983年版,第52页。
② 同上书,第66页。
③ 同上书,第69页。
④ 《文艺报》编辑部编:《美学问题讨论集》第6集,北京:作家出版社1964年版,第403页。

学的激烈批评。针对朱光潜把物和物的形象加以区别,蔡仪说:"这种理论,难道不就是朱先生《文艺心理学》和《谈美》中一贯宣扬的所谓审美态度的'我没入大自然,大自然没入我','由物我交流而物我同一'的主观唯心主义老调吗?"①李泽厚站在反映论立场批评朱光潜:"今天'美是客观的还是主客观的统一'的争论……实质上也就是在美学中承认或否认马克思主义哲学反映论的分歧。"②而绝对客观论者洪毅然的系列文章更是以朱光潜为主要批评对象:"一句话说穿了,无非还是以人的主观美感或其美的观念、概念(审美观点)代替美的客观存在罢了。"③

总之,朱光潜通过把物和物的形象,艺术反映方式和科学反映方式区分开,强调艺术生产和劳动实践的一致性,并借用马克思的意识形态理论,坚守了艺术审美活动的主体性。在那个无视主体,恐惧主观的庸俗社会学掌握人们思维的时代,朱光潜的努力难能可贵。在讨论中对康德持简单批判立场的李泽厚在20世纪70年代抬出康德,高扬主体性,随后的刘再复在文学领域呼应李泽厚的主体性哲学,主体才成为文艺学美学必须正视的概念。

朱光潜对于实践美学的意义:一是基于艺术创造和欣赏的实际,强调了个体主体性,对客观论美学是一个纠偏,这一点后来为蒋孔阳所发挥。二是认为实践与艺术活动具有一致性,分析了实践活动的审美特性,这种思路为张玉能所继承。朱光潜的美学思想主要来自20世纪初期的现代西方心理学美学,其对审美主体的维护与康德美学和当代西方人文主义思潮如解释学、接受美学具有同构性。朱光潜坚持艺术自律性,反对把艺术反映方式等同于科学反映方式,反对自然科学思维方法对人文科学的入侵,这一点与解释学的人文科学方法论很相似。但是,朱光潜的美学思想来自西方浪漫主义传统,浪漫主义文学思想的哲学根基是古典哲学,它是在主体和客体分离的前提下对主体的强调,它以笛卡儿的"我思"为主体原则,康德、费希特、谢林等提供了浪漫主义

---

① 蔡仪:《蔡仪美学论文选》,长沙:湖南人民出版社1982年版,第407页。
② 《文艺报》编辑部编:《美学问题讨论集》第4集,北京:作家出版社1959年版,第186页。
③ 洪毅然:《评朱光潜先生美学的"新观点"》,载《新建设》1960年第8期。

诗学的主体化原则。浪漫主义以对主体的张扬和强调而与旧唯物主义相对立。在西方哲学史上,德国古典哲学是对法国机械唯物主义的反动,而朱光潜以审美主体性反对反映论美学,在美学讨论中就是一个进步。

第三章

实践美学:发展谱系

20世纪80年代初,随着思想解放和《巴黎手稿》研究的深入,中国学界发生了持续多年的美学热。实践美学借此东风,迅速风行学界。一时间以实践观点谈论美学基本问题的论文、专著布满了各类学术刊物、美学研讨会和美学文摘。实践美学的体系性著作——王朝闻主编的《美学概论》成为大学多年的权威性美学教材,虽然主观派和客观派仍然在完善自己的美学观点,但在实践美学的宏大势力面前,只能节节败退。在实践美学的完善发展史上,80年代涌现了一大批成就卓著的美学学者,他们既坚持了李泽厚的基本观点,又提出了各自的实践美学观,为实践美学的体系化多元化做出了贡献。

第一节　刘纲纪：创造自由论

在实践美学的发展史上,刘纲纪以其对马克思主义哲学的独到理解,提出了自成体系的实践美学观。刘纲纪的实践美学观以实践本体论为哲学基础,以创造自由论为理论核心,以审美反映论为艺术本质,三者环环相扣,构成了实践美学史上独特的一页。

人从自然发展而来,本是自然的一部分,人的存在一刻也离不开自然,但人类的历史存在并不同于自然史本身。在何为自然与人的存在的本体这个颇有分歧的问题上,刘纲纪主张本体论可以分为自然本体论和人的本体论。刘纲纪认为,马克思一方面承认自然界的优先地位,承认自然存在不以人的意志为转移,另一方面是人类"使自然生成为人",而使人与自然达到统一的决定性的因素是人类的物质生产实践活动即劳动,马克思的贡献主要在后一方面,即第一次指出了物质生产实践是人类全部历史生活和发展的根基、本源。也就是说,当问题涉及到包含自然和社会在内的整个世界的本体时,本体只能是自然物质,而当问题涉及到与自然界有别的人类社会时,本体则是以自然界为其前提基础的人类实践,即马克思主义的自然本体论历史地、逻辑地包含了马克思主义的实践本体论,但不能代替它。在此基础上,刘纲纪进一步认为,实践有三个基本特点:第一,人类的实践活动既是满足生存需要的活动,同时也是人的有意识有目的的改造自然的活动,是创造性的能够支配自然从自然取得自由的活动,正是它推动人类从满足肉体生存需要,维持和再生产人的生命的必然王国领域进到以人的才能的全面发展为目的本身的自由王国领域。第二,人们只有结成一定的社会组织才能改造自然,因此人改造自然的生产实践不是单个人的活动,而是结成一定社会关系的人们协同进行的活动。第三,实践是人的有意识有目的的活动,不是自然物质的活动,但实践的目的、对象、手段和结果都是客观的,是由具体的历史条件和自然条件所规定了的,所以实践是一种客观物质的历史存在。根据以上理解,刘纲纪把马克思的哲学定义为"以物质的自然界为基础的实践的人本主义",这一提法肯定了自然对于人的先在性和实践对于人的本体性,以及人的问题在马克思主义哲学中的重要地位,从而把马克思主义哲学与一切唯心主义和费尔巴哈的人本主义区别开来,这种对马克思的解读也不同于恩格斯、列宁、斯大林等人的自然科学式的唯物主义。刘纲纪的美学观就建立在这种对马克思主义哲学的理解的基础之上。

在刘纲纪的哲学美学中,自由这一概念极为重要。根据对马克思、恩格斯和毛泽东思想的理解,刘纲纪认为,自由可以界定为通过对自然界的认识来支配我们自己和外部自然界。自由的获得以人类的实践活动为基础,是历史的、具体的、有条件的。人类通过有目的有意识的劳动从自然取得了自由,刘纲纪说,正是这种创造自由的劳动产生了美。劳动有一个从单纯满足物质生存需要到以人类自身才能多方面发展为目的的发展历程,所以美作为人的自由的感性具体的表现最初产生在劳动领域,以后超越了物质生产劳动,扩大到和物质生产劳动并无直接关系的社会生活的各个方面。作为从自然取得自由的劳动一方面以对自然必然性规律的认识和遵从为前提,美与真就联系在一起;另一方面,劳动又是在一定的社会关系中的活动,自由的取得离不开人与人的社会关系,因此,美又同道德上的善联系起来,美是真与善的统一。

刘纲纪所说的美学意义上的自由以马克思主义哲学对必然与自由的关系的论述为前提,但他认为,美学意义上的自由还有三个基本特征:一是美学意义上的自由超越了物质生活需要满足的范围,即使是在满足人的物质生活需要范围内的美的事物的美也并不是仅仅来自需要的满足,而是来自这满足需要的事物的取得显示了人改造世界支配客观必然性的智慧和才能。二是美学意义上的自由是对客观必然性的一种创造性的掌握和支配。仅仅遵循和符合必然性并不产生美,只有既符合客观必然性又不受客观必然性所束缚的创造性的活动才能产生美,而且这种创造性与不同的个性相联系,是个体所特有的独创性的表现。三是美学意义上的自由是个人与社会高度统一的实现。由于人只能生活在一定的社会关系中,因此人的自由的实现同人的相互依存的社会性不能分离,美产生于个人与社会达到统一的地方。美学意义上的自由的三个特点是对哲学意义上的自由的进一步申论。总之,美产生于实践对自然的改造中,是劳动创造了美,美的本质是人与自然、个体与社会统一的表现,也就是人的自由的表现,"所谓美,就是那通过人类生活的实践创造所取得的,感性具体表现了人的自由的各种对象"①。刘纲纪强调,这种自由不是精神活动的产物,而是人在实践中掌握了必然,实际改造和支配了世界的产物,是他克服各种困难的创造性劳动的成果。由此,刘纲纪认为,美是客观存在着的,是我们意识之外存在着的一个感性具体的对象,它是人类社会实践的产物,而非意识创造的产物。美的客观性不等于自然物的客观性,它可以脱离个别人的意识而存在,但不能脱离人类社会而存在,机械唯物主义美学观的弊病在于看不到美的社会性。所谓美感就是人把自己所创造的生活以及他所生活的周围世界当作其作品观赏,从中看到了他创造的智慧才能和力量的种种表现,看到了人的自由获得了实现而引起的精神愉悦,而机械唯物主义所认为的美之为美的属性只有在表现了人改造世界支配自然所取得的自由时才能成为美的。

　　刘纲纪不是从实践直接推导出美的本质,而是多层面多方面地考察了美的特性。他认为美有二重性:一是属于客体的东西表现了属于主体的东西。客体只有在表现了主体的情感、理想和愿望时才是美的,而这是实践的结果,实践是变主体的东西为客观存在的活动。二是属于自然的东西表现了属于人的东西,纯粹的自然性不可能有美。第三,是属于个体的东西表现了属于社会的东西。艺术作品中的个性化的东西渗透着具有普遍性社会性的内容才能引起同情和共鸣。刘纲纪还论述了美的发展历程,他说,人类劳动所特有的自由创造性与满足人的物质生活需要不能分离,所以美一开始同满足需要的劳动和劳动产品不能分离。人类最初只是从需要的观点而不是审美的观点去看他的劳动和劳动产品,这

---

① 刘纲纪:《艺术哲学》,武汉:湖北人民出版社1986年版,第406、407页。

时能最好地满足需要的产品就是那些不容易获得的产品,对需要的满足来说最好的东西同时也是美的东西,"好"和"美"是一回事。但这种美还局限于满足需要的劳动范围,只有被局限了的意义,而严格意义上的美是完全超出了物质生活需要满足的美。美如何从其产生的物质生活需要满足的领域进入到超越之的广大领域呢?刘纲纪认为,有下面几点值得注意:第一,正如生产工具比它所生产的东西更宝贵一样,人类在他的发展过程中一定会认识到,他创造的智慧、才能和力量的发展提高比他一时的需要的满足更重要、更宝贵,由此,那和人类需要的满足不可分的人的创造的智慧才能和力量的发展,具有自身独立的意义和价值,不再只有当它直接带来需要的满足时才有价值。第二,与之相关,直接与人的劳动相联系的人的社会性的发展起着巨大的决定性作用,人只能在社会中存在,只有结成社会人才能战胜自然,才能推动社会的发展,因此,美与人的社会性本质的实现,即与善的实现联系起来,"好"不一定是"美","善"才是"美",美已经超出了物质生活需要的满足。第三,一方面美具有塑造人的社会性的作用;另一方面,个体意识到他只有与人的社会性存在,只有与善相一致的时候才是自由的真正实现,才有真正的美可言,这样对于美的追求、美的创造和欣赏就逐步地发展为人类精神活动的一方面而与单纯的善区分开来了。

总之,美的发展历程经历了两个阶段,一是从"美"与"好"的合一到"美"与"好"的区分,这时美还处于物质生产劳动的领域。二是从"美"与"善"的合一到"美"与"善"的区分,美已经超出物质生产劳动的领域而成为社会精神生活的一个独立的存在了。美以人类能力的发展本身作为目的(自由王国),它以物质生活需要的历史发展(必然王国)为最终根基,当个人与社会、合目的性和合规律性的统一超越了生存需要的满足,表现为人的个性才能自由发展的时候美就产生了。美作为人的个性才能的自由发展的表现存在于多方面:一是在人改变自然事物和社会事物的创造的智慧、才能和力量中,也就是在生产斗争和社会斗争中。二是存在于个人与他人的社会关系中,这种社会关系由于是对个体个性才能发展的肯定而具有美的意义。三是存在于人赖以生存的周围自然环境中,人一刻也离不开自然界,经过人的漫长的劳动改造的自然界成为人的个性发展的环境和条件因而对人具有美的意义。这第三方面就是自然美。

自然美包括单个自然物和人类所生活的整个自然环境的美。刘纲纪认为,自然美在物质生产劳动的基础上发展起来,并随着人类改造自然的物质生产力的发展而发展。人对自然的改造既包括人对个别自然物的形态的改变,也包括在不改变自然物的形态的情况下,对自然物的属性和规律的广泛的认识和利用。美学意义上的自然美不是作为劳动产品来看的自然物的美,而是超越劳动的范围同人的社会发生了多方面的联系的自然界的美,那被人类所征服和支配了的自然物由于其被征服和支配是人类克服了巨大困难的创造性活动的结果,是人类战胜自然的智慧才能和力量的见证,也就是人类能够从自然取得自由的见证,具有了同人类自由个性的表现相关的某种社会的精神的情感的内容,成为人化了的自然才对人类有美的意义。而所谓对自然美的欣赏就是人在他所认识和支配了的自然界中直观到他从自然所取得的自由,自然美欣赏中的拟人化现象是经过实践而人化了的自然美在人的心理想象中的反映,它决非自然美的创造者。可见,刘纲纪的自然美观与李泽厚基本相似,反对朱光潜把精神意识的对象化视为自然美的根源。

关于艺术的历史发生学根据,刘纲纪认为,由于生产劳动不仅满足了人的物质生活需要,还是一种积极的创造性的活动,它引起了和物质需要得到满足不同的精神上的愉悦,即在自己所取得的成功面前感到无比自豪之情,人由此产生了模仿冲动,要把那体现了他的创造性力量的劳动过程和结果通过某种形式加以再现,以使他能从这种再现中再度体验那由于他的创造的成功而引起的喜悦之情,艺术就产生于这种模仿冲动。可以看出,刘纲纪的艺术发生学与普列汉诺夫的艺术起源模仿说是一致的。

根据唯物主义对思维与存在、精神与物质的关系的看法,刘纲纪认为艺术是一种精神现象,是对现实的一种反映。刘纲纪说,反映这一概念应作宽泛的理解,它只是就艺术作品与整个现实的关系而言,即使是表现论所说的对思想情感的表现仍然是对存在的一种反映。反映的对象包括客体、主体和客体与主体的关系,而且意识对这三者中任何一方面的反映都表现为一种双向的反映,即既是对于对象的反映,同时又是对于作为反映者的人自身所处的历史条件的反映,反映不应该局限于认识论即科学理性的领域。刘纲纪认为,艺术反映对象与科学反映对象是不同的,因为艺术作为现实的反映其内容只是那些能够唤起人们喜悦感情的东西,即它是和人类的创造有关的感性具体地体现了人征服外界自然并从中取得自由的对象,而且它不只是对个人,而是对整个人类社会都有意义和价值的对象。刘纲纪批评旧唯物主义哲学所主导的反映论美学不懂得艺术所反映的客观现实同时就是人自身的对象化,把艺术对象和科学对象等同,从而认为艺术不过是一种形象化了的科学认识,因此抓不住艺术的特殊本质。刘纲纪强调,同一个客体对象,是作为包含反映的主体在内的人自身的对象化,还是仅仅作为客观的对象去加以反映,这是艺术对象和科学对象的根本区别。

艺术以人的劳动生活的创造为对象,由于劳动是社会性的,因此艺术也以人的社会本质的实现为对象,古今艺术都要肯定或否定、直接或间接地把个人与社会矛盾的统一感性现实地呈现出来。由于艺术以人类生活的感性的实践创造以及人的社会本质的具体实现为其反映对象,因此艺术也就是以人类在他的生活的实践创造中感性现实地表现出来的自由为其反映的对象,艺术本质由此推演而来。刘纲纪认为,艺术是把人的生活作为人的自我创造或自我实现的过程和结果来反映的,它感性现实地显示了人如何通过他改造客观世界的创造性活动使人的自由获得了实现,因此,艺术对生活的反映本质上就是对广义上了解的客观世界的美的反映,艺术的本质就是美。刘纲纪指出,各种否认美为艺术的本质的看法,最重要的原因是对美作了狭隘的理解,停留在美是和谐的古典观点上,没有看到就其普遍本质而言美是人在他的生活的实践创造中所取得的自由的表现,是人的个性才能的自由发展在人类生活的各个方面的表现。美作为人类生活实践创造的产物,客观存在于人类的生活现实中,艺术美只能是现实美的反映。广义理解的美作为人的个性才能自由发展的表现,不仅表现在和谐中,也表现在人为取得自由而进行的斗争中,表现在和人的自由的实现相联系的各种尖锐的矛盾冲突中,这就展现为美、崇高、悲剧、喜剧等美学范畴。

在20世纪五六十年代的美学大讨论中,李泽厚、洪毅然等人主张以马克思的实践论为美学研究的哲学基础,实践美学由此发源。80年代随着对马克思《巴黎手稿》的进一步研究,实践美学也发展起来并成为中国主流美学学派。《巴黎手稿》给美学研究提供了新的哲学视野,指示了美的本质与人的本质的关联性,给人们的美学思考提供了极大的阐释空间,许多学者从对《巴黎手稿》基本思想的理解出发,提出了自己的实践美学发展观,这些观点既有相似性和继承性,也有由个人对马克思主义哲学和美学基本问题理解的不同而导致的差异。刘纲纪对实践美学的推进表现在:对马克思的实践观做了新的阐发,强调了实践本体论的地位,祛除了20世纪五六十年代美学大讨论中对马克思主义哲学理解的旧唯物主义痕迹,反对了机械唯物主义和各种唯心主义美学观;突出了马克思主义哲学中的自由这一概念,把美与个体自由的实现联系起来,提出了审美的个体主体性问题;把美和艺术的本质与人类实践的特点联系起来,不是从实践直接推演出美的本质,而是多层面多角度地考察美的特征及其发展历程;给予反映这一概念以新的哲学内涵,纠正了反映论美学把审美反映等同于科学式的认知,把艺术家等同于科学家从而导致了对审美主体予以忽视的思维缺陷,维护了审美反映的独特性和艺术主体的创造性等等。总之,刘纲纪从自己对马克思主义哲学的理解出发,构建了一个逻辑严密,结构完整的美学问题域,把实践美学的发展推进到一个更深的层次。

但刘纲纪的理论探索在今天看来却有不少疑点,其中有些还是实践美学的代表人物所共同具有的理论缺陷。

第一,把美定义为实践对自然的改造所取得的自由,这种美学观有着明显的人类中心论特征。自由这一概念内涵丰富,在认识、伦理意志、实践活动、情感体验等领域,自由的哲学含义是不一样的。刘纲纪认为,自由是对自然的支配和改造,它现实地历史地决定于人类实践的水平。可见,这里的自由仍然是认识和实践意义上的,而非审美体验中的情感自由,用其去界定审美活动就不合适。刘纲纪认为,美与自由相关,在自然中,自由来自对必然的认识和对自然的改造;在社会中,自由的获得是个体与社会相统一的结果。显然,这两个自由概念的内涵是根本不同的,用其笼统地界定美是不恰当的。

第二,刘纲纪力图在主体与客体、人与自然、个体与社会的统一中规定美的特性,他把美和美感分开,认为美是人类物质实践的产物,又是人的个性才能自由发展的表现。那么:1. 群体性的实践如何与个性自由的发展相统一?人类群体的实践如何落实为个体的精神性的审美活动?人类实践只能把人和动物区别开,只能产生人的"类本质",而无法使个性自由得到发展。个体的人从自然分离开来后又生活于社会中,只有挣脱社会的束缚才有个性的发展可言。从历史上看,人类个性自由的问题也只是在近代历史上才突显出来。2. 美既然是人的自由的表现,而每个人的自由观和对自由的体验各不相同,因此同一对象对于不同主体会成为美或不美的,那么如何判别自由的价值所在?答曰通过社会实践。刘纲纪说,美是社会实践而非主体意识的产物,可以根据人类社会实践来判定究竟哪一种看法同人类社会发展的客观要求相一致,从而确定不同主体所说的美是否具有客观历史的价值,美所表现的自由只有符合人类历史发展的必然规律才是真正有价值的。但难点在于,把对美的判断标准推向了一个先在的权威的客观规律,以所谓的客观历史规律为正确的美感反映标准,必然导致审美权威主义,这就抹杀了审美民主。而且,对极具个体性、精神性的审美活动却用人类理性的物质实践活动来检验和规范只能大而无当,隔靴搔痒,这两种活动应该具有不同的"尺度"。3. 相比李泽厚而言,刘纲纪更为重视个体主体性,但其美学客观主义立场却具有无法解决的理论矛盾。刘纲纪说,美虽然具有不以主体的意愿好恶为转移的客观性,但只有当它为主体所感知和体验到的时候它对主体才存在,对于每一个主体来说,对美的存在的感知和把握表现为主体的完全的活生生的情感。问题是,既然美只存在于个体的审美感受中,由于个体对同一对象的审美感受是不同的,那个客观存在的美又存在于何处呢?这诸多矛盾正暴露了客观主义美学的两难:美是客观的,但它又与人的精神情感有关,那么主观的情感与客观存在的美的关系如何呢?

第二节　周来祥：美在关系

实践美学论者以马克思的《巴黎手稿》中的自然人化说为解决美的本质问题的理论依据,但由于各人对马克思的理解不同,对艺术和审美现象的体认不同,因此,实践美学的发展呈现出不同的风貌,其代表人物的实践美学观相互之间既有继承、综合,也有发展和变异。周来祥参加了20世纪五六十年代的美学大讨论,在讨论中他偏向李泽厚的实践美学观,但朱光潜对李泽厚的驳难让他意识到李泽厚美学理论的不足。周来祥吸收了李泽厚的基本观点,并援引马克思的思想提出了新的美学观,使实践美学走向完善化和体系化。

周来祥认为,马克思《巴黎手稿》中的实践观点是探讨美的本质和根源的理论支点,但实践观点只提供了探讨美的本质特征的正确的理论前提,还不是对美的本质特征的具体而彻底的解决。与李泽厚不同,周来祥并不认为自然人化本身就是美,他说,自然人化(人的本质力量对象化)是人对社会、人对自然的一切自由关系产生的根源,其中包括审美关系。也就是说,自然人化只是审美关系和其他各种关系共同的自由本质,探讨美和审美本质的特殊性还必须由此出发,进一步深入研究。具体说来,周来祥指出,在其直接的狭隘的意义上,人化自然指的是生产实践直接加工改造的第二自然,在更广泛的意义上则是指人在实践基础上形成的一切人与自然的包括审美、思维、意志等精神能力在内的对象性关系,这些关系都是人与自然的属人的关系,其对象都可能成为审美对象。但人与自然的实践关系是根本的,实践的历史发展决定了审美关系的历史发展。实践活动一方面创造着审美对象,另一方面创造着审美主体,创造着审美对象与审美主体之间的审美关系。审美关系中客观方面的美和主观方面的美感能力共同产生于社会实践中,主体和对象互为决定性的前提。在实践中对象对人的自由本质的肯定,或人的理智和意志的和谐统一的本质力量的对象化即是美的创造,美感则是对美的能动的反映。可见,周来祥的美的源起是这样的:实践—审美关系(审美对象、审美主体)—美。实践并不直接地产生了美,实践和美之间以审美关系为中介,这就兼顾了朱光潜的审美主体性。

周来祥认为,美是客观的规律性和主观的目的性的统一,这个统一就是自由,美的规律即是自由的规律。人类生产就是把人的自由本质对象化在劳动产品上,产品从而成为对人的自由本质的肯定,认识、实践和审美都是对客观规律的掌握和支配,都是与对象世界所建立的自由关系,美只是这种自由关系的特殊形式。周来祥的这种理解与李泽厚、刘纲纪等人一致,但马克思的另一段谈音乐的美与主体接受之关系的话使周来祥的美学观另具特色。马克思说:"对象如何对他说来成为他的对象,这取决于对象的性质以及与其相适应的本质力量的性质;因为正是这种关系的规定性形成一种特殊的、现实的肯定方式。"①周来祥认为,这就是马克思的辩证思维,是美学研究的方法论之根本,它启发我们,美的本质不能仅仅从主体入手,也不能仅仅从客体入手,而必须从主客体之间所形成的特定关系入手。进而,周来祥认为,广义的人化自然是认识对象,也是实践对象和审美对象,这只是客观世界成为人的对象的一般规定,还不是美的特征的具体规定,只有相对于主体的理智意志和情感能力它才可能呈现为真善美的不同对象,美的抽象本质必须经由主体的审美态度、审美能力及其两者产生的相互对应性才能现实地转化为审美对象。审美关系是实践活动和理性认识活动的中介,它是不以人的意志为转移的客观关系。

审美对象和审美主体互相决定互为条件,美作为一种对象必定有主体的一种本质力量与之对应,它就存在于这种对应性的关系中。美作为客体对象是真与善的统一,决定了审美的特殊本质是理智和意志情感的结合。也就是说,美的本源不在纯粹的客观对象(蔡仪、李泽厚),也不在纯粹的主观世界(朱光潜),而在主客体之间的关系中,主体是从事实践和认识活动的人,客体是主体从事活动的对象世界,主客体形成了一种客观的关系。美不是对象的属性也不单在主体自身,美是由和谐自由的审美关系规定的,或

---

① 马克思:《1844年经济学—哲学手稿》,刘丕坤译,北京:人民出版社1985年版,第82页。

者说美是和谐的审美关系的对象性属性,只有在审美关系中对象才是审美对象,主体才是审美主体。周来祥由此批评"自然说"是在人与自然的和谐自由的对象性关系之外来谈美;"客观社会说"强调了美的社会性,忽视了审美对象的自然属性,强调了社会主体的作用,忽视了个人主体的作用,强调了美的关系的社会的普遍的抽象的方面,忽视了具体现实的审美关系的生成。周来祥认为,在审美活动中,人通过对象直观自身,因此人与对象的审美关系实际是人与自身的关系,审美活动是对人的本质力量的肯定。可见,和谐美学的根本精神与李泽厚的实践美学是一致的。

根据中西美学史文献,周来祥提出"美是和谐"的命题。美的和谐根源于人的和谐自由的完满本质,而人的自由完满的本质又根源于社会实践的普遍的自由自觉的本质,即主体和客体、人与自然、人与人、合目的性与合规律性的和谐统一是美的本质的最抽象最简单的规定。周来祥强调:"人的劳动实践,人的本质力量对象化,是美产生的根源和一般的本质,和谐自由则是美的根本特征。美的特征也是美的本质的表现,和谐是主体与客体、人与自然、人与人、合目的性和合规律性的统一,这和谐的统一也就是自由。"① 美根源于自然人化,美的本质则是和谐。把美的根源与美的特征区别开,在一定程度上避免了前此的实践美学的实践决定论倾向。

和谐说美学里的和谐并非形式范畴,它包括感性对象形式的和谐、对象内容的和谐、内容和形式统一的和谐、审美对象和审美主体之间的和谐等多方面的内容。这些和谐从根本上说,决定于社会历史过程中的人与社会、人与自然、人与自身的复杂关系,这种复杂的关系又凝结在特定历史阶段的人身上。周来祥认为,马克思关于共产主义的一段话是和谐的最高体现。在和谐美学看来,和谐的全面发展的人性是历史发展的最终目标。

美从客观方面看介于真与善之间,是真与善的和谐统一,审美作为美的反映,则介于理智和意志之间,理智和意志的和谐统一构成了审美意识。审美意识并不只是对客观世界的感知关系,它具

---

① 周来祥:《古代的美 近代的美 现代的美》,长春:东北师范大学出版社1996年版,第48页。

有理性认识的内容,能够深入到客观对象的普遍本质。与科学认识不同的是,审美意识始终守在感知形式之中,它以情感体验和知觉形式为中介深化到一种理性的境界,审美意识是以情感为网接点的感知、理性、想象的综合心理结构。审美意识是主客观关系的反映,它一方面有统一的客观标准另一方面又有较大的个人趣味和个性差异。而且,审美意识包含着伦理实践的内容,具有理性的意志目的和价值观念,但与伦理实践不同的是,它不导致直接的现实性。审美感受是人们对展开在对象上的人的理智和意志和谐统一的本质力量的自由观照,其形式是知觉和想象,其内容是认识和社会功利。

　　周来祥强调,马克思的辩证思维是美学研究的最高思维方法,当代自然科学方法特别是系统论的方法也提供了解决美学问题的途径。"美是和谐"是对美的本质的抽象规定,美学的一切其他范畴由此推演而来,优美是内容和形式、合规律性和合目的性的对立中偏于统一,崇高是内容和形式的统一中偏于对立。美是相对静止的量变,崇高是显著变动的质变。崇高是内容压倒形式,滑稽是形式压倒内容。丑是美的反面即不和谐,是不合目的和不合规律的统一。美和崇高的不同决定了美感和崇高感的不同,美感是和谐自由感,崇高感是由痛感转向快感。悲剧是社会崇高的深刻体现,喜剧以滑稽和丑为本质。美的和谐也是历史范畴,主客关系的矛盾运动在古代产生了古典的素朴的和谐美,在近代产生了主客对立的崇高,在现代则是否定之否定所形成的辩证和谐的美。与此相应,历史上有三大艺术,即古典主义的美的艺术、近代崇高艺术(现实主义、浪漫主义、现代主义和后现代主义)和现代辩证和谐的美的艺术。同时,三大美的形态与人类三大思维方式相对应,古代是朴素的直观的辩证思维,近代是静态的形而上学的分析思维,现代则是自觉的辩证思维。可见,美的本质和范畴在真与善,主体实践与客观规律,内容与形式的矛盾运动中展开,通过逻辑演绎与历史归纳,和谐美学自成体系。

　　和谐美学认为,美和艺术的本质是一致的,它们都处理人和自然,个体和社会的关系。美的本质是人和自然的关系之中所取得的一种自由,艺术是对这种自由关系的反映,因此美的哲学本质决定了艺术的本质。审美关系是理智和意志统一的产物,是普遍和个别、客观和主观、本质与现象、偶然与必然、理想与现实的统一。审美不以概念为中介,审美关系把理性内容包含在情感中,因此艺术和审美就有偏向于思维认识的客观艺术,有偏于情感想象的主观艺术,前者偏向认识后者趋向实践,前者给人以启示,后者给人以力量,前者教人认识社会,后者鼓舞人们去斗争去行动去创造新的生活。周来祥认为,艺术是对生活的认识和反映,但艺术又是通过艺术家的头脑来反映的,它包含着艺术家的世界观、审美理想、意志和情感,这就是所谓的"再现说"和"表现说"的由来,因此,艺术是理智和意志、思想和情感的统一,是反映和表现、再现论和表现论的结合。和谐美学的艺术观综合了前人的学说。

和谐说美学的提出标志着实践美学的基本观点已获逻辑的展现:实践对象化着人的本质力量,真与善、主体目的和客观规律的和谐统一产生了美。美感是对对象化了的人的本质力量的欣赏,美是真与善的统一,美感是对美的形象性和社会性的反映,是目的性与规律性的统一。美感有个人差异和社会普遍性,前者来自审美欣赏的个体性,后者来自社会实践的普遍性。美的本质决定艺术的本质,作为美感的物化形态的艺术也有认识性和伦理实践性,它在形象中认识社会本质,同时导向社会实践,推动现实美的发展。美学范畴既是逻辑的又是历史的,这就是三大形态的美和艺术。周来祥认同《巴黎手稿》对于美学研究的指导意义,主张从马克思的自然人化观研究美学,在此基础上引入审美关系这一范畴,认为实践产生了审美关系,审美关系包括审美主体和审美对象,审美主体和审美对象互相决定,美就是审美关系的对象性属性。在主客体对立统一的矛盾运动中,美学范畴得以展开。由此,以美的起源和本质为理论基础,以美学范畴的历史发展和逻辑演绎所展开的纵横交错的实践美学体系以和谐说的形式表现出来。

和谐说美学是实践美学谱系中的重要一环,既继承了前人又有所发展和推进。周来祥与李泽厚、刘纲纪等人一致的地方是,美是现实对人的本质力量的肯定,美的和谐指的是主体善和客体真的统一,它来自人类实践活动所造成的人与自然的和谐。自由是对必然的认识和对自然的征服,美学范畴就在人与自然对立统一的实践活动中展开。和谐美学与传统实践美学不同的地方在于，一是强调马克思的辩证思维方法，把主客体的相互关系引进美的发生，从而突出了审美主体。周来祥认为，审美对象是客观的，但对象之所以成为审美对象依赖于人与对象的关系，依赖于人的主体态度和能力，美产生于审美对象与审美主体互为决定的审美关系中，这就避免了以人化自然规定美从而难以区分真善美的弊端。二是周来祥认为，自然人化并不能直接产生美，应该在马克思实践论的基础上进一步研究美的特征。人所创造的并不都是美，只有和谐才是美，这就避免了"劳动创造美也创造了丑"的质疑。三是和谐说美学尝试以系统论、相对论等现代科学思维解决美学问题，认为事物的本质在系统关系中，系统质是更为根本的质，从而得出美在主客体统一的审美关系中的结论。和谐说美学推进了历史与逻辑的统一、从抽象上升到具体等学科方法，祛除了对象性的实体思维，这些对于美学研究思维模式的变革有所启发。

和谐说美学延续了李泽厚客观主义认识论美学的基本逻辑，这就使其存在许多理论难题。一、在周来祥那里，实践与美的关系仍然是存在与意识的关系，美起源于实践，美决定美感，美感反作用美，艺术美来自现实美又反作用于现实美，这就直接把历史唯物主义的原理套用在美学基本问题上，缺乏美学学科自身的问题意识。二、周来祥说，审美关系产生于实践，因此，审美关系并非是根本的，但具体的审美关系是如何发生的，它与实践的关系是怎样的呢？周来祥承认，只有主体的审美态度才是决定性的。可见，实践如何产生审美关系，审美关系如何产生美仍然需要进一步说明。三、和谐说美学在运用系统方法时多有牵强之处，而且对自然科学方法的推崇忽视了一个根本问题，就是作为人文学科之一，美学是否有自身的研究方法？四、审美关系这一概念的提出抛弃了美学研究中的实体性对象性思维。美不是对象也不是主体的属性，而是关系属性，美在关系中，这就比客观论美学前进了一步。但审美关系是一个非常模糊的概念，在现实的审美活动中，主客体融为一体，主体客体的界定是抽象思维的结果。因此，揭示审美活动的奥秘才是美学研究的根本，而这一点和谐说美学还没有展开。

第三节　蒋孔阳：实践美学的总结者

蒋孔阳美学理论的推演从主体和对象的两分开始。蒋孔阳认为，现实的客体和主体所包含的内容极为丰富复杂，客体包括自然界的自然物、人的创造物、社会文化现象、精神产品等；主体则包括人的自然性与物质性、社会性与精神性的存在。主体的各种条件相互交织，构成了处在一定历史社会关系中的个性化的主体，这样的主体与复杂的客体构成了复杂的关系。随着生产力的提高，人对现实的关系越来越复杂，从审美主体方面看，人的感觉能力也随之发展和提高；从审美对象看，作为审美对象的客观现实也越来越多样和扩大，人对现实的审美关系就逐渐地从其他关系中独立出来。审美关系以主体和客体的对立为前提，蒋孔阳认为，美学中一切问题都应该在人对现实的审美关系中解决，因此，人对现实的审美关系是美学研究的出发点。

那么，审美关系产生于何处？蒋孔阳认为，人与现实发生的审美关系产生于生产劳动中。人在劳动中要实现自己的目的，他要按照一定目的来改造世界，当客观世界符合了主观的心意，他就产生了一种满足感和愉快感，这就是人类最初的审美意识。劳动对象也是人的精神力量的体现，他在劳动对象上观看到了自己作为人的本质力量，感到骄傲和喜悦，体会到了人对自然的胜利，因而感到美，美是在劳动中产生的。比较认知关系、伦理关系，蒋孔阳认为，人对现实的审美关系有自己的独特性：其一是通过感觉器官与现实发生关系，它构成了审美关系的形象性和直觉性。其二，审美关系是自由的。从内容上看，美的对象要展示人的本质，取得精神上的自由和满足；从形式上看，美的对象通过物质形式自由地表现心灵的形式。其三，审美关系中人作为一个整体与现实发生关系，人的本质力量得以全面展开。其四，审美关系表现为人对现实的一种情感关系。

在人对现实的审美关系中考察美，蒋孔阳认为美产生于一个多层累积的突创过程，它包括两层意思，"一是从美的形成来说，它是空间上的积累与时间上的绵延，相互交错，所造成的时空复合结构。二是从美的产生和出现来说,它具有量变到质变的突然变化,我们来不及分析和推理,它就突然出现在我们的面前,一下子整个抓住我们"①。由此,美的内容非常丰富复杂,具有多层次多侧面的特点,而且包含了人类文化成果和人类心理的各种功能和因素,但其结果却单纯完整浑然一体。美不是单一的,纯粹的,而是多样的,复杂的。细察之,其复杂性来自美的形成因素中的多样性,它包括客体方面的自然物质层,即审美对象的各种物质属性和主体方面的知觉表象层、心理意识层,它们分别建构了客观事物各种属性的相互关系的整体和主体深层心理动力。此外,形成美的因素还包括社会历史层,全部文化传统和现实生活方式都会渗透和积淀在每一次的审美活动中。因此,美的创造是多层次的积累所造成的一个开放的系统,在空间上它有无限的排列组合,在时间上它处于生生不息的创造与革新之中,但美的出现却是一种突然的创造,它使我们的感受带有直觉的突然性、感受的完整性、思想感情的集中性和想象的生动性,美是一个完整的充满了生命的有机整体。美处在创造中,在创造中向未来开放。总之,蒋孔阳认为,美的形成因素不是单一的,并非如西方美学史上所说的客观的形式、关系、理念或主体的无意识、意志,而是多种因素整合而成的突然的创造。

  以上只是对美产生的条件和特征的探求,还不是对美的本质的规定。蒋孔阳认为,劳动创造不仅是物质上的满足,也是劳动者思想情感和聪明智慧的实现,在这个过程中人感到愉悦和庆幸,因此感到美,此即"劳动创造了美"。人的本质决定了美的本质,人通过自己的实践活动把自己的本质力量在客观世界中实现出来,因此,可以把美定义为"人的本质力量的对象化"。如何理解美的这一定义?这里牵涉到一个概念,即"人的本质力量"。马克思说,"人的本质力量"包括:"视觉、听觉、嗅觉、味觉、触觉、思维、直观、情感、愿望、活动、爱。"②他还说:"只有音乐才能激起人的音乐感,

---

① 蒋孔阳:《蒋孔阳全集》第3卷,合肥:安徽文艺出版社1999年版,第148页。
② 马克思:《1844年经济学—哲学手稿》,刘丕坤译,北京:人民出版社1985年版,第80页。

对于没有音乐感的耳朵说来,最美的音乐也毫无意义,不是对象,因为我的对象只能是我的一种本质力量的确证,也就是说,它只能像我的本质力量作为一种主体能力自为地存在着那样对我存在。"①蒋孔阳由此认为,人的本质力量所包含的内容是多方面的,既包括人的自然的禀赋和能力,自然的情欲和需要,也包括超越自然的意志、思维和情感力量,这些因素随着社会历史实践和人类生活的不断展开永远处于新的排列组合中,进行着新的创造,美就是形象地反映了人的最好的本质力量的形象。本质力量包括着人的多方面的能力,因此,"人的本质力量对象化"的活动方式也是多方面的,蒋孔阳认为,木匠做桌子,画家画画,文学创作等都是人的本质力量对象化。从其论述可知,蒋孔阳是在宽泛的意义上使用"实践"这一概念,它既指劳动生产,也指艺术创造和审美欣赏。他说,实践方式的对象化,事实就是形象化,一切审美活动和艺术创造,都是以形象化的实践方式来进行的。人的本质是在劳动实践过程中创造出来的,劳动是无止境的,因此人的本质也永远在创造中,作为人的本质力量对象化的美也处于创造中。在审美关系中,我们把自然和精神的本质力量,我们的知识、文化素养以及人格力量,在对象中完整地展现出来,美是体现人的生命力的活的形象。

　　蒋孔阳在批评旧唯物主义美学观时指出,美具有社会性和个体性。美是人们在社会实践过程中创造出来的,美是社会生活的属性,它与社会生活一道客观地存在于人们的意识之外。美是一种社会现象而非自然现象,它处在一定的社会关系之中,为个人所创造,并且要传达出去以期引起共鸣和同情性的解释与评价,因此美是千差万别的,它具有独特的个性。由于把人的本质力量作宽泛的理解,甚至把个体性的力量都包含在内,蒋孔阳的创造美学更注重个体的创造性。他说,每个具有自我意识的人都力图通过实践活动把自己的本质力量最充分地表现出来,感到自己与现实的关系是和谐自由的,从而也是美的。创造美学对个体性的重视也表现在审美接受上,蒋孔阳认为,审美欣赏也是个人的精神性的本

---

① 马克思:《1844年经济学—哲学手稿》,刘丕坤译,北京:人民出版社1985年版,第82页。

质力量的显现,由于各个人的本质力量和个性的不同,审美欣赏的主观差异就很大。审美欣赏的个性特征并不是指个别性而是指独立人格的独立自主性。美来自个人的欣赏和创造,故美在于创造。人的真的善的本质力量充分地在对象中实现出来,焕发为形象时就成为美的,由此美可以这样定义:"美是一种客观存在的社会现象,它是人类通过创造性的劳动实践,把具有真和善的品质的本质力量,在对象中实现出来,从而使对象成为一种能够引起爱慕和喜悦的感情的观赏形象。"①

蒋孔阳认为,美感产生于主客体的对立。工具的生产和制造分清了人与自然、主观和客观,产生了反映客观世界的主观心理活动,美感才由此诞生。"美感是一种感觉","美感是由客观的美的刺激和主观对于美的反应这两方面构成的。……美感是根据人的自由意志的需要,自由地选择对于感觉世界的信息"②。他说,如果美是人的本质力量的对象化,是人的本质力量在客观对象上的自由显现,那么美感则是这一本质力量得到对象化或自由显现后,我们对它的感受、体验、欣赏和评价,以及由此而在内心生活所引起的满足感、愉快感和幸福感,外物的形式符合了内心结构之后的和谐感,暂时摆脱了物质的束缚后精神上所得到的自由感。美感是客观美的反映,也是一种内心的活动和精神上的一种状态。美感是人在其创造的世界中直观自身,它随着社会生产的发展而发展。美感的差异性来自生活方式的差异。蒋孔阳把美与美感分开,认为美是客观的存在,但美感可以不存在,它属于个人主观的精神活动,面对美的对象有无美感决定于主体。因此,美并不决定美感,美感可以影响和创造美,形而上学的与人无关的美是不可想象的。

在一系列美学观点上,蒋孔阳总结和综合了前人,这一点也表现在对自然美即自然人化的理解上。蒋孔阳认为,自然美的产生通过以下几种途径:1. 通过劳动实践,人直接改造自然,使自然服从人的需要,成为人的"无机的身体"。这一点是对马克思《巴黎手稿》美学思想的吸收。2. 人的劳动并不直接改造自然,但却通过自

---

① 蒋孔阳:《蒋孔阳全集》第3卷,合肥:安徽文艺出版社1999年版,第631页。
② 同上书,第289页。

由的想象和幻想,来自由地支配和安排自然,使自然从其规律中解放出来,变成符合人的主观希望的自由形象。这一点与朱光潜、高尔泰等人的主观意识的对象化相似。3. 有的自然,人不仅没有经过劳动来加以改造,也没有经过想象和幻想来自由地加以驱使,而只是以它们本身特殊的物质结构形式和自然景观,来抒发人的胸怀和意气,来表现人的思想和情感。这一点与黑格尔自然美的"感发—契合说"很相似。黑格尔认为,我们可以在客观自然事物里发现某些与精神有关系的特点,它们显示出了自然的自由生命,从而在审美心理上产生契合感。"自然美是由于感发心情和契合心情。"①此外,蒋孔阳认为,人与自然的关系的变化,各个民族文化传统与心理结构的差异以及不同的个性也影响自然美。自然人化即是不断地把自己的生活、生命力、创造力转化为有意义的存在,它是对人自身存在的肯定和确证。一切审美活动和艺术创造都是以形象的方式对象化着人的本质力量,它要改变物质原来的形式,取得表现人的本质力量的新形式,使客观世界由第一自然变成第二自然,即人所创造的一个物质性和精神性统一的形象。

由于对实践的内涵做了宽泛理解,蒋孔阳认为,文艺创造本身就是一种劳动,美的规律既指劳动实践的规律同时也指文艺创造的规律。劳动创造了人也创造了美和艺术,人类的劳动一旦按照美的规律来创造,它就向着艺术的方向发展,美的规律是对象的尺度和主体的尺度的统一,落实在文艺创造上要求艺术家要深入生活,因为规律客观地存在于生活之中,同时艺术又是艺术家的自我实现和自我创造,因此必须有内在尺度,艺术家的心灵必须是美的。

自然美和社会美是客观现成的美,但艺术美明显地体现了人类的自我创造和自我发展。由于重视美的创造,创造美学强调了艺术家的主观能动性,一定程度上克服了反映论美学对作家主体的忽视。蒋孔阳说,美不等于艺术,原因是:一、美是客观存在的社会现象,艺术则是一种意识形态;二是艺术的范围不限于美,整个人类的生活都是艺术反映的对象;三、艺术是否有美在于它是怎么

---

① 黑格尔:《美学》第3卷上册,北京:商务印书馆1979年版,第262页。

反映生活和艺术家是否塑造了美的艺术形象。对于艺术创造而言，首先要真实形象地反映生活，要有现实主义精神。其次创造也是美的灵魂、文化修养的表现，因此艺术创造要求艺术家有美的灵魂和顽强的艺术实践，此外还需有形式的完美和独创等。艺术创造要符合美的规律。

美是人的本质力量的对象化，美产生于审美关系中。不同的审美主体与不同的审美客体发生不同的审美关系，创造了不同的审美对象，崇高为其中之一。当人的精神力量克服了巨大的自然给他造成的困难和痛苦，与之相对抗，显示了人的本质力量的卓越与高超，他的生命力得到了提高，他的精神进入了新的境界，他就创造了崇高，体验到了崇高之乐。崇高是人的本质力量的提高和升华，在对象中形成了一个不可企及的伟大境界，而人的本质力量受到窒息和排斥，非人的本质力量以堂皇的外观进入审美领域，这在对象中就显现为丑。人的本质力量得不到实现和发展，而是受到阻碍和摧残以至遭到了毁灭即为悲剧，而把受到扭曲和异化的本质力量当做自己的本质力量，把非人的东西当做人的东西来夸张和炫耀从而产生表里不一、荒谬和怪诞就是喜剧。

根据对马克思《巴黎手稿》的理解，蒋孔阳在综合前人的基础上阐释了一系列美学问题。蒋孔阳追溯了审美关系的实践起源，主张在审美的主客体关系中考察美，提出了"美是人的本质力量的对象化"，"美在创造中"，"人是世界的美"等命题，其美学逻辑可以概括为：实践产生审美关系，美在审美关系中，美感是对美的反映，自然美是美的一种形态。按其思想观点的来源和特征，可以认为蒋孔阳是实践美学的总结者，其综合性表现在如下几点：一、以马克思的《巴黎手稿》为解决美学问题的指南，认肯实践对于美的重要意义，认为美是客观的，美感是对美的反映，艺术是对现实的反映，这些与李泽厚、刘纲纪等人的实践美学观一致。二、放弃了李泽厚早期直接从实践推导美，而是取以审美关系为中介，在审美关系中考察美的思路，这是对前此周来祥美学观的吸纳。周来祥认为，实践活动一方面创造着审美对象，另一方面创造着审美主体，创造着审美对象与审美主体之间的审美关系，美就在审美关系中。三、在蒋孔阳那里，美是人的本质力量的对象化，这里的"人"

既是个体也是群体;"本质力量的对象化"既指群体性的物质实践活动,也指个体性的精神意识活动,这就在一定程度上克服了李泽厚实践美学观的缺陷,吸收了朱光潜对实践与美的关系的理解,有利于解释艺术活动。四、继承了朱光潜对个体性的重视,认为美是客观存在的,但美感并不决定于美。蒋孔阳把美放在人的创造活动中,这使其美学具有走向未来的开放性。五、在自然美问题上,蒋孔阳吸收了朱光潜、李泽厚、黑格尔等人的观点,分析了自然美问题的复杂性。

蒋孔阳是实践美学的总结者,但其努力仍然没有解决实践美学的理论难题,这主要表现在如下几个方面:

第一,蒋孔阳认为,审美关系是美学研究的出发点,在审美关系中主客体是对立的。但主客对立的审美关系如何能产生主客统一的审美活动?审美关系并不是美学研究的起点,因为审美关系本身由实践活动发展而来。蒋孔阳综合了李泽厚和朱光潜的观点:前者重视人类群体的物质实践,后者重视个体的精神创造,但前者的人类中心论即启蒙理性思想却被保留下来;后者更能解释艺术欣赏和创造,但审美活动的现代内涵却被遮蔽。在现代美学那里,从个体的生存来看,审美活动不是"社会存在决定社会意识"意义上的精神愉悦活动,而是生命活动中的具有本体存在性的对自由的体验和对现实的超越,是生存论意义上的自由活动。蒋孔阳的美学理论强调人的创造性,强调个体要发挥自己的最大潜力,认为就在个体发挥潜力的过程中创造了美。但美对于个体的生命意义何在?我以为,不深入研究审美活动的人类学意义就无法触及美学的根本问题,只能说明产生美的外在条件。

第二,蒋孔阳提出"美是人的本质力量的对象化"的命题,他对对象化以及人的本质力量做了宽泛的理解,这样一来,人类所有的活动都是人的本质力量对象化,物质现实活动与艺术精神活动被等同起来,审美活动的特殊内涵就没有得到阐明。而且,所有"人的本质力量对象化"的活动都产生美吗?显然不是,人类实践活动的消极后果已回答了这一疑问。蒋孔阳认为,人的本质力量的对象化主要表现为实践活动,审美活动则是对这种活动过程和结果的欣赏和认识,因为认识了现实对实践的肯定,认识了人的本质力量的优越性而感到美,因此,创造美学在一定程度上是把审美活动与认知活动等同了。创造美学认为,实践对现实的认识和改造实现了自由,审美自由也因此产生,这种自由观与李泽厚、刘纲纪等人一致,但这种自由只具有现实的有限性,它根本不同于审美活动的超越性和无限性。另外,创造美学不能回答这样一个问题,即人为什么要对象化自己的本质力量呢?人为什么需要审美活动这种看似无用的活动?难道仅仅是为了确证和肯定人的本质力量吗?

第三,蒋孔阳把美和美感对立分述,把美客观化美感主观化,这是以存在与意识、经济基础和上层建筑的关系来比照美与美感,实际是对美的误解。美不是意识形态,不属于上层建筑,反映论美学把美感等同于认识活动忽视了美的超越性。蒋孔阳说社会实践产生了美,美是人的本质力量的对象化,又说实践产生了审美关系,美就在审美关系中。那么,到底实践、审美关系和美三者之间具有什么样的关系呢?创造与实践又有什么关系呢?显然,这是其试图综合李泽厚和周来祥所带来的理论矛盾。而且他所说的审美关系有时存在于个体与对象之间,有时又存在于人类整体与对象之间。概念的不精确正是杂糅思想的特征,也给我们把握其思想带来困难。

第四,实践在李泽厚和刘纲纪那里指的是人与自然进行物质交换的活动,是客观的社会性的群体性的物质活动。朱光潜、高尔泰等人为了能解释具体审美现象,把艺术欣赏和创作活动也说成是实践活动,李泽厚对此是明确反对的,他后来声明放弃"人的本质的对象化"这一说法。[①] 实践的内涵在李泽厚、刘纲纪和朱光潜那里是不同的,这导致了其美学理论的差异性。那么,蒋孔阳把实践概念泛化,既指物质活动也指精神创造活动,这样就能逻辑地解释美的本质问题吗?显然不能,因为这样一来,美的根源变得空泛而无着落,而且这种阐释模糊了马克思主义的社会存在与社会意识关系的基本理论。另外,正是由于对实践概念的界定的模糊,蒋孔阳认为崇高来自主体的精神,这就根本不同于李泽厚而接近康德了。

---

① 李泽厚:《李泽厚十年集》,合肥:安徽文艺出版社1994年版,第468页。

第五,蒋孔阳赞同李泽厚的观点,认为美是客观的,又吸收朱光潜的观点,认为美感是独立的,美感可以影响美,那么,这个客观的美存在于何处呢?蒋孔阳提出了"美是人的本质力量对象化","人是世界的美","美在创造中"等几个命题,这与哲学美学的逻辑要求不符。哲学命题应该达到思维的最抽象层次,几个命题并列本身就表明其美学理论并没有达到对美的本质的最高规定。

实践美学曾经是近半个世纪以来我国的主流美学学派,蒋孔阳以其博纳眼光综合了前人,成为实践美学的总结者。但历史的经验是,一旦走向综合前人,这种学说的内在精神和价值取向即走向完结,就如黑格尔之于德国古典美学,刘熙载之于中国古典美学,因此,也可以说,蒋孔阳是实践美学的终结者。实践美学的诸多弊端依然存在,许多理论问题仍然没有得到解决:审美自由与实践自由是同一的吗?如果说美是人的本质力量的对象化,是对人的实践活动的肯定,那么现代社会中的人为什么更乐于欣赏纯粹的自然美?对于现代性追求中的人们而言,审美活动具有怎么样的生存论意义?审美的理想性和超越性表现何在?……我们今天的美学理论已与现实生活脱节,与当代活生生的审美文化现象隔绝了,这是其被人们抛弃而不再是"显学"的原因。因此,美学研究必须开辟新的天地,研究新的问题,以新的理论范式回答时代的美学难题。实践美学要么获得新的突破,要么在对之扬弃的基础上构造新的美学理论。

第四节 邓晓芒:新实践美学

在对中西美学文献做了一番巡礼之后,作为对美学之谜的尝试性探索,邓晓芒以马克思主义哲学和中西美学思想为资源,初步建立了自成体系的实践美学观,对美学基本问题做了新的解答,给予实践美学以新的面目。

邓晓芒认为,所谓实践美学就是以实践为艺术和审美的一般原理的逻辑和历史的起点,它要探讨的是人类劳动产生艺术和审美的现实性和必然性,将审美现象从生产劳动和实践原则中逻辑地引申出来。实践美学以马克思主义的实践论为理解审美和艺术等精神现象的历史唯物主义前提,从审美在物质生产劳动中的历史起源和发展中去把握其规律性,由此,邓晓芒的实践美学观由艺术发生学、审美心理学和美的哲学三大部分组成。艺术发生学是从历史的角度看艺术与生产劳动的关系,审美心理学从逻辑的角度看审美与劳动的关系,它们共同指向美的哲学原理,三者以实践活动为本源和起点,以审美活动为核心,以美的本质为指归,构成了逻辑连贯的美学问题域。

邓晓芒认为,马克思主义实践的最基本的含义指的是人的社会性的物质劳动,实践既不是一种纯粹主观的活动也不是一种纯粹客观的活动,而是主客观统一的活动。邓晓芒特别强调,实践活动不是动物或机器那样盲目的物质性活动,它把人的主观性或主体性包含在内,即是说一般意义上的劳动包含两个不可分割的环节:精神活动和生命活动,而艺术和审美就历史地与劳动的精神性方面相关。

在李泽厚那里,实践是一种客观社会的物质性活动,实践的精神性因素被忽略。邓晓芒对马克思的实践的理解与李泽厚不同。正是对实践的这种理解使邓晓芒的实践美学观与此前的实践美学有很大的不同。邓晓芒的具体论证是这样的,劳动意识使劳动从类人猿的偶然性活动上升为人的本质活动,同时把动物性的心理活动提升为人的具有精神性的心理活动,这一过程表现在三个方面:一是意识把动物的直观表象提升为人的概念;二是意识把动物的生存欲望上升为人的有目的性的意志;三是意识把动物式的情绪发展为有对象的情感,这第三方面的具有社会性、精神性的情感正是艺术与审美的根源所在。邓晓芒认为,个体性的情感本质上要否定自己,传达出去,与他人共鸣而成为社会性的情感,它产生于劳动又渗透于劳动过程和劳动产品中,成为劳动者的"内在尺度"。因此,正是最初的劳动活动渗透着并传达着社会性的情感才成为艺术之源,而劳动产品由于凝聚着规范着表达着沟通着人的情感和想象力,使人的情感成为普遍性的主体间性的"同情感"而使其成为某种艺术品。艺术性因素是劳动的精神性成分之一,所谓艺术性指的是劳动意识所包含的人与人在情感上的传达和共鸣,这种艺术性把原始人凝聚为一个整体,使原始劳动成为同步的协调的社会性活动,从而间接地促进着劳动。但就原始劳动来说,艺术性因素只起着附属的作用,艺术还处于劳动的潜伏状态。

在求解美的规律的路途中,学者们对马克思的"内在尺度"作"六经注我"式的解答。蔡仪认为,美的尺度指的是客体对象的尺度,是事物内部的"标志"或内在的"本质特征"①,也就是客观的"真",这一点表明蔡仪的美学观具有自然科学的倾向。李泽厚、刘纲纪则认为"尺度"指的是人类主体的尺度:"是和动物不同的人自身所要求的尺度……是人根据他的目的、需要所提出的尺度。"②也就是主体的"善",他们认为美是真(物种的尺度)与善(内在尺度)的统一。由于对生产劳动中的精神因素的重视,邓晓芒对此有不同的理解,他认为,"内在尺度""既是人对于作为'直接的生活资料'的自然界在质和量上的要求,同时也是人对作为'精神食粮'的自然界在形式上的要求"③。这种形式表达着人的社会性的情感即美感,因此人才按照美的规律来生产,"内在尺度"就是人的美感要求。邓晓芒认为,当人艺术地掌握世界,他在对象上确证的只是根据他的想象力对象化了的他的主体中的社会性的本质力量,即通过五官感受的媒介而相互传达着的人类普遍性的情感。情感的对象化过程就是"按照美的规律塑造"的过程。也就是说,艺术和美通过人与物的关系表现着人与人的关系,通过物传达着人之间的情感。与前此的实践美学不同的是,这里通过想象力对象化了的是人的社会性情感,而不是实践活动对象化着人的本质力量,所以美不是对人的战胜自然的本质力量的欣赏(蒋孔阳),也不是人从自然取得的自由(李泽厚、刘纲纪),而是对"对象化了的情感"的共鸣,这种解释免除了实践美学的人类中心论之弊。

邓晓芒认为,劳动本身所包含的精神性和物质性的两个方面的矛盾运动构成了劳动发展的内在动力,随着劳动的发展和异化,其两个环节分化为精神劳动和物质劳动,而纯粹艺术产生于人与人之间的情感交往方式从其他的交往方式中的分化和独立。作为

---

① 中国社会科学院文学研究所文艺理论研究室编:《美学论丛》第1辑,北京:中国社会科学出版社1979年版,第51页。
② 《哲学研究》1980年第10期刘纲纪文。
③ 邓晓芒、易中天:《黄与蓝的交响》,北京:人民文学出版社1999年版,第414页。

历史过程,艺术最初是以宗教幻想的形式伴随着哲学、科学、道德等其他意识形态而与劳动相脱离,在历史发展中,艺术以其统一人类情感的功能同化着社会人的心理,同时从时代社会心理中吸取养料并提高着人们的社会心理,为社会物质领域的变革准备着意识形态条件。

不同于20世纪80年代审美心理学研究的经验形态,邓晓芒用极为思辨的语言极有逻辑地推导出审美心理学。马克思认为,人的生命活动与动物的活动的本质区别是人的劳动是有意识的,那么,什么是"劳动意识"呢?邓晓芒指出,"劳动意识"指的是劳动者在劳动过程中的自觉性和目的性。自觉性指的是在劳动中人对自身的关系,人把自己的生命活动变成自己意志和意识的对象;目的性则是在劳动中人与对象的关系,即马克思所说的:"劳动过程结束时得到的结果,在这个过程开始时就已经在劳动者的表象中存在着,即已经观念地存在着。"[①]邓晓芒把劳动的自觉性,即把自己的生命活动当做对象来把握的意识称为"自我意识",把劳动的目的性,即劳动中人与对象的关系归结为"对象意识",它指的是把对象当作自我即把对象拟人化的心理功能。邓晓芒认为,对象意识产生于劳动中,它构成了一切科学和艺术活动的前提,所谓"人为自然立法"即此之谓。人之所以能够在心理情感上把对象拟人化,把对象当作另一个自我,乃是因为这个对象其实是在现实的生产劳动中的另一个他者即别人,因此,自我与那个被拟人化的对象的关系实质上是自我与另一个自我即劳动中另一个伙伴的关系,即是说,对象已成为一个中间物,一个我与他人交流的媒介,它成了人的普遍性的社会性的情感的体现者,而这种情感交流的普遍性得以实现正构成了人类情感包括美感的本质,因此人对物(拟人化物)的情感本质上是人对人的情感。人的情感指向的不是一个物,不是一个对象,而是一个别人的情感,即共通感,因此,把情感表达出来就是把情感对象化和符号化,也就是把对象拟人化,即通过一个媒介物传达着人与人之间的情感,使之达到和谐共鸣,美感就产生了。情感本质上倾向于传达和引起共鸣,除了情感的对象化和

[①] 《马克思恩格斯全集》第23卷,北京:人民出版社1979年版,第202页。

符号化,情感不可能表达和传达,情绪也不可能上升为社会性的情感,而一旦得到对象化,人与人的共鸣得以实现,别人通过这个拟人化的对象体会到你的情感,传情即得以完成,审美即发生。

情感传达(美感)最初产生于生产劳动过程中,是人的劳动的不可分割的一方面。审美即传情活动体现了人的个体性和社会性的统一,它内在于人的社会性本质中。如何解释情感体验即美感的多样性呢?邓晓芒认为,人的情感从动物的情绪活动升华而来,人的生理心理结构的不同导致了情绪的多样化,渗透于美感中成为美感体验的表现形式,即情调。情调指的是情感的对象化所形成的某种一定的格调,它是审美的直觉性、多样性和形式美感的根源,也是多次审美实践所形成的情感形式。

艺术发生学和审美心理学历史和逻辑地保证了审美的实践根源。邓晓芒清醒地意识到,马克思的实践论只是为理解人类精神现象提供了历史前提,精神现象不能还原为物质生产过程本身,而只可从精神在物质生产的历史起源和发展中去把握其活动的规律性。从人类实践推演出审美活动只是美学的开始,实践只是为美学学科奠定了哲学基础,而美学要寻求的是美的本质及其一般规律。

邓晓芒认为,人作为实践的存在物在现实地改造着世界的同时观念地掌握着这一世界,并通过情感体验着世界,这样,人才能以全面的方式占有自己的本质并克服人与对象、人与人的异己性。通过情感体验达到人与人的情感的共通正是马克思所说的"艺术和审美地掌握世界",正是通过情感的传达和交流,个体情感才得以普遍化和社会化,审美活动才得以发生。由此产生了几个相关的美学范畴,审美活动"是人借助于人化对象而与别人交流情感的活动,它在其现实性上就是美感"。艺术是"人的情感的对象化",而"对象化了的情感"就是美。① 审美活动、艺术和美构成了动态与静态、过程与结果、内容与形式既相互区别又相互关联的美学范畴。

马克思在《巴黎手稿》中说:"劳动的对象是人的类的生活的对象化:人不仅像在意识中那样在精神上使自己二重化,而且能动

---

① 邓晓芒、易中天:《黄与蓝的交响》,北京:人民文学出版社1999年版,第471页。

地、现实地使自己二重化，从而在他所创造的世界中直观自身。"①许多学者认为，马克思所说的"在他所创造的世界中直观自身"指的就是审美活动，"自身"就是人改造自然的本质力量。邓晓芒也认为，在对象中直观自身是审美活动，但其内容是人的对象化了的情感，当这个对象化了的人的情感为另一个人所体验到时，这个媒介物就成为审美对象，它成为传达着情感从而确证着人的类本质的存在物，而移情说的人与对象的由移情而来的物我合一其本质不是物我关系，而是人与人的关系，人对物的情感移入只是现象，其本质是传达着人与人的情感。

由此，邓晓芒从情感传达论出发，对美学的一系列基本问题，诸如美的客观性、现实美与艺术美、审美标准、美与真善的关系等作了新的解答。美的客观性并非前人理解的物质存在的客观性，而是一种意识形态的社会普遍性，情感交流的共通性，即主体间性，艺术和美都包含于这种意识形态的普遍性中。现实美偏重于审美内容，艺术美偏重于审美形式，"现实美不是现实事物的客观属性，而是欣赏者在自己心中寄托于那个现实对象形象上的情感"，是现实形象在心中引起的艺术构思；"艺术美也不是艺术活动的物质产品的客观属性，而是借助于这物质产品所引起的表象，使艺术家个人情感和欣赏者的普遍情感达到那种和谐统一"②。因此，一切现实美都可以视为艺术美，原因在于欣赏现实美就是创造现实美，它是欣赏者把现实物当作具有情感的人的心灵来看待时两个心灵的情感共鸣；艺术美也可以看作现实美，原因在于艺术美是艺术家本人的心灵美的表现。总之，美不是客观事物本身的物质属性，而是精神的对象化活动即艺术活动的属性，心灵美才是一切现实美和艺术美的最终本源。

美感是对个人情感传达出来成为社会性的情感关系的个人心理体验，但这种个人体验具有普遍的社会标准，即"每一个体的任何独特的情感（个别）都通过不可重复的对象性形象（特殊）而为每

---

① 马克思：《1844年经济学—哲学手稿》，刘丕坤译，北京：人民出版社1985年版，第54页。
② 邓晓芒、易中天：《黄与蓝的交响》，北京：人民文学出版社1999年版，第480、481页。

个其他个体所同感(一般)"①,即审美的客观标准产生于个别与一般的矛盾运动中。这一绝对标准潜藏于每一次审美活动中,但不可能达到,它仿佛不可企及的海市蜃楼,成为个体审美活动的理想目标,人类审美意识的历史就在情感的独创性(审美的个体性)和程式化(传达为普遍性)的矛盾运动中前进,艺术上的再现和表现、现实主义和浪漫主义、艺术典型的个别性的精神创造和一般性的社会普遍意义,都是审美的绝对标准和相对标准、情感的独创性和形式化的矛盾运动的表现。审美标准是过去和现在的凝结,是相对和绝对的统一,它表现在文艺创造和文艺评论中就是,"艺术创作是立足于当前而面向将来,面对永恒的一种精神状态","欣赏和评论则是立足于那个只有在无限进展中才能达到的绝对标准,而面向当前和过去的"②。相比其他的实践美学论者而言,邓晓芒更为注意情感的个体自由性,他说:"在创作的一瞬间,任何对别人的考虑都是对创作的干扰,他只是在自由地挥洒,体验着自身。"就欣赏而言,"欣赏者在欣赏的一瞬间也是绝对自由的,因而也是独特的"③。由于美感是情感传达,情感体验又是对人性的感性认识,所以艺术之真非科学之真,而是情感所体现的人性之真,是真实情感的真实传达,因此艺术是关于人性的科学,"文学是人学"。艺术把个人的情感传达出来提升为具有普遍性和社会性的情感从而使个体摆脱了狭隘性,是对个人的自由感的培植和发扬,它有效地形成自由意志,对道德善具有促进作用,这就是新实践美学对美与真善的关系的理解。

邓晓芒基于对马克思的实践观及其对美学学科建设意义的理解,对实践论的哲学美学作了独特的建构。第一,邓晓芒认为,实践对于审美只具有本源地位,只能从实践活动历史地逻辑地引出审美,不能把审美还原为实践活动。对实践在美学学科中的意义的这种理解避免了用"人的本质力量对象化"来直接定义美的起源本质论美学观的缺陷,也避免了后实践美学批评实践美学把审美

---

① 邓晓芒、易中天:《黄与蓝的交响》,北京:人民文学出版社1999年版,第487页。
② 同上书,第491页。
③ 同上书,第456、458页。

活动等同于实践活动,从而把审美活动理性化、现实化、物质化的弊病。第二,与李泽厚不同的是,邓晓芒特别强调实践活动的精神性,区分了审美自由与意志自由和认识自由,把审美定位于情感领域,从而避免了前此实践美学所保留的反映论美学由符合论真理观所导致的审美认识、审美标准的客观性与审美体验的主观性的矛盾,避免了认识论美学混淆审美活动和认识活动,从而导致了美和真不分、艺术和科学不分、艺术家和社会科学家不分的理论困境。审美活动不关认识,美感不是对美的反映,康德已经意识到这一点,但主流实践美学受审美认识论的影响非常深刻,其实是倒退到康德之前。邓晓芒把审美定位在情感领域,这就比主流实践美学前进了一步。第三,新实践美学把审美活动定位于人的情感领域,为对美学的核心问题——审美活动的进一步研究开辟了途径。传情论审美观吸收了中国古典美学的艺术体验论和西方古典美学的美具有社会普遍性的思想,也使其向当代西方美学的开放成为可能,特别是分析美学的美是情感论,现象学美学的主客合一论,接受美学的主体创造论等都可以接纳为新实践美学的一部分。比如,邓晓芒对现实美和艺术美、艺术欣赏和艺术创作的论述祛除了前此实践美学对审美主体性的抹杀,与解释学美学具有某种同构性。

  但邓晓芒的实践美学建构也存在着可商榷的地方。邓晓芒对美学范畴的论述以审美活动为中心,但他对审美活动的本体地位重视不够。问题是,人为什么要传达情感?邓晓芒说,情感不传达就停留为情绪,就没有社会性,这种解释没有触及情感传达的心理动力机制。审美活动的终极目的只是把美的情感传达出来与他人达到和谐共鸣从而使自己具有社会普遍性吗?使个体获得社会性的手段有许多,那么审美活动对于个体生命独特的精神意义何在呢?我以为,邓晓芒忽视了审美体验对于个体生命的形而上的超验意义。邓晓芒认为审美是为了传情,从而使个体存在具有社会普遍性,这正是中国古典伦理学美学的精神实质,我们看到,审美传情说与中国古代的"乐统同"、"乐者为同,礼者为异"的美学观具有某种相似性。在西方,远古的血缘伦理关系很早就被阻断,个体作为社会契约性的原子要寻求生命的形而上意义只有两种途径:

一是走向宗教体验,与上帝合一;一是走向审美超越,在审美体验中建构生命的意义。现在,中国正从传统的伦理整合型社会转向契约规范型社会,在没有宗教传统的文化中,审美的终极性超越体验似乎更应得到阐发。

第五节　张玉能:实践美学的终结者

在20世纪80年代的美学热中,随着对《巴黎手稿》的深入研究,实践美学进一步发展,并成为中国主流美学学派。实践美学弘扬人的自由和主体性,反对机械唯物主义美学观的基本精神为其赢得了广泛赞誉,成为影响了整整一代人的学术理论取向和价值维度的美学学说。但90年代以来,一批中青年学者借助西方现当代美学的视阈,对实践美学提出了颠覆性的批评,并纷纷建立了超越实践美学的超越美学、生命美学、生存美学等各派后实践美学。这样,一系列问题就摆在了实践美学的坚守者面前:实践美学真的没有生命力了吗?实践美学如何回应现代西方美学的挑战?如何阐发实践美学的现代性?如何回答后实践美学的批评?这些问题密切相关,它们关系到中国新世纪美学的走向,关系到美学基本理论的建设和美学学科的转型。理论思考应该是自由的,学术研究更应该多样化。在学界巨大的批评实践美学的热浪中,张玉能教授逆流而上,站在坚持和发展实践美学的立场批评了学术界的浮躁情绪,对实践美学作了现代性的诠释和建构,其理论姿态引人注目。张玉能的美学思考主要表现在三个方面:一是对实践美学的哲学基础——实践的本体地位的维护,二是阐发实践概念的现代性,三是在此基础上重新审视美学基本问题,界定了美、美感、艺术、自然美等一系列美学范畴的内涵。

美学的哲学基础即本体论问题是美学讨论中的一个重要问题。实践美学以马克思主义的实践观为美学的哲学基础和逻辑起点,在此基础上推演出一系列美学范畴和概念,后实践美学抛弃实践,另选"生命"、"生存"等范畴作为美学的哲学基础,并以此为起点建构美学体系。因此,是否坚持实践本体是实践美学与后实践美学区别的关键。也就是说,作为美学的哲学基础,实践本体是否优越于生命本体或生存本体？对此，张玉能认为，生存只是人的条件，人的存在的本体应该是实践。历史和历史活动的第一个前提是人的生命存在，但这种个人的生命存在也可以是动物性的自然存在，是自然历史的产物，而把人与动物的个体存在区别开来，使人类个体开始人的历史的根源却是以物质生产为中心的社会实践，即生产物质生活本身。也就是说，是物质性的实践活动满足了人的初级需要，并产生新的需要，从而开始了人的历史活动，人类才从自然的历史进入人的历史，人类的个体生命存在才逐步生成为社会的存在，成为具有人的本质的存在。在实践过程中，人由片面生产走向全面生产，由只生产自身到生产整个自然界，由同肉体相连的生产到自由地对待自己的产品，由按照所属物种的尺度来生产到按照任何一个物种的尺度来生产，因此人的生产才逐步成为按照美的规律来建造的生产。张玉能追溯了实践概念在西方哲学史上的流变，认为马克思主义的实践本体论超越了唯心主义和旧唯物主义。因此，个人的生命存在仅仅是美和艺术生成的前提条件，而以物质生产为中心的社会实践才是美和艺术生成的历史起点。总之，生存是条件，实践才是本体，实践本体论优越于生存或生命本体论。

前此的实践美学的代表人物李泽厚认为，实践是一种客观的社会性的人与自然交换物质的活动。按此，实践的精神性因素被忽视。张玉能认为，实践是一个具有多层累积性和开放性的概念，前者指的是实践本身是一个多层次累积的结构，后者指的是实践是一个随着时间和空间及具体条件不断调节和变化的、恒新恒异的结构。张玉能提出，作为人类基本的维持生存的物质性活动，实践除了物质交换层外，还包括意识作用层和价值评估层。实践的物质交换层指的是，人为了生存下去必须与外部自然界进行物质交换，从大自然中取得自己生存的物质生活资料。实践的意识作用层指的是，人的需要推动了实践的发展，它也随着实践不断丰富发展，产生了物质需要和精神需要，这就产生了人与自然之间的认知关系、审美关系和伦理关系，通过这一系列的实践关系，人不断地达到自我实现，成为真正人化的人。在此基础上，人还要表现出对于人身外的各种客体的判断和评估，还要通过相应的认知活动、审美活动、伦理活动和身体活动来体现这种判断和评估,这就形成了实践的价值评估层。实践的这三个层次相互交错累积,其含义和结构内在地规定了美和美学问题的特征。与实践一样,美也是多层累积的突变性创造,是恒新恒异的创造。

张玉能具体地分析了实践的各个层次与美的关系。首先是实践的物质交换层。张玉能认为,实践的物质交换层由工具操作系统、语言符号系统和社会关系系统这三方面构成。第一,工具操作决定了美的外观形式。工具操作就是用工具直接作用于活动对象,以改变对象的外观形式,使其成为对人有用的器物。在改变器物改观形式的过程中,人们不仅仅要求对象满足实用目的,还要求对象的形式、色彩、质地、姿态包含一定的审美目的和审美价值。这就产生了美的外观形式。张玉能认为,那些未经人类改造加工的自然对象以广大的人化的自然对象为基础,这些对象在人们的想象性的意识中产生了变形,以适应人的审美需要和审美目的。它们以其独特的外观形式成为人的审美对象,因而也具有美的外观形式。第二,语言的中介性决定了美的感性可感性。实践的语言符号系统既使实践的物质交换和工具操作成为可能,也使实践脱离人的身体和本能,成为一种更加自由和间接的活动。它把某些活动转化为语言和符号形式,有效地实现人与自然的物质能量和信息的交换。随着符号系统的运用,人的感觉器官由对直接需要的满足转移到对对象的感性可感性的关注。因此,美的感性可感性是实践的语言符号系统的产物,也是事物的外观形式真正转化为美的外观形式的中介环节。张玉能由此推论,正是有了以语言符号为依托的感觉器官的非实体化和非实用化,人们才能把外观形式仅仅当作一个语意对象或符号对象来从感觉上加以把握,这就是艺术语言或艺术符号的来源。第三是社会制约性与美的理性象征性。在实践活动中,对象的外观形式也与社会结构发生了密不可分的关系,它不仅是感性可感的,而且成为某种社会的宗教关系、政治关系、道德关系的象征或符号标志,从而使其有了间接的,只有理性才能揭示的深刻内涵,这就产生了美的理性象征性。实践的物质交换层使对象具有了美的外观形式性、感性可感性和理性象征性,这三者组成一个形式和内容不可分割的整体,合称为美的外观形象性。

其次是实践的意识作用层。实践的意识作用层也包含三个系统,即无意识系统、潜意识系统和意识系统。无意识系统以需要为主要表现。审美是一种精神性的需要,它产生于物质实践活动的长期过程中。审美关系是审美对象与审美主体的超越了物质满足的精神性关系,它的精神性决定了在实践中生成出来的美感和美的精神性内涵。潜意识系统主要表现为由需要向目的的转化,其目的系统的建构具有层次性和递进性。审美目的的建构超越了实用目的和认知目的,具体体现了人对现实的审美关系的美感和美也就具有了超越直接功利目的的性质,即超功利性。意识系统在审美和艺术中表现为情感性。实践的意识系统包含着知、情、意三种心理活动,而实践过程中的情感是认识活动和意志活动的中介,这就决定了审美情感的中介性,使客体的美和主体的美感具有了情感的中介性。在审美关系中,情感的中介性表现为情感的驱动作用、定向作用和弥散作用。总之,实践的意识作用层决定了美的精神内涵性、超越功利性和情感中介性,合称为美的情感超越性。

最后是实践的价值评估系统。它指的是在实践活动的策划和实施的前后都有一个评估和调节的过程,看实践是否符合自然和社会的规律和目的,它包括三个系统,即合规律的评估系统、合目的的评估系统、合规律和合目的相统一的评估系统。实践必须合乎自然或社会的规律,在此基础上产生的美的对象或对象的美也必须合乎自然规律或社会规律,它是美的基础即真的反映。实践活动必须合乎目的,它决定了美的合乎目的性。合规律性和合目的性的具体统一的实践才是自由的实践,它显示了人的自由,其外观形象也就是美的形象。这就产生了来源于实践的价值评估系统的美的自由性,它是外观形象性显示出来的合规律性和合目的性的统一。总之,张玉能认为,实践的价值评估层的合规律评估系统、合目的评估系统和合规律与合目的相统一的评估系统使实践生成出来的美的对象和对象的美具有了合规律性、合目的性、合规律与合目的的统一性,合称为美的自由性。美的这种自由显现性使得审美对象成为塑造人的真正人性的有效手段,使得人在审美对象和审美活动中充分感到超越了一切功利限制和社会局限的真正的自由。

除了对作为人与自然的物质交换的实践活动本身的内涵进行开凿外,张玉能进一步认为,作为人们为了实现自己的生存而处理人与自然、社会、他人之间的关系的感性现实的活动,实践可以分为物质生产、精神生产和话语实践。

张玉能具体分析了实践的各种形态与美的关系。首先是物质生产与美。当物质生产充分地显现了其所具有的自由的有意识的活动的性质时,也可以说是一种广义的审美活动。张玉能认为,在现实中,物质生产毕竟不是审美活动,但它可以逐步地发展成为审美活动,服饰艺术、艺术设计、技术美学、建筑艺术等就是审美化的物质生产,而物质生产的审美化是其展现人的本质的历史趋势。其次是精神生产与美。精神生产可以分为认知活动、伦理活动和审美活动等类型。张玉能认为,认知活动是审美活动的基础,审美活动中必然包含着认识活动的因素,没有了感知、表象、联想、想象、思维等认知活动,就不可能有感受美和判断美的审美活动,不了解自然和人本身的规律性,也不可能有合规律的审美活动。审美活动也必须在伦理活动的基础上进行,没有动机、目的、决定、计划、方法、行为等伦理活动要素,也不可能有感受美、判断美和创造美的冲动,不了解对象的对人的效用性和合目的性,不了解人和社会本身的目的及其实现中的困难就不可能有审美目的的转换,也就没有审美活动的产生。因此,审美活动的历史发生,正是在对对象世界的合规律性与合目的性的认识活动和伦理活动的基础上,人类的实践活动达到了某种程度的自由,这种自由的实践对象化为可以直观的形象世界时,审美活动也就产生了,对象的美也就形成了。审美活动是处理人对现实的审美关系的实践活动,它以人的情感和想象为内在的心理要素,并通过情感这个中介把认识和意志的心理要素和活动沟通起来,形成了一个以想象的形象为载体,充满情感并超越各种实用功利目的的活动。审美活动一般具有外观形象性、情感感染性和超越功利性,它是现实的实践自由的形象显现。第三是话语实践与美。张玉能认为,话语实践是人类自我生成和生存的实践根据,是人类社会交往的产物和手段,是人区别于动物的实践性标志,它具有实践本体论和实践存在论的意义。一方面,与物质生产相结合的话语实践是审美活动的直接基础,没有话语实践不可能有人类的审美活动,另一方面,审美活动又可以话语实践的形式表现出来,而且审美化的话语实践或者诗意的语言才是最本质的话语实践。

　　以上是张玉能对实践概念的现代内涵及其与美的关系的阐释。张玉能认为,实践美学从康德开启思路,中经席勒和黑格尔的思辨分析,在马克思这里得以完成。在这个过程中,哲学和美学在西方正经历着从认识论到社会本体论的现代转向,因此,实践美学绝非古典形态的美学,而是世界美学的现代形态的开创者和奠基者。他认为,问题的关键在于理解实践概念的现代性。实践不仅是人的本质力量对象化的感性活动,而且是人类自由自觉、有目的有意识的理性活动;实践不仅是人类认识的基础,而且也是将外在对象移植到人们意识之中的转换器,是检验认识的真理性的唯一标准;实践是一个生生不息充满活力的动态开放过程,它不是一种永恒不变的实体,而是一个包含着人与自然、人与社会、人与意识的一切关系的动态开放的系统,因此,唯有实践才能够真正终结一切旧的形而上学,才能超越一切物我的分离,消弭一切理性与感性、个体与群体的对立,成为现代哲学和哲学现代性的真正根基。因此,建立在实践哲学基础上的实践美学也是具有现代性的美学。总之,从席勒到马克思,实践美学的话语不断弘扬着美学的现代性,由精神(道德)的自由跃迁到实践的自由,高扬着个体与群体相统一的自由,并且在这种实践自由的基础上,预示着资本主义社会中重大矛盾对立的解决。具体说来就是:第一,实践美学主张,经过以物质生产为中心的社会实践,自然向人生成,由"自在自然"逐渐转为"为人自然"即"人化自然",在实践的基础上生成人对自然的审美关系,从而自然界生成美,人化的人也就有了美感,并生成出艺术生产。这便是人与自然的矛盾对立的解决过程。第二,实践美学主张,在长期的社会实践中,随着自然成为确证人的本质力量的对象,人的感觉和感觉的人类性,尤其是美感,才在人类通过劳动自我生成的历史之中产生出来,感觉直接变成了理论家,人才能不仅以科学思维,而且也能以全部感觉,全面地占有自己的本质,把人文理性与科学理性结合起来,这样,人在自己所创造的世界中直观到自身,逐步解决长期以来感性与理性、科学理性与人文理性的矛盾对立。第三,实践美学主张,在长期的社会实践中,形成了作为人的现实本质的社会关系,生产不仅是自身生命的表现,而且是直接肯定自己的个人生命和个性特点的活动。因此,在美感的自由中,在艺术生产的实践中,在未来社会主义实践中,每个人的自由发展是一切人的自由发展的条件。这也就是个体与群体矛盾对立的最后解决。

而且,张玉能认为,实践美学具有后现代意味,因为这种理论是从资本主义社会的基本矛盾的一个侧面即无产阶级的立场上来对资本主义进行的反思,把一个资产阶级哲学家致力于解释的世界还给人自身的实践改造。张玉能指出,马克思的实践美学正是借助于人的实践力量,已经解决了在理论上揭示出来的现代社会的矛盾对立。后现代思潮的一切文化策略都忽略了消除社会矛盾对立的实践基础和人的实践力量,它们虽然都指出了一些资本主义社会的矛盾对立,但无论在理论上还是在实践上都是无力的。实践唯物主义的实践性、革命性、批判性正是消解后现代主义所要消解的一切社会异化现象,消解旧形而上学的主客二分、逻各斯中心主义、理性主义、单视角主义、本质主义、基础主义、绝对确定性等的唯一有力武器。由此,实践美学与后现代思潮具有同步性。

在坚守实践的本体地位和诠释实践的现代内涵的基础上,张玉能重新考察了美学基本问题。张玉能认为,人类的创造活动本质上讲是自由自觉的实践活动,只有真正实现了创造的自由自觉本质的实践活动才能实现自由,才能使人的需要和目的不断实现。人类的实践经过了千万次的重复,逐步达到了创造,创造活动的多次重复又逐步达到一定的自由,正是这种创造的自由使人与现实产生了审美关系。审美关系指的是,在长期的以物质生产为中心的社会实践中形成的、人要求对象满足自己的审美需要,对象也成为能满足人的审美需要的对象的特殊关系。这种关系是人这个主体在实践的创造活动中与对象的外观形象发生的关系,是主体超越了自身对于对象的实际的直接功利目的的关系,是包含着人的情感的关系,其特点是外观形象性、超越功利性和情感感染性,并以此区别于实用关系、认知关系和伦理关系。审美关系产生于人化的自然和人化的人之中,在审美关系中对象体现为美,人则感应美而生成美感。美和美感都是以物质生产为中心的社会实践的产物,都是以往全部世界历史的产物。美对美感的价值以及美感对美的感应都是在社会实践的历史进程中同步发生和变化着的,因此,美可以定义为:显现人类自由的肯定价值,而美感则是对显现人类自由形象的自由的感应,艺术是审美关系的集中表现形式。作为创造自由的产品,艺术是连接社会、艺术家、接受者和作品的审美关系的表现形式,它使人的生命存在自由化审美化。

从实践创造与自由的关系出发,张玉能对形式美和自然美作了说明。形式美来源于实践的自由,人在自由的实践中产生了满足感,并对形式产生了肯定性的情感,因此,形式美是形式所体现的自由。对生产工具、劳动收获品和生活用具的加工是形式美生成的三种途径。形式美一般具有感性可感性、理性象征性和内涵多义性。自然美的根源是人化的自然。人化的自然就是由于人类的社会实践而与人的关系发生了根本性变化的自然,具有了与人发生审美关系的可能性的自然,内在地蕴涵着人类自由的自然。自然美是人类实践的一定自由程度在自然对象上的显现,人对自然的美感则是人类实践的一定自由程度在人的意识上的表现。从本体论看,自然美是一种社会的属性和价值;从发生学看,自然美是人类社会实践达到一定自由程度的产物;从认识论看,自然美存在于自然事物和自然现象本身中,可以离开人的意识而存在,具有客观性;从现象学看,自然美附丽于自然事物的外在表现形式及其形象之上。因此,社会性、自由创造性、客观性、形象性是自然美的特点,自然美的本质仍然是人类自由的形象的肯定价值。

张玉能的实践美学观的逻辑行程是这样的:人的生命存在为条件,实践活动为根本,经过实践创造达到创造的自由,产生了人对现实的审美关系,从中生成美和美感,美感和美凝结成艺术,实现实践的艺术化和生存的审美化,最终走向全面自由发展的人。在此,个体生命的历史存在,实践活动的根本地位,美和美感的必然产生,自由个性的理想形成等命题环环相扣,构成一个完整的美学问题链,形成了实践美学的新形态,从而把实践美学的研究推进到一个新的发展阶段。其理论贡献在于:一、反对旧唯物主义和包括生命、生存、存在在内的各种唯心主义本体论,坚持了实践哲学在美学研究中的地位,并深入开凿了实践与美的关系。二、在坚持实践本体论的基础上发展马克思主义,多方面阐发实践的现代内涵,回应了后实践美学的批评,避免了前此李泽厚等人的单纯以物质实践为出发点,忽视实践的多层累积的深层内涵的弊病,为美学的现代性奠定了哲学基础。三、把美与人的自由、人的创造以及人的理想生存联系起来,赋予美学以新的使命,回归了美学的人文内涵。

但张玉能的美学探索仍然没有解决实践美学为人诟病的问题。比如,在人类理性已暴露缺陷的今天,如此强调美与实践的关系,把人类最美好的花环赋予实践是否恰当?如何阐明审美活动的现代内涵以行使其批判社会异化的功能?也就是说,如何维护审美先天的自由性?文化现代性这一命题的理论意义及其对于美学的关联何在?现代西方美学的思想资源如何应用于今天中国的现代性文化建设?这些问题都没有进入其思考的视野。更根本的问题在于,为什么张玉能费力地挽救实践美学的理论生命,试图扩大实践美学的阐释效力,但其基本结论仍然没有逃出传统实践美学?一种理论命题的反复出现难道不是暗示了这种理论的终结?

第六节 《巴黎手稿》与实践美学

从20世纪五六十年代李泽厚首次引用以论证其美学观点到80年代的"手稿热",马克思早期的这本小书在中国哲学和美学文艺学界激起了巨大的波澜。《巴黎手稿》主导着中国近半个世纪的美学思想资源和理论价值取向,在此回顾《巴黎手稿》与实践美学的渊源关系对于中国当代美学研究而言就是一个极其有意义的课题。马克思的《巴黎手稿》是其早期经济学和哲学的读书札记,这本书的第一手稿的异化劳动部分,第三手稿的私有财产和共产主义、货币、对黑格尔辩证法和一般哲学的批判等部分,涉及唯物主义的一般原理,其中对审美现象学、美的起源和本质等问题也有所论及。相比马恩后来主要以文艺批评为主的文艺学思想,在马克思主义的阐释者眼里,这里理所当然地是马克思哲学美学思想的诞生地。

在美学大讨论中,李泽厚引用《巴黎手稿》中的自然人化观批评蔡仪和朱光潜,一大批追随者纷纷到这里寻找唯物主义美学观的思想资源。80年代初的美学热中,学界对《巴黎手稿》的研究更趋深入,实践美学的代表人物以对《巴黎手稿》的解读提出了自己的实践美学观。

我们首先来看看这本书中涉及到美学言论的几段话。由于马克思的这些言论众所周知,限于篇幅,这里不再详细引述。

第一,在"异化劳动"这一节①,马克思在与动物生存活动的对比中阐述人的一般劳动的特点,即人的劳动是自由自觉的有创造性的生命活动,接着他把一般劳动与异化劳动对比,说明资本主义的劳动把自由的生命活动贬低为生存手段。其中,马克思在对比人与动物时谈到人的劳动的对象性、自觉性、全面性和广泛性,文末涉及到了"美的规律"。

第二,对于资本主义初期的劳动摧残人性,生产与生活背谬的异化现象,当时的经济学家已经明了,马克思"劳动创造了美"的一段话正是承接国民经济学家的说法而来。马克思列举了劳动异化的几个对立面,在对比中说明"劳动创造了美"②。

第三,马克思的自然人化即实践观点是对费尔巴哈的批判和对黑格尔唯心主义的颠倒。马克思认为,不能仅以有用性或感性认识之基础来理解自然界,还要把它看作人的活动、实践的结果,看成是人的对象化了的本质力量。另一方面,精神性的外化、对象化即精神劳动应该颠倒为人的现实的物质活动。马克思在论述人的劳动时说,人在精神意识上和现实实践中把自己化分为二,"因此,劳动的对象是人的类生活的对象化:人不仅像在意识

---

① 马克思:《1844年经济学—哲学手稿》,刘丕坤译,北京:人民出版社1985年版,第53、54页。
② 同上书,第50页。

中那样在精神上使自己二重化,而且能动地、现实地使自己二重化,从而在他所创造的世界中直观自身"①。

第四,在论共产主义的一段话里,马克思说了这么几层意思:私有财产异化人性;在社会解放中,对象与我互相肯定,主体的每一种本质力量在其对象中得到肯定从而成为自为的存在;人的五官,审美的主体能力是历史发展的产物;工业是人的本质力量之展示,这种本质力量使自然成为属于人的现实。因为自然界已经成为人的对象和人的现实,所以自然界是关于人的科学即自然科学和人文科学统一的对象。②

第五,关于人、自然和社会的关系。马克思认为,人要从自然中取得物质材料就必须结成社会,因此,人化的自然只有在社会中才有可能,同时,这种人化的自然也成了人的社会关系的显现和纽带,即我从这种人化之自然中体悟到他人的存在。社会是人同自然界的完成了的统一,通过社会这个中介,人本主义和唯物主义才能结合。人在与自然打交道中产生了社会,人与自然都在社会中存在,人是社会的存在物。在手稿中,马克思特别重视人的社会性,认为个人生活在与他人的关系中。"我的普遍意识的活动本身也是我作为社会存在物的理论存在。""人的个人生活和类生活并不是各不相同的。""死似乎是类对特定的个人的冷酷无情的胜利。"③从这些论述可以看出,马克思在手稿中还没有注意个体人的存在,个体的独特性独立性还没有进入其视野。

以上几点是马克思谈到美的几处言论。我们再来看看实践美学论者如何理解马克思以及这种理解与其美学观的关系。在实践美学的历史谱系中,从其理论指向和精神气质看,李泽厚——刘纲纪——张玉能是一线,朱光潜——周来祥——蒋孔阳是另一线。邓晓芒以其黑格尔式的哲学思辨可算实践美学建构史上的另类。

---

① 马克思:《1844年经济学—哲学手稿》,刘丕坤译,北京:人民出版社1985年版,第54页。
② 同上书,第77页。
③ 同上书,第79、80页。

在中国,李泽厚是最早引用《巴黎手稿》中的思想解决美学问题的人。在20世纪五六十年代的美学大讨论中,李泽厚借当时学界批判唯心主义之风,以马克思的实践唯物主义观点从哲学本体论上解释美的本质,实践美学由此发端。李泽厚吸取的主要是手稿中的自然人化以及劳动与美的关系的观点。根据马克思的论断,现实并不是感性天然的现实,而是自然人化的结果,是劳动的产物,而"劳动创造了美",由此,李泽厚认为,美是自然人化的结果,也就是人类主体实践对自然改造的结果。社会现实是人的本质力量的对象化,在李泽厚看来,人之"类性"是客观的社会实践,因为人类实践是客观的社会存在,因此美也是客观的社会存在,社会性和客观性是美的两大特性,前者反对蔡仪的自然规律说,后者针对朱光潜的主观意识说。李泽厚认为,自然美也是人的本质力量对象化的结果,它源于人类社会实践而非主观意识和情趣,"当现实肯定着人类实践(生活)的时候,现实对人就是美的,不管人在主观意识上有没有认识到或能不能反映出,它在客观上对人就是美的"[①]。自由的实践是认识了必然的实践,因而是创造美的实践,这样的实践克服了现实对实践的否定态度,人们在精神上把握和肯定自己的实践时就产生了美感。真善美是不依存于社会意识的客观存在,美感是对美的反映,美感的主观直觉性和客观功利性来自美的形象性和社会性。总之,美感决定于美,美根源于自然人化,美是对美感的否定,艺术是否定之否定。李泽厚早期的美学观由马克思的"劳动创造了美"和"美的规律"的两个论断以及"直观自身"的言论推演而来。李泽厚后期的美学观延续既往,仍然认为美之本质是自然人化,不同的是以工具本体决定心理本体,美与美感对应工具本体与心理本体,实际上是以历史唯物主义存在与意识、物质与精神的关系解释美与美感的生成。

刘纲纪也认为,劳动就是自然人化或人的对象化,所以从"劳动创造了美"来看,自然人化说是马克思论美的本质之基础。刘纲纪明确地认为,"美的规律"与"劳动创造了美"的论断是一致的,指物种的自然尺度与人所提出的内在尺度的统一,即客观自然必然

---

① 李泽厚:《美学论集》,上海:上海文艺出版社1980年版,第146页。

性和人的自由的统一,这个统一表现在感性具体的对象上就是美。人的本质表现在他能够支配他所生活的周围世界,从周围世界取得自由,而自由指的是对必然的认识和对自然的征服,美就是人的自由的表现,美感就是在他自己创造的生活中、取得自由的过程中看到了他创造的智慧才能和力量,看到了人的自由获得了实现而引起的精神愉悦。刘纲纪把李泽厚的美学观体系化,其美学观由马克思的"劳动创造了美"和"美的规律"的论断加上恩格斯对必然和自由的理解综合而成。

张玉能的新实践美学观仍然坚持"劳动创造了美"这一论断。因为传统实践美学无法解决后实践美学提出的诸多难题,张玉能把实践概念的内涵扩大,开凿实践的多重意味以与美的特性对应,但美的奥秘仍然被遮蔽,因为实践如果等同于人类的一切活动,那么美的特殊规定性就无法得到阐明。

朱光潜的美学公式的精神实质是主观美感影响美,其思想来源是现代西方美学的移情说。朱光潜也认为马克思的"直观自身"就是美感,"美的规律"那一段话对于物质生产和艺术生产都适用。朱光潜引用马克思的"最美的音乐对于不能欣赏音乐的耳朵就没有意义,就不是对象"的论断,从审美现象学、艺术接受和创作的实际出发,强调具体审美活动中审美的主体能力。朱光潜引用马克思的艺术生产论,把劳动生产和艺术活动等同,这为自认坚持唯物史观的李泽厚所反对。朱光潜对马克思的一系列不同于李泽厚的解读的目的是强调人的主体性,进而论证美也有主观性。李泽厚的劳动是人类整体社会性的活动,因此劳动创造的美对于个人而言就是先在的、客观的。朱光潜把劳动创造与艺术活动相联系,而艺术活动总是个体性的行为,这样就淡化了劳动的社会性,强调了艺术和审美活动的个体性。

周来祥也认同"美的规律"与劳动的关系,也认为劳动创造了对象的美和主体的审美能力,"直观自身",欣赏自己的智慧、才能和力量产生美感。但与李泽厚不同的地方是,他认为劳动创造了美还不是美和审美的独有特征,研究美的特性必须深入一步。周来祥引用《巴黎手稿》中的"对象如何对他说来成为他的对象,这取决于对象的性质以及与其相适应的本质力量的性质;因为正是这种关系的规定性形成一种特殊的、现实的肯定方式"①等言论说,每一特殊对象都是人的全部本质力量中的一种特殊的本质力量的对象化,因而这个特定的对象与人的主体的某一特殊本质力量是相适应的,只有这种适应才能形成一种特定的关系,美就在具体的审美关系中,审美的本质则是理智和意志情感的结合。在此基础上周来祥提出和谐说美学。周来祥不同意李泽厚以实践直接推演美的本质的做法,认为美不是实践直接产生的,实践只产生了审美关系。和谐说保留了李泽厚的实践起源论,又吸收了朱光潜的主体论,其思想资源是马克思的对象性理论,认为美在审美对象与审美主体所形成的相互关系中。

蒋孔阳也认为"直观自身"就是审美愉悦,"美的规律"产生于劳动中,提出"美是人的本质力量的对象化"的命题。马克思在手稿中的自然人化指的是人的物质实践活动,李泽厚的美学命题由此而来,但蒋孔阳的理解与李泽厚不同,他认为马克思说的人的本质力量包括多方面:"视觉、听觉、嗅觉、味觉、触觉、思维、直观、情感、愿望、活动、爱"②等。根据这种理解,本质力量的对象化就不只是实践活动,而是包括了人的一切艺术和非艺术活动,因此,蒋孔阳认为艺术与劳动一样,都是人的本质力量的对象化,都是创造美的活动。可见,蒋孔阳综合了朱光潜和李泽厚,泛化了人的本质力量,较好地解释了艺术创造活动,但却根本否定了马克思的社会存在与社会意识、经济基础与上层建筑的社会结构两分法。

邓晓芒回避了传统实践美学对马克思的理解,而是以自己的思辨逻辑推演出实践美学观。邓晓芒明确认为,马克思所说的实践是客观现实的物质性活动,是主观统一于客观的活动,最基本的实践是人的社会物质生产劳动。从对马克思"劳动是自由自觉的活动"的言论出发,邓晓芒认为劳动意识包括自我意识和对象意识,而对象意识就是拟人化,即把对象看作情感的载体从而产生共鸣相通的心理功能,这即是艺术和审美的根源。与传统实践美学

---

① 马克思:《1844年经济学—哲学手稿》,刘丕坤译,北京:人民出版社1985年版,第82页。
② 同上书,第80页。

不同,邓晓芒开凿劳动中的精神意识的一面,劳动是因为本身具有精神因素成为情感的传达而美,审美传情活动内在于实践活动中。因此,邓晓芒认为,马克思的"直观自身"不是直观自己的本质力量,而是"在一个'拟人化'的对象上体验到自身的情感和一般人类的情感"[①]而获得美的享受。由于注意到劳动的精神意识性,邓晓芒把"内在尺度"解释成人对于自然界在形式上的要求。劳动中的对象化了的情感才是美感,而劳动又是人的社会性联系的纽带,个体追求美感的原因是要获得社会普遍性,即要消融于社会性的情感中,[②]这就回到了中国传统美学的传情论,美感的个体性、独特性、美感对于意识形态的超越性就被消弭。通过思辨的演绎,邓晓芒得出审美产生于实践这一与传统实践美学一致的观点。

  从以上实践美学论者对《巴黎手稿》的解读可以得出如下结论:一、实践美学论者对待马克思的态度是为我所用,"我注六经",根据自己的理解,为了自己的美学观各取所需。实践美学的思想来源是《巴黎手稿》,其体系由马克思的几处抽象论断推演而来,没有涉及马克思的其他著作。二、唯马克思是崇,对中西其他美学文献不予理睬。对马克思的理解,李泽厚、刘纲纪、张玉能可归一类,以"劳动创造美"和"美的规律"两个论断作为美学基本原理;朱光潜、周来祥、蒋孔阳归一类,他们引入审美关系这一概念,重视审美主体的能动性。三、实践美学重理论建构轻文本解释,但以劳动解释美的产生的局限性显而易见,一旦面对精神性的艺术美,实践美学必离开劳动另找来源,比如现实丑如何转化为艺术美?比如中国当代审美文化如何以实践解释?比如李泽厚所说的"悦志悦神"的审美形态与劳动何干?当以物质性的实践活动(劳动)解释美的本质而不能自圆其说时,实践美学论者就泛化实践,扩大实践的内涵,使之等同于人类一切活动,其结果是实践无所不在也无处可在,美的本质因而被淹没。四、李泽厚后期以工具本体决定心理本体,社会存在决定社会意识的原则解释美学问题,把美等同于一般意识形态,忽视了美的超越性。周来祥的中介论来自

[①] 邓晓芒、易中天:《黄与蓝的交响》,北京:人民文学出版社1999年版,第472页。
[②] 同上书,第477页。

康德,刘纲纪的自由观来自斯宾诺沙和黑格尔,邓晓芒的审美传情论来自中国古典美学,张玉能仍然重复着传统实践美学,审美活动的现代内涵无法揭示。

实践美学体系由《巴黎手稿》中的几处言论推演而来,那么,马克思的这几段话真是美学之谜的解答吗?由这几段话推演而出的实践美学为什么不能解释人类的审美现象呢?我们今天应该如何理解马克思的这几段话呢?本书提出以下看法:

第一,"美的规律"一段。这段话有这么几层意思:一、我们可以把"任何物种的尺度"和"内在固有的尺度"理解为真与善,从而把劳动理解为真与善的统一。马克思说,人也"按照美的规律来塑造物体",说的是"创造美的规律"与劳动的规律即真与善相关,但"创造美的规律"与"美本身的规律"不是一回事,创造桌子的规律与桌子本身的规律不是一个东西,前者是起源问题,后者是本质问题,实践美学由此犯的一个错误就是起源本质论,即由起源处寻求本质,这本身是非马克思主义的,而是达尔文主义的。美本身是难以言说的神秘之域,毫无规律可言,而如何言说美才是真正的问题所在。二、马克思认为,劳动是人与自然的中介,在劳动中自然人化了,人则生成为人,人与动物的本质区别在于人的劳动。马克思想表明,是劳动而不是理念创造了人和世界,美因此和劳动相关,至于更复杂的美的本质、审美活动的内在规律则没有说明,因此,美学研究不可在这里停止。实践美学说美是人的本质力量的对象化或自然的人化就把实践与美等同起来了。三、马克思说美在劳动中,美不是一个纯粹的静观对象,而是存在于人的生命活动中,这种美学观的现实精神和实践性是显而易见的,但这里仍然不是在专论美学,联系到前面的论断,只是说一般劳动能够创造美。具有创造性的自由的劳动,就它实现了人的自由本质而言是创造美的活动,能引起美感。但是,如果承认美是高级的精神体验的话,那么劳动中的美只能说是初级的形式美。"美的规律"只说明美与劳动有关,但人类什么活动与劳动没有关系呢?把这两个论断作为美的本质之规定显然太空泛,而且,实践美学一旦把美的光环套在劳动上,就把人的生命活动完全抽象为劳动,以劳动为最高价值,这显然把生命活动的内容简单化了。

第二，不同于德国古典哲学，马克思赋予劳动以新的含义即现实的物质生产活动，就是自然人化或人的本质力量对象化。但在资本主义制度下，一般劳动异化了。异化劳动的根源是生产资料的私人占有与社会化大生产之间、资本家的无穷欲望与产业工人的有限生命之间的矛盾所致。在封建社会之所以没有这样酷烈的激化，是因为封建社会只有手工作坊，还不是工业化大生产，其劳动还带有个人创造性的诗意，而在资本主义的大生产中，个人只是生产流水线上的一个零件，一个螺丝钉，个人片面化为某一个器官，而不是以人的全面本质从事生产，因而生产没有创造性。但资本家并不只是夺取工人的劳动产品，他们在现代化大生产的组织、决策和创新的活动中扮演重要角色，一个新的现代的发达的西方由此诞生。从整个人类历史来看，剥削劳动都有强制性，只不过资本主义初期更甚，这被称为"人类史前时期"。资本主义大生产是对封建手工作坊的扬弃，虽然少了诗意，但极大地促进了生产力，这就是历史主义与伦理主义的悖反。可以看出，马克思对资本主义生产的非人化的道德批判是非常深刻的，其论述表露出强烈的伦理情感和道德义愤。一方面，对富有者而言，生产激发了貌似精致实际则违反自然的欲望；另一方面是劳动者退化到动物状态。但马克思是辩证地看问题的，他说，工业的历史是人的本质力量展开的现实，是人的本质力量的丰富性发展的体现，"生成了的社会，创造着具有人的本质的这种全部丰富性的人，创造着具有丰富的、全面而深刻的感觉的人作为这个社会的恒久的现实"①。马克思对私有财产在一定程度上持肯定态度："只有通过发达的工业，也就是以私有财产为中介，人的激情的本体论本质才能在总体上、合乎人性地实现；……如果撇开私有财产的异化，那么私有财产的意义就在于本质的对象——既作为享受的对象，又作为活动的对象——对人的存在。"②显然，马克思是肯定私有制和资本主义大生产的历史合理性的，而实践美学论者对此予以忽视，异化劳动是否

---

① 马克思：《1844年经济学—哲学手稿》，刘丕坤译，北京：人民出版社1985年版，第83页。
② 同上书，第107页。

能创造美的争论就由此而起。

马克思以珍品/赤贫、宫殿/贫民窟、美/畸形相对照,这只是语言修辞的运用,并非严格意义上的美学论断,更不是哲学意义上的对美的思考。马克思说,劳动创造了美,也(异化劳动)生产了赤贫、贫民窟、畸形等并不全是美的东西。马克思批评黑格尔说:"他把劳动看作人的本质,看作人的自我确证的本质;他只看到劳动的积极的方面,而没有看到它的消极的方面。"①因此,劳动既创造了美又创造了丑。可见,那些认为劳动创造的必然是美的观点是想当然。实践美学唯劳动是美,其代表人物无限推崇实践本身,看不到劳动的消极方面,否认劳动也创造了丑。而且,"劳动创造了美"作为美的规定不恰当,它的外延过广,世界上一切非自然物皆为劳动创造,连人都是劳动的产物,我们不能说人的本质是劳动,更不能说美的本质是劳动(或自然人化、人的本质力量的对象化。)

第三,马克思先通过人与动物的对比,指出人的活动与动物的不同在于人的劳动是自由自觉的,接着指出异化劳动与真正的应然的劳动相反,是摧残人的生命的非人活动。动物的活动没有自觉,异化劳动则没有自由。马克思的论述还有着浓厚的费尔巴哈思想的痕迹。在费尔巴哈那里,人不是个体的人,而是作为一个"种",作为一个"类"而存在着,人按照人"类"的形象创造了上帝,作为个体人的存在意义问题直到尼采才成为思考的主题。马克思保留了费尔巴哈的"类"概念,这表明,人是作为一个整体与自然相对,与动物相区别的。劳动是"类"的本质的对象化,是"类"的存在物的活动,是集体性的社会性的物质活动,这就是李泽厚强调实践活动的群体性的由来。

马克思的对象化思想来自黑格尔。黑格尔说,一方面,"人把外在世界变成为它自己而存在的:它达到这个目的,一部分是通过认识,即通过视觉等等,一部分是通过实践,使外在事物服从自己,利用它们,吸收它们来营养自己,因此经常地在它的另一体里再现

---

① 马克思:《1844 年经济学—哲学手稿》,刘丕坤译,北京:人民出版社 1985 年版,第 120 页。

自己"①,"因此,人把他的环境人化了,他显出那环境可以使他得到满足,对他不能保持任何独立自在的力量"②;另一方面,"人还通过实践的活动来达到为自己(认识自己),因为人有一种冲动,要在直接呈现于他面前的外在事物之中实现他自己,而且就在这实践过程中认识他自己。人通过改变外在事物来达到这个目的,在这些外在事物上面刻下他自己内心生活的烙印,而且发现他自己的性格在这些外在事物中复现了"③。显然,马克思说的"劳动是人的类的生活的对象化",人在"精神上把自己化分为二","在实践中,在现实中把自己化分为二",在"自己所创造的世界中直观自身"等思想都是来自黑格尔。

但是,黑格尔的劳动是理念的活动。理念必须显现为感性,必须外化才能产生美,只有理念才会异化自身、认识自身和直观自身。马克思颠倒了黑格尔的理念论,认为是存在决定意识,是现实的实践活动决定理念的发展。《巴黎手稿》在颠倒黑格尔的基础上提出了唯物主义的实践观,这一颠倒对于说明劳动本身极有意义。我认为,在"现实中化分为二"指的是人的劳动把自然人化,在"精神上化分为二"是指人有自我意识,"直观自身"就是认识到人化的自然与自在的自然不同,即它打上了人的活动的印记。马克思没有说"直观自身"就产生了愉快,更没有说这种愉快就是美感。在其他地方,马克思说过:"假定我们作为人而生产,我们每个人在他的生产过程中就会双重地既肯定自己,也肯定旁人。在这种情形之下:一、我在我的生产过程中就会把我的个性和它的特点加以对象化,因此,在活动过程本身中我就会欣赏这个个人的生活显现,而且在观照对象之中就会感受到个人的喜悦,在对象里认识到自己的人格,认识到它的对象化的感性的可以观照的因而也是绝对无可置辩的力量。二、你使用我的产品而加以欣赏,这也会直接使我欣赏,我因此认识到我的劳动满足了人的需要,对象化了人的本质,因此我的劳动创造了一种对象,适应某一旁人的人的生存的需

---

① 黑格尔:《美学》第 1 卷,北京:商务印书馆 1981 年版,第 159 页。
② 同上书,第 326 页。
③ 同上书,第 39 页。

要。三、我对于你就会成为你和种族之间的媒介人,我就会为你认识和理解,为你自己的存在的延续和补充,为你的必需的不可分割的一部分——因此我就会认识到在你的喜爱的情感中我也肯定了我自己。四、我就会通过我的个人的生活显现,直接创造出你的生活显现,而且在我的个人的活动中,我就会实现我的真正本质,我的人的社会的本质。我的产品就会同时是些镜子,对着我们光辉灿烂地放射出我们的本质。"①结合这段话以及上文中马克思对人与自然和社会的关系的看法,《巴黎手稿》中的"直观自身"说的是人的社会意识,人在生产活动中意识到自己与他人和自然对象是相互关联的,这是社会性的认识活动,而非审美活动。

实践美学认为,在现实中"化分为二",指的是实践对象化了人的本质力量;在精神上"化分为二"则是"直观自身",指的是意识到自我的对象化了的本质力量而感到美,其逻辑是:劳动创造了美,人按照美的规律来造型,那么美的规律就是劳动的规律——劳动是在对象上打上自己印记的活动,它使自然成为人的无机的身体——因此,在他创造的世界中"直观自身"就是欣赏人的本质力量的活动,也就是审美活动。在实践美学看来,审美所审的对象就是人的本质力量,人本身及其改造自然征服自然的本质力量才配得上美的光环。实践美学论者认为,美感既然是一种意识,当然是对存在着的客观美的反映了。由于《巴黎手稿》中没有明确的美感论,许多人想当然地认为"直观自身"就是美感活动,又有列宁的反映论作支援,于是美的本体论和美感认识论就组成了完整的美学体系。

根据上文对马克思的分析,实践美学所说的人在对象上"直观自身"就是美感活动显然是过度诠释。人为什么要直观自身呢?难道人与自然打交道就是为了确证自己进而认识自己?只有理念才需要认识自身确证自身。马克思在《巴黎手稿》中颠倒黑格尔的劳动观的同时,并未对其逻辑提出批评,从而黑格尔的思想就被带入实践美学。在黑格尔那里,理性高于感性,本质高于现象,普遍

---

① 苏联艺术史研究所编:《美学问题》,第91、92页,转引自《朱光潜美学文集》第3卷,上海:上海文艺出版社1983年版,第291页。

性高于特殊性,其结论必然是国家高于个人,集体先于个体。李泽厚的集体理性优先原则就是从黑格尔而来,这是其被批评为文化保守主义的原因。马克思在《巴黎手稿》的后部分批评了黑格尔的劳动观。在《资本论》第一卷第三编第五章中论述劳动时,马克思放弃了"确证自身"、"直观自身"的说法,认为劳动是人与自然都参加的、人以自己的活动为媒介调节和控制他和自然之间的物质交换的活动,这种活动是有计划有意识地进行的,目的是为了自己不至于饿死而取得对自己的生活有利的物质资料。

实践美学认为,"直观自身"就是审美活动,进而认为,艺术起源于人在劳动中对人的本质力量的观照,这种观点无法解释原始艺术的主要功能不是审美而是服务于宗教这一现象,也无法解释中国的"诗言志"说和当代西方纯艺术论。试看王维和杜甫的诗歌:"空山不见人,但闻人语声。返景入深林,复照青苔上。""摘花不插发,采柏动盈掬。天寒翠袖薄,日暮倚修竹。"这里的美根本不是对人的征服自然的本质力量的欣赏,而是人与自然的融合。

"五官感觉的形成是以往全部世界史的产物"可以解释为人的审美能力、感觉的人类性是人的历史活动的结果,但全部世界史并不只是实践活动,还包括各种精神文化活动,人的美感能力也是艺术品培养的。马克思说,艺术品创造出了了解和欣赏美的群众,生产不仅为主体造成对象,而且还为对象造成主体,而实践美学的实践决定论忽视了不同的文化传统对审美活动的影响。如果把审美看作一种文化现象,实践美学的这一缺陷极为明显。

第四,马克思说,共产主义"作为完成了的自然主义,等于人道主义,而作为完成了的人道主义,等于自然主义"。自然主义指旧唯物主义。旧唯物主义理解人的自然性和自然的先在性,它的缺陷是不理解人的实践活动的意义。人道主义指的是唯心主义。唯心主义的缺陷是夸大了人的主体性,而且是精神的主体性,不知道人的存在的自然性和自然存在的优先性。马克思主义哲学既承认自然存在的优先性,也强调人的存在的主体性,强调人的价值和尊严,它是自然主义与人道主义的结合。

在《巴黎手稿》里,马克思的共产主义论有两个基本点,一是私有制的扬弃,二是人性复归,且它们互为因果。私有财产异化人性,扬弃之就回归和谐,在共产主义社会对象成为人的对象,成为对人的肯定。我以为,这里的共产主义理想不是按照生产力和生产关系的矛盾运动,不是立足于经济与所有制的矛盾关系的分析,而是按照人性三部曲推演而来的抽象结论,因而不是真正的历史主义,而是历史领域里的形而上学和乌托邦。人性和谐—异化—复归只是抽象的设想,我们不能说原始时代的人性是和谐的,而只能说是朴素的,贫乏的,未分化未发展的,后来分工造成了人性片面化,全面化就是目标。还有,私有财产是如何产生的?是劳动异化的产物吗?如何废除之?在什么情况下废除?这些问题马克思在这里都未解答。而且,私有财产本身并非敌视人,也并不天然地是人性异化的力量,它可以成为发展人性的基础和条件。马克思主义的辩证法指出:"这种辩证哲学推翻了一切关于最终的绝对真理和与之相应的绝对的人类状态的观念。在它面前,不存在任何最终的东西、绝对的东西、神圣的东西;它指出所有一切事物的暂时性;在它面前,除了生成和灭亡的不断过程、无止境地由低级上升到高级的不断过程,什么都不存在。它本身就是这个过程在思维着的头脑中的反映。"①因此,经实践美学所阐释的共产主义本身不合乎辩证法,由此出发的人性和谐只是历史的幻象。仔细分析文本,马克思明确地肯定过人性发展的三段式吗?实践美学想当然地演绎出人性的发展模式并把共产主义视为和谐美的最高发展,显然过多地表现了乌托邦情结。历史是经验的科学,马克思后来放弃了抽象的人性异化和复归的论断,把唯物主义引入历史,认为生产方式是社会发展的动力,生产力和生产关系的矛盾运动是社会发展的根源,从而把乌托邦从历史领域驱逐出去。

《巴黎手稿》是唯物史观的诞生地,也是实践美学的出发点,其对实践美学产生影响的主要是马克思的这么几点论述:一是"劳动创造了美"和"美的规律"两个论断;二是自然人化论即实践观;三是审美主体能力作为本质力量之一是历史发展的产物的观点;四是带有抽象性的和谐景观的共产主义论;五是对人的社会性的强调。马克思的这些思想只是关于美学研究的初步论断,且仍然保

---

① 《马克思恩格斯选集》第4卷,北京:人民出版社1995年版,第217页。

留着德国古典哲学的一些表述,而实践美学以之为美学的基础,致使其具有浓厚的古典性质,即人的"类"的中心论和理性化倾向,这极大地局限了实践美学的阐释限度,使它无法解释具体的审美文化现象和现代性的审美活动。实践美学的理论建构是以对《巴黎手稿》的中国传统学术的注经解说方式进行的。这种注释始终是在经典的范围内,经典的思想边界限制了其理论视野,也限制了其知识增长。可以说,实践美学论者是在对经典思想进行复制,虽然对经典的解释各个不同,但新意不多,这就是实践美学论者的观点大同小异而且大多无法超越其早期创始者的理论范式的原因。

　　实践美学在信奉的前提下对经典加以阐释,这就涉及到一个问题:我们应该如何对待经典?毫无疑问,经典是人为建构的,它是特定时代、特定民族、特定地域、特定文化背景的产物,是一定的意识形态、利益诉求、话语霸权与某一文本合谋的结果。如何对待历史文化经典,我认为应该采取解释学的态度,就是从新发展了的现实出发,从我们自己的历史视角出发,让从历史流传下来的积淀着传统文化的经典与我们对话,在双方"视阈融合"中赋予经典以新的生命的同时我们的视野也提高到一个新的高度。长期以来,我们以中国传统注经的方式对待马克思主义经典文本,从其文本本身而不是从现实出发解释经典,文本的语言修辞和形式结构就成为我们理解圣人原意的途径,这种治学方式充满了繁琐的考证和随意的过度诠释。在当代西方哲学解释学风行学界后,我们意识到,作者原意是不可绝对还原的,它对于理解历史来说也没有多大意义,关键是重释经典对于我们今天的意义,也就是要赋予经典以新的生命,这就必须从我们当下的现实出发,从我们今天的视阈来解释经典的含义。我认为我们应该从西方马克思主义那里得到方法论的借鉴。西方马克思主义者之所以能够在世界上独树一帜,就是因为他们根据资本主义已经变化了的现实给予马克思主义以新的理解来发展马克思主义,赋予其新时代的精神生命。相比而言,中国马克思主义者在学界却少有建树,这种现象应该引人长而思之。这里我想表明对马克思《巴黎手稿》的美学意义的看法:马克思和恩格斯对于文学艺术现象有自己的独到见解,但他们没有垄断真理。如果不能依据变化了的现实,不能依据我们的文化政治和审美经验发展马克思主义,那么经典的生命力必将完结;马克思的那本小书不是美学专著,它的某些观点给美学研究提供了一些启示,但美学研究不能到此为止,我们应该吸取东西美学思想根据新的审美文化现象建设我们时代的美学理论。

经典的生命存在于解释中,除了美学界近半个世纪对《巴黎手稿》的解读外,我以为马克思的这本书中还有如下几点可以作为我们新世纪美学基本理论建设的思想资源。

一、个人与社会的关系问题是哲学的基本主题。在个人与社会的关系问题上,马克思的意见是辩证的,一方面,个人是社会的存在,个人总处在一定历史关系和社会条件下,"只有在集体中,个人才能获得全面发展其才能的手段,也就是说,只有在集体中才可能有个人自由"①。另一方面,个人的自由是一个历史过程,是历史发展的最高目标。在其他文献中,马克思说:"人的依赖关系(起初完全是自然发生的),是最初的社会形态,在这种形态下,人的生产能力只是在狭窄的范围内和孤立的地点上发展的。以物的依赖性为基础的独立性,是第二大形态,在这种形态下,才形成普遍的社会物质交换、全面的关系、多方面的需要以及全面的能力的关系。建立在个人全面发展和他们共同的社会生产能力成为他们的社会财富这一基础上的自由个性,是第三个阶段,第二个阶段为第三个阶段创造条件。"②马克思非常重视个人,他说:"人们的社会历史始终只是他们的个体发展的历史,而不管他们是否意识到这一点。"③个人与社会的关系问题是一个历史哲学的问题,是只有在历史领域才可以解决的问题,本来超出美学之外,但由于审美活动关系到个人的自由,这就与美学联系起来。在现实领域,社会性优先,个人是社会性的存在;在价值领域,则是个体性优先,个人的生存价值是社会的最高目的。在《巴黎手稿》中,马克思偏重论述人的社会性,这造成了实践美学对个体性的忽视。实践美学以现实的实践活动为出发点,即以社会性优先,而后实践美学以个人的生命存

---

① 《马克思恩格斯全集》第3卷,北京:人民出版社1979年版,第84页。
② 《马克思恩格斯全集》第46卷,北京:人民出版社1979年版,第104页。
③ 《马克思恩格斯全集》第27卷,北京:人民出版社1979年版,第478页。

在为出发点,个体的自由问题就进入其美学视野,因此,后实践美学更符合美学的人文取向,因为美学的根本问题是个体的自由以及生命的有限与无限如何可能的问题。

二、东方美学被称为生命美学,东方审美思维以有利于生命的事物为美,以表现旺盛生命力的事物为美。车尔尼雪夫斯基也提出过"美是生命"的命题,但在特定历史时期,创造新的生活成为主流意识形态,它被翻译成"美是生活"。但"美是生命"显然比"美是生活"更具有人本主义意味和深度。马克思对美与生命的关系也多有论述,他说,"人则使自己的生命活动本身变成自己的意志和意识的对象……有意识的生命活动把人同动物的生命活动直接区别开来"①,"我的劳动是自由的生命表现,因此是生活的乐趣,我在活动时享受了个人的生命表现,我在劳动中肯定了自己的个人生命"②,"劳动是生命的表现和证实"③等等。因此,美与生命的关系需要深入研究。现代西方生命美学要解决的是现代化进程中人在异化现实中的生命自由如何可能的问题,这对于现代性进程中的中国美学具有重要的启示意义。

三、马克思说,"只有音乐才能激起人的音乐感;对于没有音乐感的耳朵说来,最美的音乐也毫无意义,不是对象,因为我的对象只能是我的一种本质力量的确证","因为任何一个对象对我的意义(它只是对那个与它相适应的感觉说来才有意义)都以我的感觉所及的程度为限"④。也就是说,对象和主体互为前提,没有审美主体就无审美对象,主体因为有对象才成为对象性的存在,审美对象与审美主体互为条件,它们存在于审美活动中,这就是马克思的审美现象学。马克思的审美现象学思想与杜夫海纳非常相似。杜夫海纳认为,审美对象既是自在的又是为我的,"因为客体既是通过主体存在,同时又在主体面前存在"⑤。实际上,审美对象是自在

---

① 马克思:《1844年经济学—哲学手稿》,刘丕坤译,北京:人民出版社1985年版,第53页。
② 《马克思恩格斯全集》第42卷,北京:人民出版社1979年版,第38页。
③ 《马克思恩格斯全集》第25卷,北京:人民出版社1979年版,第921页。
④ 马克思:《1844年经济学—哲学手稿》,刘丕坤译,北京:人民出版社1985年版,第82页。
⑤ 杜夫海纳:《美学与哲学》,北京:中国社会科学出版社1985年版,第56页。

的,又是为我们的,还是因为我们的。美不是对象性的客体,美存在于审美活动中。马克思的现象学美学思想正可以成为我们走出古典客观论和主观论美学视阈的有效资源。

四、马克思把哲学从抽象的理念转移到人类的生活世界,这与当代西方的现代性批判哲学具有同步性。海德格尔说:"形而上学就是柏拉图主义。尼采把他自己的哲学标示为颠倒了的柏拉图主义。随着这一已经由卡尔·马克思完成了的对形而上学的颠倒,哲学达到了最极端的可能性。哲学进入其终结阶段了。"[①]马克思在《神圣家族》中批判了形而上学,并认为自己的唯物主义"把人们的注意力集中到自己身上的时候,形而上学的全部财富只剩下想象的本质和神灵的事物了"[②]。因为形而上学脱离了人的存在,脱离了人类世界。马克思认为,人的现实生存状况及其解放与自由如何可能是哲学要解决的问题。马克思的思想与后现代思潮可互补的地方在于,马克思以对政治经济的思考预示了资本主义的终结,后现代思潮则从知识观念、社会秩序、意识形态、语言文本层面对资本主义进行批判。因此,从现代性视角发掘马克思美学的意义是新世纪美学思想的重要生长点。

---

① 海德格尔:《面向思的事情》,北京:商务印书馆1996年版,第59、60页。
② 《马克思恩格斯全集》第2卷,北京:人民出版社1979年版,第161、162页。

第四章

实践美学:理论终结

　　如何评价实践美学是一个有难度的问题。相对于反映论美学而言,实践美学的历史贡献在于它在美学研究中引入了人这一元素。从思维模式和体系构造方法,从其本身的理论逻辑,从现代性话语和比较美学视角,从美学核心概念的分析,从实践美学新发展的评论几方面看,实践美学的逻辑行程、阐释视阈、理论局限、精神指向就呈现出来。

第一节　实践美学与本体论问题

一、本体论、实践本体论与实践美学

本体论即是美学的哲学基础,各种体系美学就在美学家所选取的哲学本体论的基础上推演而出,以什么为本体决定了美学思想的逻辑行程及其范畴体系,因此,本体论对于美学极为重要。实践美学对反映论美学的否定正是以实践本体论代替自然物质本体论而成为可能的。后实践美学仍然是哲学美学,后实践美学对实践美学的批评仍然是以对实践美学的本体即实践的否定开始的,其体系就建立在不同于实践本体的生命、生存等本体的基础之上。

本体论问题歧义纷纭,要弄清当代中国美学与本体论的关联,必须解决这些疑问:什么是本体论？实践是否为本体？实践美学是如何界定实践在美学中的地位的？后实践美学是如何建构美学体系的？生存、生命本体是否优越于实践本体？在美学研究中本体论的设置是否是必然的？当代西方人文思潮的言说方式对于美学研究有什么启发意义？回答了这些问题,中国当代美学的基本逻辑言路和叙事策略就可以比较清晰地呈现出来。

查《不列颠百科全书》"本体论"条:"探讨存在本身、即一切实在的基本特征的一种学说。这一术语尽管最初是17世纪时创造的,但它和公元前4世纪时亚里士多德的形而上学和'第一哲学'的含义相同。由于形而上学研究的对象还涉及其他学科(如哲学的宇宙论和心理学),在探讨存在这一命题时就采用了本体论这一术语。18世纪时,这一术语因德国唯理论者C.沃尔弗的使用而知名,他把本体论看成是一种导致有关存在本质的必然真理的演绎法。不过,他的主要继承者I.康德提出过有影响的驳斥,否认本体论为一种演绎法,否认对上帝(作为至高无上和完善的存在)的必

然存在所做的本体论论证。20世纪时由于形而上学重新抬头,本体论或本体论思想再度受到重视,包括M.海德格尔在内的现象学者和存在主义者的论述尤其如此。"再看中国哲学界的权威文献,冯契先生主编的《外国哲学大辞典》"本体论"条:"大体上说,马克思以前的哲学所用的本体论有广义和狭义之别,广义指一切实在的最终本性,这种本性需要通过认识论而得到认识,因而研究一切实在的最终本性为本体论,研究如何认识则为认识论。这是以本体论与认识论相对称。从狭义说,则在广义的本体论中又有宇宙的起源与结构的研究和宇宙本性的研究,前者为宇宙论,后者为本体论,这是以本体论与宇宙论相对称。……马克思主义认为哲学是对自然界、社会与思维的根本观点的体系,它本身包括物质与意识哪个是第一性,哪个是第二性和这些对象可知不可知的问题,这两者是哲学的两个方面,它们相互联系,成为哲学的基本问题,因而不采取本体论与认识论相对立,或本体论与宇宙论相对立的方法,而以辩证唯物主义说明哲学的整个问题。"[1]前部分与西方文献相当,后部分尤其有意味。

  由于语言学的关系,首先必须梳理清楚几个相关的概念。"存在"和"本质"本不是一个问题,"存在"指的是"有什么东西存在?"(What is there?),它求事物的存在性或有性(thereness),"本质"则是回答"这是什么?"(What is it?),它问的是事物的"是什么"(whatness)。[2] 在古希腊语中,同一个"是"既可指"有什么"(thatness),又可以指"是什么"(whatness),前者发展为存在论,后者发展为本质论,即形而上学的本体论。海德格尔把传统本体论中的"是"的意义概括为两条:第一,"是"是最普遍的概念。"是"不是任何一种"种"概念。任何"种"或"属"概念都已经是一种特殊性了,都只能是"所是"或"是者",而不是"是"本身。第二,"是"这个概念是不可定义的。既然它是最普遍的范畴,就已经超出一切种和类之上,更不可能在它之上还有一个"种"或"类",也不能用"是

---

[1] 冯契主编:《外国哲学大辞典》,上海:上海辞书出版社2000年版,第146、147页。
[2] 俞宣孟:《本体论研究》,上海:上海人民出版社1999年版,第29页。

者"归属于"是"使它得到规定,那会使"是"成为某些"是者"。① 由于"是"包含着一切所是,从"是"就可以产生出各种所是,如"一"、"善"、"实体"、"因果"、"存在"等。因此,我国学界的这种本体论定义是可取的:"本体论是讨论'是'及各种'所是'的范畴间的相互关系的学说,其中'是'包含着一切'所是',一切'所是'都是从'是'中产生出来的。"②"是"是最高范畴,"是者"是分有其规定性的亚范畴。在日常语言中,"是"为系词;在形而上学语言中,"是"是动名词。我们说,"这是某某","某某"是"是者","是"则是本体论之"是",西方传统形而上学就研究这个"是者",研究其本质,而海德格尔则认为,"是者"不是根本的,"是者"之所以是"是者"有赖于人之所"是"的方式,因此,前面的"是"才是根本的。"是者"以"是"为根本,"是"可以推论出"是者",因此,传统哲学研究的只是"是者"而忘却了"是"本身。海德格尔说:"也许'是'这个字以恰当的方式只能用来谈在,所以一切在者都不而且从来不'是'。"③他由此认为,他本人对"是"的哲学思考才是根本性的,相对于传统的本体论哲学,是"基本本体论"。

本体论是西方传统哲学的基本形态,指的是以"是"为核心范畴的、一套超越经验之外具有逻辑规定性的范畴体系。本体论是纯粹原理系统,在西方传统哲学中被认为是真理,是事物的最本质的存在,它靠概念间的相互关系而非概念与实在的相符合得到意义(后者正是分析哲学批判传统本体论的武器)。本体论是知识体系、真理体系,以柏拉图和黑格尔为代表,它与实证科学相区别的地方在于,它是最一般最普遍的知识。中国学界一般译为"本体论",但有学者主张译为"是论"。译为本体论的弊病在于,人们常常望文生义,以为本体论是讨论"本体"即万物本源问题的学说,这是一种误解。探讨万物本原、万物始基的学说在西方是宇宙论,在古希腊是自然哲学家关心的问题。本体论和宇宙论是有根本区别的,冯友兰先生说,宇宙论

---

① 海德格尔:《存在与时间》,北京:三联书店1987年版,第33、34页。
② 俞宣孟:《本体论研究》,上海:上海人民出版社1999年版,第25页。本节下文引用了该书一些史料,特此说明。
③ 中国科学院哲学研究所编:《存在主义哲学》,北京:商务印书馆1963年版,第107页。

是从发生学方面讲万物起源的问题,而本体论则是以逻辑的分析为原则,以范畴的推演而成体系的学说。①

本体论靠逻辑的推演决定范畴之内涵,这是西方传统第一哲学的形态,但并不是必然的哲学模式,中国哲学就不是这样的。中国哲学没有在经验的范围之外另立一套超验的逻辑范畴体系,中国哲学的最高范畴——道不脱离具体的经验形态的事物,道就在事物本身中,叫做"体用不二"(熊十力),"形而上者为之道,形而下者为之器"(《周易·系辞》),"道不离器","理在气中"。"道在天地之间,其大无外,其小无内。"(《管子·心术上》)王夫之说:"括天下之有知无知,有情无情,有质无质,有材无材,道无所不在。"(《庄子解·知北游》)

黑格尔通过把历史上的哲学体系纳入一个先定的发展过程而成为西方本体论哲学的集大成者。黑格尔说:"我认为,历史上的那些哲学系统的次序,与理念里的那些概念规定的逻辑推演的次序是相同的。我认为:如果我们能够对哲学史里面出现的各个系统的基本概念,完全剥掉它们的外在形态和特殊应用,我们就可以得到理念自身发展的各个不同的阶段的逻辑概念了。"②本体论遵循逻辑推演,黑格尔把历史引入逻辑,建立了逻辑和历史统一的哲学体系,其美学体系就是这种方法的典型运用。当代西方哲学在反形而上学的思潮中纷纷抛弃这种传统的理念推演,完全不再用推论的方法,比如尼采以诗性语言言说哲学问题,海德格尔早期用描述性的方法,其中的概念表示生存状态,不是逻辑范畴,后期更走向体验性的思(对天道的体悟),而非理性的或逻辑推演的思想。现代西方哲学消解本体论的策略多种多样,比如分析哲学认为,语言是世界图像的对应物,不能对应于世界物的语言是没有意义的,本体论的语言与日常语言不同,这种语言与世界不相关,是独立的语言王国,靠其自身的逻辑规定取得意义,因此,本体论应该取消。再如胡塞尔的现象学认为,物自体就是意向性的对象,通过对主体前结构和对象诸背景条件的悬置,主体就能把握物自体,从而存在

---

① 冯友兰:《魏晋玄学贵无论关于有无的理论》,载《北京大学学报》1986年第1期。
② 黑格尔:《哲学史讲演录》第1卷,北京:商务印书馆1959年版,第34页。

于人的经验之外的抽象的本体世界就不存在了。伽达默尔的解释学在此基础上把对象变成主体通过阐释获得意义的对象。

也就是说,从世界哲学的总体形态来看,逻辑和历史的统一并不是哲学的必然,它只是黑格尔的构想。这给我们美学研究的启示是,美学是否必须要有逻辑体系?是否必须遵循逻辑与历史的统一?逻辑与历史的统一是最好的阐释美学问题的理论框架吗?限于论题,这些问题暂且不管。实践美学是体系性的哲学美学,是按照西方传统本体论思维模式来结构的美学。既然本体论是哲学美学的根本,是关系到其理论生命的精骨所在,面对实践美学,我们要考察的问题是,马克思是怎么对待本体论的?实践是不是本体?如果实践美学已经曲解了马克思的实践内涵,那么就实践美学已有的理论逻辑来看,本体论思维方式给实践美学带来了什么样的缺陷?

遍览马恩的经典文献,本体论一词出现过两次。在《巴黎手稿》的"货币"部分,马克思说:"如果人的感觉、激情……是对本质(自然)的真正本体论的肯定。""只有通过发达的工业,也就是以私有财产为中介,人的激情的本体论本质才能在总体上、合乎人性地实现。"①

在黑格尔那里,本体论就是思辨哲学。理念论把世界的本质归结为绝对精神的自我运动,只有绝对精神演绎而成的原理体系才是真实的,才是真理,而现实存在则是对它的反映。很显然,本体论只能是观念性的、唯心主义的(idealism),马克思对此是持批判态度的。马克思说过,存在决定意识,而不是相反。恩格斯在批评杜林时也说:"原则不是研究的出发点,而是它的最终结果;这些原则不是被应用于自然界和人类历史,而是从它们中抽象出来的;不是自然界和人类去适应原则,而是原则只有在适合于自然界和历史的情况下才是正确的。这是对事物的唯一唯物主义的观点,而杜林先生的相反的观点是唯心主义的,它把事情完全头足倒置了,从思想中,从世界形成之前就久远地存在于某个地方的模式、

---

① 马克思:《1844年经济学—哲学手稿》,刘丕坤译,北京:人民出版社1985年版,第107页。

方案或范畴中,来构造现实世界,这完全像一个叫作黑格尔的人的做法。"①马克思保留了黑格尔思辨哲学里的辩证法,抛弃其唯心主义体系。我国学界由于把本体论误解为是对万物之根的研究,所以认为马克思也有本体论。有人重视马克思的历史唯物主义部分,认为马克思的本体论是实践本体论,有人侧重辩证唯物主义,认为马克思主义哲学是自然物质本体论。这是由于曲解了本体论的内涵而导致的对马克思的误解。马克思认为,人类认识只能以实践为界限,实践之外的物自体是虚无的,没有意义的。恩格斯说:"从历史的观点来看,这件事也许有某种意义:我们只能在我们时代的条件下进行认识,而且这些条件达到什么程度,我们便认识到什么程度"。②这就从实践论角度解决了康德的难题,在哲学领域拒绝了形而上学。

如果说本体指的是本源,指的是事物和世界的最初的终极的原因、根本,那么马克思也是反对这种用法的。马克思说,追溯那个无限的终极的第一根源的问题本身是抽象的产物,这个无限的过程本身对于理性来说是不存在的,如康德所言,是理性的误用。在《巴黎手稿》中,马克思认为这种对万物之最后根源的追溯必定推出一个上帝来,因此,它必然是唯心主义的,"当你提出自然界和人的创造这一问题的时候,你从而也就把人和自然界抽象掉了"③。而宗教的创世说正是基于这一抽象的提问。因为全部历史都是人通过人的劳动诞生的,是自然界和人的向人的生成。"既然人和自然界的实在性,亦即人对人说来作为自然界的存在和自然界对人说来作为人的存在,已经具有实践的、感性的、直观的性质,所以,关于某种异己的存在物、关于凌驾于自然界和人之上的存在物的问题,亦即包含着对自然界和人的非实在性的承认的问题,实际上已经成为不可能的了。"④因为,当人们把现实的自然和人的实践活动的发展抽象掉,站在世界之外考察世界的最终根源,就是认为无

---

① 《马克思恩格斯选集》第3卷,北京:人民出版社1995年版,第374页。
② 同上书,第562页。
③ 马克思:《1844年经济学—哲学手稿》,刘丕坤译,北京:人民出版社1979年版,第84页。
④ 同上。

限的物质世界是有起点的,就是要在这个物质世界以外去寻找这个起点,这就必然找出一个精神性的第一推动,这必然是唯心主义的。但人不可能把自己的头发抓住离开地球。

认为马克思主义是物质本体论,则是把世界的统一性问题与本体论问题混淆了。世界的统一性问题指的是万事万物无不是物质现象,是物质自身的运动。马克思认为,世界统一于物质,"观念的东西不外是移入人的头脑并在人们的头脑中改造过的物质的东西"①。有人把马克思主义分为历史领域的历史唯物主义和自然领域的辩证唯物主义两部分,认为在历史领域是实践本体,在自然领域则是自然本体。这种双重本体的提法本身就违反本体论哲学形态,也与本体或本源的含义相背,它是斯大林所构造的苏联哲学体系的产物。

把实践说成是本体是法兰克福学派的做法。弗洛姆说,马克思主义与机械唯物主义相反,"马克思并不注意物质与精神之间的因果关系,而是把一切现象都理解为现实的人类活动的结果"②。马尔库塞也主张把自然界包括进人的实践中,"把劳动作为一个本体论范畴是正确的"③。也就是说,法兰克福学派把作为人与自然、精神与物质的中介的实践提高到根本地位,把世界统一于实践,把实践变成马克思所批判的那种凌驾于自然与人之上的存在物。就这样,法兰克福学派把马克思主义改造成为一种人本主义学说,因为实践总是人的实践,抬高实践就是抬高人。法兰克福学派这种做法的目的是把马克思主义改造成为批判资本主义社会的武器。④

在马克思那里,实践是人和自然进行物质交换的活动,实践活动制约着认识的深度和广度,只有进入实践活动范围内的世界才能转化为人的认识对象,康德的物自体就是那个没有被实践活动所染指的世界,就是那个不以人的意志为转移的纯粹客观的世界。人的认识只有在实践的基础上才有可能,认识的限度决定于实践活动的深度和广度。纯粹客观的没有实践活动印记的物对于人是

---

① 《马克思恩格斯全集》第23卷,北京:人民出版社1979年版,第24页。
② 弗洛姆:《在幻想锁链的彼岸》,长沙:湖南人民出版社1986年版,第40页。
③ 马尔库塞:《历史唯物主义的基础》,波士顿:1973年版,第25页。
④ 参见欧力同、张伟:《法兰克福学派研究》,重庆:重庆出版社1990年版,第56、57页。

无,没有意义,它是物自体,谈论它只能产生形而上学。人们在与自然进行物质交换即以实践改造自然的时候必然结成一定的社会关系,只有在社会里,自然才可以与人进行物质交换活动,才可能被改造,即使是鲁滨逊那样的人的生产也是以他在社会中获得的技能为前提,也是社会性的生产。也就是说实践活动产生了社会关系,马克思说,"自然界的人的本质只有对社会的人说来才是存在的","只有在社会中,自然界才是人自己的人的存在的基础"[①]。传统形而上学追问存在于人类生活之外的永恒的本体,不关心人的生活世界,不关心人类的生存。马克思把哲学转向实践,转向人的现实生存,这一点与现代西方哲学一致。现代哲学关心语言和人的存在,人的生活世界,后现代思潮关心人与自然的统一,提倡绿色运动,生态主义,因此人与世界的关系成为重要议题,这一点马克思早有注意。马克思告诫人们,必须合理地调节人与自然的物质交换。在马克思那里,实践以自然的先在性为前提,实践是人与自然的中介,是人类社会的根基,是认识的来源和限度,是人类区别于动物的生存方式,是社会发展的根本,但在实践之上还存在着各种意识形态以及超越性的思考即哲学、宗教、美学等。必须重申,马克思的实践是社会性的活动,即使是个人的实践活动也是在社会中进行的,"人是一切社会关系的总和"。

  本体论哲学用思辨即逻辑推论的方法检验自身,马克思则认为实践才是检验认识真理性的标准。人们常说马克思主义哲学以实践为本体,实际上指的是马克思主义的出发点、根本点和核心是实践。文艺学美学界常说的"形式本体"、"艺术本体"、"作家本体"、"作品本体"等等,其"本体"则是指"中心"、"根本"、"本身"等意,与西方哲学史上的本体论不相关。把马克思主义误认作本体论哲学给当代美学研究带来了非常深刻的影响,按照这种理解,马克思主义哲学与黑格尔哲学一样是逻辑体系性的,因此,美学也必须是体系性的,应按照本体论哲学的形态,遵循逻辑和历史相统一的原则,以范畴概念构造出一套理论体系。实践美学和后实践

---

① 马克思:《1844年经济学—哲学手稿》,刘丕坤译,北京:人民出版社1985年版,第78、79页。

美学都秉承这种精神,它们都是体系性的哲学美学,与包括中国古代美学在内的东方美学和西方当代诗化哲学的形态是不同的。

那么,实践在实践美学那里具有何种地位呢?实践美学是如何结构美学体系的呢?为了与朱光潜相区别,李泽厚强调,是实践而不是意识产生了美。李泽厚认为,实践虽然是主体的活动,但与意识不同的是,它具有直接现实性的品格,实践是具有主观意识目的的实际改变世界的客观的物质力量,它属于物质客观第一性的范畴,而不是主观意识第二性的范畴。① 美是实践的产物,蔡仪的弊病就是不知道社会实践,不理解以实践的观点解决美学问题的意义。李泽厚强调,正是人类客观的社会实践活动创造着美。美是真与善的统一,由于真与善是解决人与自然的关系的现实的物质性的活动,所以美也是现实的客观的存在。李泽厚也说美是主客观的统一,"但这种主客观的统一,仍然是感性现实的物质存在,仍是社会的、客观的,不依存于人们的主观意识、情趣的"②。在美学大讨论中,李泽厚以实践观点解释优美、崇高、滑稽等美学范畴,把体系性的哲学精神贯穿于美学研究中。李泽厚后期以马克思改造康德,强调了主体性,但仍然坚持自然人化说,仍然以实践为美学的哲学基础。

周来祥认为,本体论在辩证唯物主义看来是不以人的意志为转移的先于人类的存在③。在人与对象的关系中,三种不同的对象与三种不同的主体形成了三种不同的关系,三种不同的关系又规定着三种不同的主体和对象。在美的领域,美的本体是审美关系系统。美的对象不是纯然的客体,而是审美关系属性的载体,审美主体不是单纯的主体,而是审美关系属性的积淀,审美对象和审美主体又是由审美关系系统来规定的。美学是研究审美关系的科学,审美关系的客观方面即是美的本质、美的形态,主观方面即是美感、审美理想,主客观统一的形态为艺术。周来祥认为,美学的逻辑起点是美的本质,文艺美学的逻辑起点是艺术的本质。周来

---

① 李泽厚:《美学论集》,上海:上海文艺出版社1980年版,第153页。
② 同上书,第162页。
③ 《周来祥美学文选》,桂林:广西师范大学出版社1998年版,第33页。

祥没有以实践直接推演出美,而是把美放在审美关系中,这是他与李泽厚不同的地方,但审美关系与实践的关系如何?功利性的现实的实践活动如何产生超功利的审美关系?在周来祥那里,审美关系决定审美对象和审美主体,审美主体和审美对象又构成了审美关系,显然,这里存在循环论证。周来祥主张,美学研究应该在吸收现代科学方法的同时,坚持辩证思维中的逻辑与历史相统一、对立面相统一、从抽象上升到具体等方法。这是黑格尔美学方法论的典型表现。前文已述,蒋孔阳的美学本体基本与周来祥相同,也认为审美关系是美学研究的本体。这里的本体已偏离西方哲学史上的本体论含义,而是"根本"、"出发点"、"核心"等意。邓晓芒也说,实践论美学是实践论人学的一部分,"实践论美学以人的实践为艺术和审美的一般原理的逻辑起点"[①]。要把艺术和审美从实践活动中逻辑和历史地引申出来。邓晓芒就是严格地按照黑格尔的思辨精神逻辑地从实践活动推演出美学的一系列范畴。

  实践美学的代表人物或以实践为本体,或以审美关系为本体,建立了自己的美学体系。王朝闻主编的《美学概论》是实践美学体系的代表性教材。这本原理性的美学教科书从劳动对自然改造的活动中寻找美的发生和本质,认为:"劳动作为人类能动创造的生活实践,产生了对象的审美价值。"[②]"美是人们创造生活、改造世界的能动活动及其在现实中的实现或对象化。"[③]作为对自然改造的产物,美以对自然规律的认识和掌握为前提,以主观目的的实现为目标,真善美都是客观的,美以真善为基础,是真和善的统一。美产生于主体实践与客体自然的矛盾对立统一关系中,"优美是客体与主体在实践中经由矛盾对立达到统一、平衡、和谐的状态","崇高则是展示主体和客体在现阶段相冲突和对立的状态,并且在这一对立的冲突中,显示出客体和主体相统一的历史必然性"[④]。悲剧是两种社会阶级力量、两种历史趋势的冲突,喜剧则是新事物在取得胜利后或即将取得胜利时对旧事物的否定。《美学概论》竭力

---

① 邓晓芒、易中天:《黄与蓝的交响》,北京:人民文学出版社1999年版,第401页。
② 王朝闻主编:《美学概论》,北京:人民出版社1981年版,第27页。
③ 同上书,第30页。
④ 同上书,第50页。

以本体论哲学的逻辑严整性推演出美学范畴，但是我们看到，美和崇高与悲剧和喜剧所依据的哲学基础不是主流实践美学所解释的实践，即不是纯粹的人对自然的物质活动，而是包含着社会性的人与人的关系的改造即阶级斗争，这就根本不合本体论哲学的要求，没有遵循逻辑统一性原则，体系貌似严密实则有漏洞。

对于实践美学与本体论问题，我认为有以下几点值得注意：一、实践美学是哲学美学，实践为其哲学基础，这是实践美学的根本，也是其弊病之根源，这一点后文详谈。审美关系显然不是根本，因为审美关系的发生发展并不能以其自身得到说明，蒋孔阳自己也说，实用关系、实践关系才是审美关系的根本。二、刘纲纪认为有两种本体，即在自然领域是自然物质本体，在社会领域是实践本体，这是不彻底的二元论，是本体论的误用。自然物质本体论是恩格斯和斯大林的观点，其哲学认识论在艺术观上的表达就是反映论，刘纲纪的艺术哲学就是以反映论为建构原则。三、李泽厚前期直接以实践推导出美的一般规定，可以说是实践本体论美学，后期则有两个本体，一是社会存在本体，二是心理情感本体。但心理情感既然只是被决定被派生的就不能是本体，实际上仍然是物质实践为本体，仍然是存在决定意识的历史唯物主义。四、在马克思本人，实践是人与自然双向对象化的桥梁，是人的自我生成和自然向人生成的中介，但实践美学的阐释者却赋予其更多的内涵，使之变成无所不包的活动。实践美学认为，实践是真与善的统一，真是对必然性的掌握，善是主体的有自觉意识的意志目的，因此，作为真与善统一的美也必然是理性的，而艺术本质的反映论更强化了理性主义。五、马克思的历史唯物主义被我国学界阐释成为实践唯物主义，即实践本体论。列宁在恩格斯的自然物质本体论和辩证法的基础上发展出反映论，这样，二元本体论就产生了，其对美学的影响就是使审美活动打上物质本体论的印记，从而使美学无法区别于自然科学。事实上，实践美学正是因此才有旧唯物主义特征，这就导致实践美学具有与其所批评的蔡仪的机械唯物主义美学相同的美感反映论，把审美活动等同于认识活动。六、把实践提高到本体的决定一切的根源的地位是反马克思的。实践美学把实践界定为人类客观的社会的物质活动，以实践直接推演美学范畴,这就导致了一系列理论缺陷。

后实践美学仍然是本体论美学。杨春时说:"黑格尔的哲学和美学体系就其严整性来说,应该成为一个范例。"①杨春时美学体系的建构是从批评实践美学的实践本体论开始的,他认为,实践本体论具有如下缺陷:第一,实践本体论以及实践哲学带有传统理性主义印记。第二,实践本体论所说的物质实践的作用是有限度的。在未来高度发展的社会里,物质实践将被作为前提被扬弃掉,决定社会面貌的不再是物质实践而是精神生产。第三,实践本体论存在注重社会实践忽视存在的个体性倾向。第四,历史唯物主义具有经验科学的形而下性质等等②。鉴于实践本体论有如上缺陷,杨春时的超越美学认为要对实践范畴加以扩大,建立生存本体论。超越美学认为,实践只是人的存在的基本形式之一,不是全部存在,人的存在是生存,生存包容着全部存在,万物的存在都不是实体存在,而是相对于人的存在,对于人才有意义。只有生存才是哲学反思唯一能够肯定的基点,应该以生存本体论代替实践本体论。生存本体论的优势在于:第一,生存本体论克服了实践本体论的理性主义的弊病。生存既有理性的一面,又有非理性的一面,更本质的则是超理性方面。第二,生存本体论克服了实践本体论忽视个体存在的弊病,通过哲学反思揭示个体生存的意义,建立个体哲学。第三,生存本体论克服了实践本体论偏重于物质存在的弊病,肯定人的存在的非物质超生物的本质。生存的最高层次是精神性的,它建立在物质生存基础上,又超越物质生存,生存是解释性的,它创造了一个意义世界。第四,生存本体论从最本真的生存状态出发,克服了传统哲学的主客对立的二元结构。本真的生存状态是未经反思的,非自觉的,主客未分的,是一种解释性的体验,通过纯粹直觉就可以获得生存的意义,而这种纯粹直觉就是审美。主体在生存中获得了自由的体验——美感,现实世界成为审美个性的对象化——美。③ 超越美学就在生存本体论的基础上推演出美

---

① 杨春时:《生存与超越》,桂林:广西师范大学出版社1998年版,第160页。
② 杨春时:《走向本体论的深层研究》,载《求是学刊》1993年第4期。
③ 杨春时:《生存与超越》,桂林:广西师范大学出版社1998年版,第140—151页。

和美感的本质规定。

生命美学的提出也是从对本体论的重新设定开始的。潘知常认为,历史地看,本体论经历了自然本体论、神灵本体论、理性本体论和人类生命本体论。19世纪的生命本体论从对世界本原的关注转向对于人类生命的关注,脱离人类生命活动的纯粹本原不再存在,人类生命活动不再只是外在地附属于本体存在而是内在地参与本体存在甚至成为最高的本体存在,人的本质内在于世界本质,世界的本质最终可以还原为人的本质。随着人类生命活动成为哲学思考的最高本体,其地位也日益突出,审美活动作为生命活动的理想形态也突现出来。在生命美学看来,人类生命活动是最高的类范畴,实践活动、审美活动和理论活动是其中最主要的生命活动类型。美学要阐释审美活动的本体论内涵,即存在如何可能以及存在的意义何在。潘知常认为,美学应该从实践活动与审美活动的差异性入手,应该选取以人类的实践活动为基础同时又超越于实践活动的超越性生命活动即审美活动作为自己的逻辑起点。以审美活动为逻辑起点,美学的其他范畴由此推演而来,即美是审美活动的外化、美感是审美活动的内化、审美关系是审美活动的凝固化、艺术是审美活动的二极转化,美学史是一部对于人类的审美活动抽象理解的历史。生命美学的代表性论著《诗与思的对话》按照逻辑与历史相统一、从抽象上升到具体的体系构造法,以审美活动为逻辑起点,全面论述其理论构架。相比而言,生命美学是后实践美学体系构造运动中最具有完备性的理论。

逻辑和历史统一的原则来自黑格尔。黑格尔认为,世界由一个逻辑起点演化而来,世界的一切精神和物质活动都要符合理念的运动和发展,也就是说,一切精神活动都要从属于这个先定的逻辑体系,而哲学的终点即是他的哲学,这就暴露出思辨哲学的保守性,因为既然一切哲学都要按照这种逻辑发展,那么一切精神创造就无从谈起。在我国学界,人们认为,黑格尔所构造的包罗万有的思辨方法应该抛弃,而其逻辑和历史相统一的学科方法则应该保留,因此,长期以来,在我国人文社会科学研究中,逻辑和历史相统一的原则必须遵循,美学研究自然不例外。在找到了一个比自然本体论更坚实的哲学基础后,实践美学就以实践为逻辑起点,推演出美学范畴,建立了实践美学体系。根据历史原则,美学体系要从历史出发,要能解释艺术史和审美意识的发展史,我们看到,实践美学论者的美学史写作正是贯彻了这个原则并取得了学术成就。但是,美学作为一种理论形态,作为对审美意识的理性思考,其根本价值在于要能够解释人类的审美文化现象和审美活动。在这一点上,无论是实践美学还是后实践美学,都因其体系性而有无法避免的弊病,因为理性是有限的,一种本体的选取就决定了这种理论的逻辑行程和阐释限度;体系是封闭的,一种阐释视角的选择必然是对另一种视角的遮蔽。比如,黑格尔以理念为本体必然贬抑感性生命;实践美学以实践为本体,实践又是集体性的社会性的客观活动,美是实践的产物,对于个体而言,美就是先在、现成的,个体的审美活动就在其逻辑之外;后实践美学以个体性的生命、存在为本体,使之对美的社会性即康德的美学难题——审美共通感问题无法解释;由于以现代性的个体生存为理论的出发点,后实践美学必然无法解释审美活动的古典形态等等。从本体论问题的视角来看,中国当代美学的弊病在于其理论结构方法的古典性。

实践美学的弊端与其传统本体论哲学的结构框架不无关系。如果要抛弃黑格尔的学科建构原则,那么美学理论将呈现怎么样的形态?美学的提问方式将发生怎么样的变化?美的本质问题将有怎么样的转换?这些问题必须思考。这里,我们以东方美学的诗性智慧为参照,也许更能认清本体论哲学美学的精神实质。相对于西方美学成熟的逻辑范畴体系,东方美学的非体系性形态被人们称为诗性思维或诗性智慧。东方美学在几千年的发展历程中形成了一些范畴,由于每个人使用的不同,这些范畴的内涵虽然包含着个人敏锐的见解和独特的领悟,但具有不确定性、模糊性等特点,它们只是些经验性的、感兴式的个人审美经验的表达,没有形成明确的、统一的体系,很难用逻辑语言把握。比如印度的"情味"、"韵味",日本的"幽玄"、"禅趣",中国的"风骨"、"气韵"、"意境"等美学范畴都是以形象性、象征性的语言方式表述个人的审美体验和审美判断。有人认为,东方美学的这种非逻辑形态是非现代的,前逻辑的,必须对之进行现代转换。从世界哲学的视野来看,逻辑和历史的统一并不是普适性的哲学形态,它只是黑格尔的构想。对照东西美学,问题是,美学研究是否要打破体系,抛弃逻辑?人们会说,如果不要体系,学术理论岂不等同于散文式的独白?人类理性思维如何在圆圈中上升?理性的抽象能力表现在何处?对于审美现象的一切规律如何把握?问题的根本在于,体系性的理论是否有助于揭开审美之谜?对于揭开审美活动的奥秘而言,诗性的东方美学是否更优越?换言之,人文科学需要怎么样的方法?研究对象决定研究方法,当代西方人文主义思潮的言说方式值得我们注意。

海德格尔认为,逻辑(logic)不仅仅派生于 logos,不仅仅是理性的、客观的规律和语言,它派生于 lejein,其含义是对"在"的零散痕迹的收集、集合、回忆,因此,思想不是以逻辑概念去推理,去建立体系而是怀念、回忆存在,从而使存在显露出来。因此,后期海德格尔抛弃了逻辑概念的思想形式,走向纯粹的诗性语言,以思与诗的对话来阐述思想,并认为这种无体系性的思想形式比概念性的思想更严密。德里达对西方传统形而上学的批判也采取了非概念体系的形式,如安德森所说,"他采用的方法是非正统的,基本上是对本文和它们形而上学的假定的批判。他把这一程序称为'分解阅读'。他的写作风格也同样是非正统的。他利用双关语、笑话和不协调等文学手段把不能结合的意义结合起来,以便破坏和推翻本文和读者的假定,因此使他的论述常常变得无法理解。但这正是他想让我们认识的事物的一部分"①。审美活动的非理性特征使之不能被逻辑理性的语言分析,理性语言只能映照、烘托之,如柏格森所说的只能在外围打转,要深入审美活动的内部,只能以诗性的非逻辑语言对之加以表述,理性抽象了审美也窒息了审美。因此,从东西美学的比照来看,中国当代美学的结构方法属于西方古典哲学形态,对于解释审美文化现象来说,它只是理论视角之一,在打开通向审美活动奥秘的一扇窗户的同时它会带来许多理论盲点。对于实践美学来说,其思想来源和体系结构方法的古典性导致其理论自身现代性的缺失;对于后实践美学而言,其思想和方法的错位则使其理论具有不可克服的内在矛盾。

---

① R. J. 安德森:《后结构主义》,载《哲学译丛》1990 年第 6 期。

后实践美学仍然按照传统本体论哲学的方式结构美学体系,与实践美学不同,后实践美学的思想资源是当代西方的哲学美学。如果黑格尔所说的后代哲学比前代哲学进步、是对前者的扬弃的话有一定的道理,那么,后实践美学应该比实践美学有更多的理论合理性。也就是说,实践美学与后实践美学都按照黑格尔的本体论形态来结构体系,但是由于哲学基础的不同,后实践美学应该比实践美学更能有效地解释审美现象,更具有现代性。但我们也看到,后实践美学既然也以本体论形态结构体系,那么必然无法逃避本体论哲学的通病,同时也导致了其美学精神的现代性与美学方法的古典性的矛盾。因此,本体论问题转入这样一个问题:实践美学与后实践美学都是本体论哲学美学,后实践美学以实践美学的超越者姿态出现于学界,那么,从后实践美学的角度看,实践美学有什么缺陷?这就是实践美学与后实践美学的比较问题了。

二、评实践美学与后实践美学之争

从其创立之初的20世纪五六十年代开始,实践美学就不断地遭到批评和诘难,实践美学的发展和完善正是在学界的批评下实现的。但后实践美学对实践美学的批评是根本性的,后实践美学把批评的目标对准实践美学的哲学起点即实践,以一种新的本体即生命、生存本体代替实践本体,并在此基础上重新解释美学范畴,建立新的美学体系。后实践美学从提出之初到现在已十年有余,其对实践美学的批评涉及方方面面,其自身的理论建构也具有一定的完备性。① 实践美学与后实践美学都是黑格尔主义式的体系性美学。美学理论是否有体系并不重要,关键在于能否有效地

---

① 后实践美学指实践美学之后的、以实践美学的批评者出现在中国当代美学文艺学界的美学思潮,包括潘知常的生命美学(参阅其论著:《生命美学》,郑州:河南人民出版社1991年版;《诗与思的对话》,上海:三联书店1997年版;《生命美学论稿》,郑州:郑州大学出版社2002年版)、杨春时的超越美学(参阅其论著:《生存与超越》,桂林:广西师范大学出版社1998年版)、王一川的体验美学(参阅其论著:《审美体验论》,天津:百花文艺出版社1992年版;《意义的瞬间生成》,济南:山东文艺出版社1988年版)、张弘的生存美学(参阅其论文集《临界的对垒》)等。应该说,在后实践美学各家中,从体系性、完备性、阐释的自治性等方面来看,生命美学最为成熟,其对实践美学的批评也最为用力,最为持久。

言说美,能否把美这个神秘精灵的面纱揭开。后实践美学以实践美学的批判者和替代者姿态出现在中国学界,我们从比较视野,从思想来源、结构体系、价值取向、问题框架、核心命题、阐释限度等方面来看实践美学与后实践美学,就可以更清晰地辨识实践美学的精神要旨、逻辑理路和阐释视阈。

生命美学的思想资源是生命哲学、现象学和中国庄禅美学。生命美学从生命进化层面、生命活动的理想层面、自由个体的需要层面以及现代生命意义的生成等方面对审美活动加以论述。生命美学把审美活动与实践活动区别开,认为前者是内在的自由的精神性活动,后者是外在的对象性的物质活动。生命美学认为,审美活动是生命的最高最自由的生存方式,它关系到生命存在如何可能,对审美活动之谜的解开将有助于揭示生命活动本身的意义和祈向。超越美学没有完全抛弃实践论,而是对之做了改造和新的阐释。超越美学借助20世纪西方哲学以对象/意义取代实体/现象范畴来建立美学,比之实践美学,超越美学更重视审美的精神性、个体性、自由性和解释性。后实践美学把哲学美学的中心从对于美的本质的根源性研究转向对于作为一种生命存在方式的审美活动的研究,这一转向使个体的生存、生命的意义以及自由如何可能等问题成为美学的中心,与现代西方人文主义思潮对人的生存的哲学沉思以及个体自由的探索趋向一致。从人的自由、人的诗意生存如何可能的角度提出的美学问题根本不关主客二分的实践与认识,而只关主体存在本身。现象学哲学的存在论转向对美学研究的启示即是,不是本体论问题(美的本质是什么)和认识论问题(美感的本质是什么),而是存在论问题(作为人的生存方式,美如何存在)是美学研究的主题。后实践美学秉承当代西方哲学的存在论转向,维护了生命的一次性、自由性、创造性即生命的价值与尊严。后实践美学的现实背景是现代人的生存,由于把审美奠定在生命活动的基础上,对于审美活动的形而上的超越意义,对于审美与生命终极性意义的建构,审美与生命的本真存在的关系等问题它都可能展开论述,这就使美学这门人文学科走出古典成为可能。

时至今日,美作为生命体验之意义,作为人的具有非现实的超越品格的自由生存方式已得到学界的广泛认同,而实践美学对此的论述阙如。实践美学的实践观有力地否定了旧唯物主义和唯心主义,但这只停留在哲学层面。在实践美学那里,美是先在的,美感是对美的反映,审美体现了现实对人的实践力量、人的本质力量的肯定,审美活动的现代内涵还没有提出。实践美学把集体性、社会性放在优先地位,美感是被动的被决定的,对于审美这种极具个体性、精神性、超越性的生命活动形态而言,实践美学根本无法言说。个体如何生存、如何在现代意义虚无中获得生存的自明性等问题超越了实践美学的理论逻辑,这一点我们从李泽厚后期的本体论矛盾中即可看出。美学是人学,美学要关注人的生存,要关心他的痛苦和希望、自由和奴役,关心他的生命意义的丰盈与匮乏。物质生产的发展、社会制度的革新、社会关系的改变以及意识形态的转化当然有助于人的诗意生存,但这些毕竟是外在的,也不是美学要解决的问题。外在的物质活动不能深入人生诗意,不能代替精神价值的创造,而后者正是美学这门人文学科的研究内容。如何在生命价值虚无、理性制度、科技主义、官僚体制的桎梏下寻求生命的意义是当代西方美学的追求,西方美学由此转向主体阐释(个体主体性),审美的非理性(对理性的批判)、超越性(对现实的超越)、否定性(对日常生活的超离)被突出,诗意语言被强调。实践美学忙于论证实践活动的审美本性,与当代哲学的个体化倾向相反,它无法解释人生存的焦虑、物化、荒诞、虚无及对虚无的超越,实践美学的美感或审美关系理论都未能把审美主体的精神活动上升到哲学人类学的高度,从而无法给现代性的个体生存提供精神根基和理论支撑。后实践美学以生命的现实存在为出发点,关注个体的沉沦与超越,寻求审美活动对于生命的根本意义,就能更好地解释审美活动的现代特征,从而使美学更具有现代意味。实践美学也讲到了审美的精神性和超越性,但这外在于其逻辑本身。实践美学的失误在于,它相信外在活动(认识、实践)本身就可以达到人的自由,结果以外在的物质必然取代了内在的精神自由。

李泽厚后期在别人的批评下意识到了个体感性存在及其精神性、偶然性的重要性,但其积淀说体系决定了工具本体具有优先性,心理本体不可能是本体,只能是被动的、被决定的,是前者的

"积淀",个体存在的意义问题在其框架内无法解决,这就为从刘晓波到后实践美学借存在主义和现象学等思想资源反对实践美学留下了口实,也是李泽厚一再被批评的原因,问题仍然在体系本身。传统本体论要求一切都从逻辑起点出发,又都可以还原为逻辑起点即本体,黑格尔哲学即是典型形态。本体论哲学的根本局限在于,它妄图把多元的世界吸收整合进那个逻辑严整的推论中,要世界来适应它的原则而非相反,世界的多样化必然被割舍,这正是恩格斯所批评过的形而上学之弊。当代语言哲学已经证实,中心、本原只是人们的理性假设,后现代思潮因此抛弃主义消解体系。马克思本人是反本体论反形而上学的,但其后继者把其学说阐释为物质本体论或实践本体论,结果就把精神还原为物质,美成了物质实践的直接产物,个体存在的有限与无限这个永恒的美学问题就无从谈起。为什么后实践美学能便利地阐释审美活动而实践美学不行?问题在实践本身作为美学的哲学基础是否恰当。一个概念只有保持其相对固定的内涵才有阐释的可行性,实践的本义指的是人与自然的物质交换活动,但这与现代个体的存在相距太远。有限的个体生命如何求得无限的意义,实践作为人与自然的中介对此无能为力。

后实践美学认为生存是个体性的、精神性的、超越性的,在此基础上审美构造了一个意义世界,获得了对生存意义的把握。实践美学之要旨是推崇人类的"类"性,推崇人征服自然的伟大力量。可以看出,这两种美学代表着两种文化精神与价值取向,它们的根本分歧在于,前者认为生命的意义在于个体的超越性的意义建构,后者认为生命的意义在融于集体的社会实践活动中,显然前者更具有现代性,后者一旦与中国新老传统的集体主义契合就可能走向保守,这就是李泽厚后期自称是新儒家的原因。

审美活动是后实践美学的核心范畴。在实践美学那里,审美活动或者是对客观美的认识,或者是人掌握世界的一种方式。审美活动这一概念在实践美学那里并不常用,实践美学用得比较多的是美感。李泽厚、蒋孔阳、周来祥等人在建构实践美学体系时都对美感的心理要素如理解、想象、感知加以仔细分析,它与后实践美学对审美活动论述的根本差别在于,前者是对美感的经验分析和描述,后者侧重其整体功能,把审美经验的心理分析上升到哲学人类学的高度,从生存如何可能、意义如何创造的角度看审美活动对于人的生存意义。后实践美学认为,审美活动是生命的体验活动,它包括生理活动(内模仿说、格式塔心理学等)、非理性心理活动(心理分析、精神分析),还包括超理性活动(现象学、分析哲学的不可说的神秘之域);实践美学认为,美感是认识性的意识活动,是想象力与理解力的自由和谐运动,是感性和理性的统一。可见,实践美学的思想资源来自德国古典美学,后实践美学的思想资源则是当代西方美学,特别是现象学的存在论转向。在后实践美学那里,美不是实践美学意义上的为存在所决定的意识,而是生存本体论意义上的存在方式,生命的创造性、自由性、超越性由此凸显;审美并非来自于人的对象性活动,审美不关对象化了的人的本质的现实,而是根基于人之所是、人的生存之根;审美活动不是把握世界的方式,不是理性认识的低级附庸,而是关系到人的生命的意义如何可能等根本问题,这就找到了美学特有的问题域。

实践美学以现实的物质活动去决定超现实的精神自由是偏颇的,后实践美学的贡献就是纠正了这个失误。现代审美活动是对日常散文化存在状态的否定和本真存在的回归,在虚无中建立意义,从沉沦走向澄明。后实践美学借助当代西方哲学以生存为美学的逻辑起点,从生存论角度看审美活动,审美从而成为人的一种存在方式,审美的想象性、理想性、意象性、情感性、超越性因此显现,而实践美学把美视为真与善的统一,美是实践的产物,而物质实践是现实的,美的理想性和自由性就被贬抑。后实践美学与实践美学的理论取向不同,前者是对非对象性的、人与万物存在合一的生存境界的推崇,后者是对人的对象性的本质力量的肯定;前者是个体主体性的高扬,后者是个体主体性的否定;前者肯定人与自然的合一,后者肯定人对自然的征服。实践美学与后实践美学,一以群体/社会/物质为先,强调美感的普遍性和社会性;一从个体出发,以生命意义为先,个体生存的自由和超越就进入美学视野。

在西方美学史上,审美活动与人存在的意义问题早已为美学理论所注意。不过在西方古典美学史上,体验论美学处于支流地位,西方古典美学的主流是从柏拉图开始直到黑格尔的认识论审美观,是受形而上学思维方式影响的本质论美学观。把审美活动的体验意义作为一个问题提出来思考则是现代西方美学的事情,是现代社会中人的生命意义成为一个问题后才是可能的。现象学、存在主义、解释学、西方马克思主义哲学探求个体的自由存在和生命意义问题,它不同于西方近代的唯心主义,后者以存在和思维的关系为框架探究认识论问题,属于"知"而非"情"的领域。当代西方美学不是从外在的对世界的把握方式,而是从内在的自由如何可能的角度看审美与人的关系,美学的人学本性在此充分显现。后实践美学关注人的诗意存在如何可能正是美学研究视点的现代性转换。

实践美学认为,直观到人的本质力量就是美感,这就把审美与认识活动等同起来了。应该说,审美活动这个概念的内涵比美感和审美关系都更广泛,它包含后二者,审美是一种生命投入其中的体验活动。美和美感不可分,美就在审美活动中,审美关系是美学抽象的结果,审美活动是审美现象中大量存在的最基本最真实的元素。审美中的主客体也不是实践和认识意义上的主客体,审美主体超越了功利,审美客体不显示其物理特性,而显示其对于主体的意义,审美主体和审美客体存在于审美活动中。在审美活动中,审美主客体赋有新的特质。主体体验到的愉悦就是美感,对象化的美感(意义)就是美。

关于自由,马克思说过这样的话:"自由在这个领域里只能是:社会化的人,联合起来的生产者,合理地调节着他们同自然的这种物质交换,把它放在他们共同的控制之下,而不让它作为盲目的力量来支配他们;他们以最小力量的支出,在配得上他们的人性而且与它相适合的条件下来进行这一事情。但是,这仍然是必然王国。""事实上,自由王国只是在必需和外在目的的规定要做的劳动终止的地方才开始的,因而按照事物的本性来说,它存在于物质生产领域的彼岸。""在它的彼岸,开始着人类力量的发展,这种发展以自身为目的,是真正的自由王国,可是它只有在当作自己基础的这个必然王国里才能繁荣起来。"①很明显,马克思的自由观与斯宾

---

① 《马克思恩格斯全集》第25卷,北京:人民出版社1979年版,第936页。

诺沙、黑格尔、恩格斯等人不同,自由首先指的是人的内在的意识和体验,它以人的发展本身为目的,以物质领域必需条件的解决为基础,而实践美学认为自由是对必然的认识和对世界的征服改造。刘纲纪认为,人类通过有目的有意识的劳动从自然取得了自由,正是这种创造自由的劳动产生了美,美是人的自由的表现,"所谓美,就是那通过人类生活的实践创造所取得的,感性具体表现了人的自由的各种对象"①。李泽厚也说:"真正的自由必须是具有客观有效性的伟大行动力量。这种力量之所以自由,正在于它符合或掌握了客观规律。"②可见,实践美学的自由观来自黑格尔和恩格斯,其实是把现实的有限自由等同于自由本身。马克思说,人的类特性就是自由自觉的活动。自由并有自我意识是人的特性,自由不是对于必然的认识和遵循,那只是外在化的非根本的,根本的是人的内在的自由意志及对于自由的体验,有内在的自由感才有外在的达到自由的活动,而审美正是对人的自由的展现,人正是在对自由的渴望和体验中创造着美的理想。审美是对人的自由的认肯,对此实践美学缺乏理解,在它那里,审美只是一种精神性的愉悦,只是对自身对象化的一种确证。在人的外在辉煌与内在黑暗形成鲜明对照的今天,美学更应该有所作为。美学的人文性在于,只有关注内在才能批判现实,只有从内部清理人的存在,才能达到外在诗意与自由,而实践美学仍然发掘实践活动的审美本性,这是美学的失职。后实践美学吸收当代西方哲学美学,对自由的理解更接近人之所是。

审美活动是自由本身的完满实现。外在的自由是派生的,是有局限性的,因而这种自由具有时代历史内容,比如在人类资源匮乏的时代,征服自然就是自由;在社会异化的现代,个体挣脱社会的束缚就是自由;在政治专制的时代,自由就表现为民主化;在民族遭受压迫的时候,自由就是反对殖民主义等等。审美自由不在实践美学所说的现象界,而在康德所说的本体界,是指主体内在的超越活动。相比而言,生命美学以人的内在的创造性、理想性、自

---

① 刘纲纪:《艺术哲学》,武汉:湖北人民出版社1986年版,第406页。
② 李泽厚:《李泽厚十年集》第1卷,合肥:安徽文艺出版社1994年版,第467页。

由性来界定审美活动,把审美活动看作是人类对自由本身的追求,这就更深刻地抓住了审美的实质。自由之为自由是人之所"是",是无法定义的,对必然的认识和对自然的改造是人的属性,是自由的产物,而审美活动对自由的体验是对人之为人的存在可能性的体悟,而非对外在必然的认识。生命美学的自由观来自现代西方哲学,它揭示了个体的创造性和未确定性。实践美学把审美附庸于外在化的活动,幻想通过外在的实践实现美和自由,但人的存在本身被忽视了。

实践美学追问美的本质是什么,回答的依然是柏拉图的难题,这种提问方式属于西方传统思辨哲学,就是要通过各种审美现象认识美的本质,其方法是研究者站在客观冷静的立场,以理性概念去把握美的本质,这种研究方法和态度把自己的情感体验加进括号,导致实践美学热衷于纯概念的抽象演绎而缺乏应有的审美和人生体验。没有现代性的生命体验,美学研究必然陷入独断论。后实践美学是对现代性审美活动和审美体验的理论概括,而审美体验的不可言说性导致了美学论争的发生。美学论争的根源是不同时代的人对美的体验的不同理解和表达,相比而言,实践美学的审美理想局限在古典范围,具有浓厚的黑格尔主义痕迹,后实践美学则开始走向现代。

哲学的原始含义是爱智之学,是对智慧而非知识的追求。柏拉图把哲学的追问变成对于万物本原的追问,这就把哲学变成知识论,哲学即用理性去把握万物的规律,美学也是以理性去概括归纳或逻辑推演美的本质,但这样一来,美却失落了,因为美成了对象,成为与人的存在不相干的东西。现象学要求哲学回到前柏拉图,回到人的生存智慧上来,把美看作人内在的生存智慧。因此,应该放弃知识论的追问方式,以自我之体验把握非对象性的美。美不像科学的对象那样外在于人,而是与人的存在密切相关的东西,因此不能以主客二分的对象化方式去把握美,而应回到人本身,从人的存在去把握美。

超越美学与生命美学的本体论建构来自海德格尔早期的人学本体论,实践美学的本体论则是被阐释过了的马克思主义实践概念,这就涉及到生存本体论与实践本体论的比较问题。与马克思一样,海德格尔的人学主题仍然是反异化、个体的自由解放如何可能等老问题。海德格尔教人去自觉自由地"是",去发现自己的本性本真,这一点在美学上极有意义。因为审美本是个体性的自由活动,从个体生命的澄明角度看,审美与生命活动密切相关,审美活动因此也禀赋着生命的本体内涵。但是,个体的生命自由问题不仅存在于主体意识中,它更具有现实维度。海德格尔之所以寻求本真之"是",寻找人的存在意义,不就是因为现代社会的大生产以及由此导致的社会关系/社会制度对人的压抑和扭曲吗?因此,根本问题仍然是社会生产方式以及由此而来的上层建筑,仍然是改造世界而非解释世界的问题。海德格尔要求人们在现代社会中保持本真自我以反对工业化一体化,反对科学所具有的新的意识形态作用的思想具有一定的积极性,但个体只能在社会中存在,只能在既定的物质生产方式以及语言和文化传统中生活。作为个体的人,在脱去了物质生活和语言文化本身之后还能是什么?一个脱离了传统束缚生活在文化真空中的人如何通过对"是"之领悟以达到澄明?存在主义的代表人物萨特说:"主体论一方面是指个人主体的自由,另方面则指人是无法超越人类的主体性。后者才是存在主义比较深层的意义。"[1]他还说:"除非我把别人的自由也当作我的目的,否则我也不能把它当作我的目的。"[2]法国现象学哲学家梅洛·庞蒂认为,即使在认知中,在前个人经验中,始终存在着有关我们的知觉经验的起作用的前个人结构,这种结构引导我们趋向人际交往,并构成我们的知觉特征。作为具体存在,我们决不是孤立的、单子的个人,就是说,我们决不能首先是个人,然后才是社会存在。相反,我们从一开始就是一个共享世界的参与者,一个共享的肉体的参与者,梅洛·庞蒂把这种情况称之为"肉体存在际性"(intercorporeality)。存在主义以个人优先,但是个人一出生就接触语言和经验,而这种经验和语言凝聚着他人和社会传统,因此在学习语言的时候,社会文化就不可避免地渗入个人意识中。如果排除了语言以及其中所凝结的传统社会文化,个人作为社会性

---

[1] 考夫曼编:《存在主义》,北京:商务印书馆1995年版,第306页。
[2] 同上书,第321页。

的存在是不可能的,因此人先天地是社会的,特异的个人并不存在,20世纪的语言学、深层心理学、文化人类学已经证明了这一点,而马克思在《巴黎手稿》中一再强调这一点。康德说,人的认知结构是先天的,其实这个先天是后天的实践所积淀,这是李泽厚以马克思改造康德比较成功的地方。

马克思主义认为,没有社会的物质生产和社会关系的改造不可能达到个体解放。马克思的社会历史观不可超越。作为反抗社会异化的种种思潮之一,当代西方存在论要求人走向本真之"是"固然不失为一种真正有意义的处世方式,但相对于社会来说,个人不过是一架高速行驶着的列车上的蚂蚁,其任何走向本真的努力都只能是有限的,这从海德格尔本人附庸纳粹即可知。从终极价值来看,个体的生存具有优先性,马克思也认同这一点,他说,理想社会是自由人的联合体,个人的自由是一切人自由的条件;但从历史主义视角来看,社会优先于个体,社会整体的变革才是个体解放的基础。因此,早期海德格尔从而后实践美学的个体解放和意义建构具有虚假性,这种空幻的建构在后现代思潮冲击下很快化为虚无,这就是当代西方人学本体论的窘境,也是海德格尔后期思想具有浓厚悲观性的原因。对于后实践美学来说,海德格尔后期以先于人的存在的天命之道的"是"为本,而不以人的个体存在为先尤其值得注意。

后实践美学的功绩在于,它把审美活动奠定在个体存在的基础上,而对于审美活动而言,个体性、自由性正是其本质特征,因此,从个体生存出发就可能更好地揭示审美活动的现代意义。实践美学的代表人物认同马克思的个体解放思想,但实践美学从历史唯物主义的实践论出发,就把哲学等同于美学,没有找到美学特有的问题域,对于审美这种极具个体性的精神活动就不可能阐释。回归审美活动的生命本性,这是美学研究的一大进步,但无限夸大审美活动的社会解放意义,就可能走向审美至上主义,而这正是包括西方马克思主义在内的当代西方人本主义思潮关于审美和艺术的社会功能的致命弱点,也是后实践美学应该警惕之处。

后实践美学仍然按照西方古典本体论哲学形态结构体系,这造成了其内容的现代性与形式的古典性的矛盾。问题是,按照逻辑与历史相统一的原则,后实践美学能够解释中国古代和西方古代的审美文化现象吗?能抛开历史实践在人类文明乃至在审美中的历史作用吗?缺乏历史主义意识恐怕是后实践美学的最大弊病。生命美学强调审美活动对于生命意义的自足性,但现实的对象化活动就没有意义吗?原始人和异化的人都不自由,但超越这两种不自由并不能靠审美活动,武器的批判与批判的武器并不能等同。审美活动现实的社会意义是间接的有限的,否则我们无法解释纳粹军官一边欣赏贝多芬一边把枪瞄准犹太人的矛盾现象。审美活动创造理想,但现实的历史活动的根本动力是实践。由于实践,人类生命获得了比动物的自在生存更高的生存方式、情感方式、价值向度和创新能力,生命生发了实践,实践是生命赖以生存发展和超越的手段,其最重要的目的是为了生命的自由,后实践美学对此缺乏足够认识。

　　个体与社会的关系问题是哲学史上的老问题,表现在美学上即是审美共同感这个康德无法解决的难题。实践美学认为,人在劳动对象中直观自身欣赏自己的智慧才能和力量就获得审美的喜悦。劳动产品不仅给劳动者个人以美的享受,它还是人们普遍必然的审美对象,因为生产劳动具有社会普遍性,体现在劳动过程中和凝结在劳动产品上的人的本质不仅是个人的更是人类的,这就是美感具有普遍社会性的原因。结论可商榷但逻辑圆满。后实践美学执著于个体生命意义的创造,那么与他人的审美共鸣如何解释?审美共同感是一个伪命题吗?在后实践美学那里,审美成了超越性的彼岸性的不食人间烟火的"道"之追求,那么,如何解释耳目之悦的形式美?如何解释大众审美文化?这些是体系性理论所无法解决的难题。当人和自然对立,人必须依靠集体的理性力量才可以征服自然时,古典美学(实践美学)由此诞生;当个体和社会对立,个体为维护自由而反抗社会异化时,现代美学(后实践美学)出现,但这两方面并不是绝然分开的,它们存在于不同的历史时期。后实践美学片面强调审美活动的自由性和理想性,忽视现实活动的创造性及实践活动的审美本性,这就无法解释现实活动中人的创造所带来的精神愉悦。马克思的两个论断(劳动创造了美、美的规律)说的是审美活动的低级形态,而其审美现象学思想则论述了审美活动的高级形态,实践美学重视前者,后实践美学则强调后者。实践活动是一种满足物质需要的实用活动,但它同时又是一种自由自觉的活动,是自我创造自我实现的活动,是蕴涵着审美本性的活动,因此它有某种艺术性,这就是朱光潜不同于李泽厚的实践美学观,也是后实践美学有意无意予以忽视的地方。生命美学认为,对于审美活动而言,实践活动表现为基础,理论活动表现为手段,但实践活动如何历史地现实地产生审美活动呢?这个实践美学没有解决的难题却被轻易放过。后实践美学把美的超越完全放在理想的自由的非现实领域,这就无法解释现实超越活动的美学意义。人的现实活动超越既有现实,这种对现实的超越正体现了人的超动物本能的社会性,比如为民族牺牲的崇高精神,后实践美学把美放在彼岸世界,就无法阐释这些审美现象。

实践活动并不能直接产生审美活动。那么,实践产生审美的中介到底是什么呢?审美活动现实地存在于个体意识中,而实践活动是人类群体活动,从群体到个体如何过渡?个体的审美活动与人类集体的实践有什么关系?实践美学武断地解决了这些问题,而后实践美学则避重就轻地忽略了这些问题。我认为实践到个体的审美活动的中介就是康德所说的主体性,但不是先验主体,而是历史文化积淀的经验主体,是追求着创造着生命意义的主体,主体的审美活动发生在历史积淀和现实突破之间的张力上。存在主义哲学揭示了人的超越性追求,解释学的语言观揭示了创造新的意义的可能性。当代西方的深层心理学、个体哲学、语言哲学等对人的创造性的揭示应该吸收进新美学中。

超越美学把马克思的社会存在说成是生存,认为精神性的个体存在是马克思哲学的逻辑起点。① 把马克思改造成海德格尔无非是为其理论寻找合法性根据。但是,如果马克思与海德格尔一样,超越美学为什么要到当代西方思想那里寻找美学资源呢?中国古代美学以人与自然(道家)、人与社会(儒家)的统一为人生自由之境。西方古代美学是朴素经验论的客体美学,近代则是主体性美学。当代西方美学消解主体理性,批判文明回归自然,这就使

---

① 杨春时:《生存与超越》,桂林:广西师范大学出版社1998年版,第53页。

实践美学:历史谱系与理论终结

中国古代美学与西方当代美学有某种相似性。实践美学的思想资源来自西方近代,生命美学则来自中国古代和西方当代,但当代西方美学与中国古代美学貌似相似,实质不同。当代西方思想是对西方近代主体性思想充分发展之后的否定,而中国古代朴素的物我合一思想根本就没有主体性的地位,比如荒诞、丑等命题就非中国古代美学所能提出,而生命美学把这两种形态的思想糅和在一起,一种美学理论能建立在异质性的审美文化的基础之上吗?后实践美学始终没有说清楚,那个本真性的自由个体是什么,它来自何处,个体的自由生存表现在哪些方面。在现代社会,生命活动的地位突出了,但非现实非理想的生命活动如何能推演出理想性的审美活动呢?这都是生命美学有待解决的问题。

从理论的现象形态上看,后实践美学的价值在于,把李泽厚所说的审美活动的最高形态——志神之悦提高到个体存在的本体论高度,多方阐释其构成,深刻地揭示了审美活动与人的生命的诗意存在的关联,给予美学以新的言说方式,使中国美学获得现代性成为可能。但实践美学与生命美学并不是绝对对立的,在许多问题上其言说具有相通性。比如,生命美学说,自然美是人的自然化,是从社会回到自然,是对文明否定的结果,也就是说,自然美不是自然人化,而是人的自然化,这与李泽厚后期提出的人的自然化的命题一致。再如,实践美学说,美是社会实践的产物,但实践活动本身并不只是物质功利性的活动,它也可以成为自由的创造活动,成为生命的自由需要,实践美学认为,这只有在理想社会才能实现。生命美学着眼于理想和自由的实现,认为实践活动只是基础,真正的美只产生于超越现实的审美活动中,但生命美学又说:"因此,实践活动本身并不就是审美活动,只有扬弃它的实用内容,把它转化为一种'理想'的自我实现的过程,从而不再实际地占有对象,转而对世界的形式进行自由的欣赏,追求一种非实用的自娱、自我表现、自我创造——所谓'澄怀味象'时,才是审美活动。"[①]劳动既可以是人为维持生活必须依靠的手段,也可以是目的本身,可以成为人的创造本性的需要和创造能力的实现,也就是成为人的

---

① 潘知常:《生命美学论稿》,郑州:郑州大学出版社2002年版,第104页。

生命意义之源,可见,实践美学与生命美学在此沟通。实践活动是历史发展之根源,它既是武器的批判,也产生着批判的武器。生命美学承认,克服文明异化的武器不是审美而是文明本身,这就离不开实践。生命美学认为,实践活动是审美活动的根源,审美活动则是美的根源,美就在审美活动中,活动必有主体和对象,美就在主体与对象的关系中,因此潘知常说:"美归根结蒂不是审美客体的属性,也不是审美主体的属性,而是审美关系的属性。美不是实体范畴,而是关系范畴。"①这就与周来祥的审美关系说无异了。

总之,实践美学与后实践美学均按照西方传统本体论哲学形态结构美学体系,但实践美学的实践本体论使其不能深入美学问题域,后实践美学吸收当代西方人本主义思潮阐释了审美活动的生命意义,这就使中国美学走向现代成为可能,但后实践美学的审美至上主义存在理论难题,而实践美学的历史唯物论应被保留。从实践美学与后实践美学的比较中,从后实践美学对实践美学的批判性阐释视野中,我们可以清晰地辨识实践美学的理论取向和精神气质。

第二节 实践美学局限分析

20世纪90年代中期以来,后实践美学批评实践美学把审美活动等同于实践活动,导致审美的现实化、理性化和物质化,忽视了审美的超越性、纯精神性、个体性特征,实践美学残留理性主义印记存在主客二分弊端等等。②后实践美学的激烈批评有些深刻地揭示了实践美学的理论难点,也有些是偏激之论,而对实践美学持维护态度的人也似乎显得力不从心。因此,梳理实践美学的发展谱系,客观评价其历史贡献和理论缺陷是实践美学研究的一大主题。

作为一个历史性的美学思潮,在实践美学的发生发展过程中,

---

① 潘知常:《诗与思的对话》,上海:三联书店1997年版,第248页。
② 参见潘知常:《诗与思的对话》,上海:三联书店1997年版;杨春时:《生存与超越》,桂林:广西师范大学出版社1998年版。

许多学者都做出了自己的贡献,但历史的眼光总只能投射到那些主流线索,因此,本书只选取了七个有代表性论者的观点加以评述。概括来说,李泽厚在20世纪五六十年代奠定了实践美学的基本原则,朱光潜对马克思实践观的不同理解开启了实践美学的另一维度。刘纲纪、周来祥发展了李泽厚的基本观点,使实践美学走向体系化,蒋孔阳综合了前人,成为实践美学的总结者和终结者。邓晓芒试图提出不同的理解,但其结论并无新意。张玉能是在实践美学面临挑战和颠覆时对其加以维护,但其观点与传统实践美学相比并没有增加新的东西,可看做实践美学的最后一次思想回潮。

从七个代表人物的美学观点看,其共同特点,一是以实践为哲学基础和美学的逻辑起点,但对实践的含义有不同看法。二是在主体实践与客观自然、真与善的对立统一中寻找美。三是把审美心理科学地分析为几个因素,缺乏对审美活动整体的功能性把握。四是把美与实践的自由联系起来,对自由的理解来自德国古典哲学。五是区别美与美感,把审美意识主观化,认为艺术美反映现实美。六是缺乏对审美活动与个体生命意义的论述,人生存在的有限与无限这个永恒的美学难题被实践美学抹去。七是周来祥认为,美介于认识和实践之间,是科学理性和实践活动的中介,邓晓芒强调美是独立的情感领域,都是从反映论美学回到康德。蒋孔阳综合了李泽厚、刘纲纪、朱光潜、周来祥等人,但其理论更为繁杂和矛盾。张玉能继续发掘实践的审美本性,泛化实践的概念内涵,但实践美学的毛病仍然存在,其实践美学发展观与现代美学精神相悖。

评价一种学说的功过得失仍然要遵循历史主义原则,只能把这种学说放在其产生的历史背景中,看其比之以前的理论提供了多少新的东西。实践美学的历史功绩在于:第一,强调了人的实践和征服自然的伟大力量,在特定时代弘扬人道主义和主体性,以呼唤人性复归的姿态领导了新时期思想解放的潮流。在20世纪80年代的思想解放运动中,美学成为思想自由的先锋,率先批判了旧的主流意识形态。在近半个世纪的多次美学热潮中,实践美学均扮演了重要角色,为美学学科在中国的建立和发展奠定了基础。在主体性实践哲学的基础上,刘再复提出的主体性文艺学震撼了文学理论界,在文艺学界摧毁了旧观念的统治,使文学是人学的观念成为众所周知。第二,实践美学反对了旧唯物主义自然本体论和唯心主义精神本体论的美学观,把自然美、美感发生学、移情说等问题放在人类实践对自然和人本身的双向对象化的历史行程中去考察,把美学问题的解决奠定在实践本体论的哲学高度上,赋予了美学理论以深厚的历史感,为美的本质之谜的解开找到了新的途径。经过几代学者的努力,实践美学自成逻辑体系,影响了近半个世纪的美学教材的写作框架和学术价值取向。时至今日,按其体系编写的各类美学教材仍然风行全国,其思想观点和基本精神渗透在美学论文和学术专著中。第三,实践美学把马克思的基本观点和马克思主义基本原理引入美学研究,进一步揭开美的奥秘。实践美学注重审美的认识性和功利性,突出了艺术的意识形态性,多方面地研究了艺术社会学和审美心理学,对文艺的外部研究和内部研究做了深入的开拓。第四,实践美学呼唤主体精神,把崇高给予人的能动的创造性,具有积极乐观的人文品格。这是我们在进行现代化建设的今天,应该继承的美学精神。第五,实践美学知难而上,探索了美的本质这一千古之谜。美的哲学应该是美学的主导部分。美的本质是关系人的本质的哲学问题,只要人们不放弃哲学思考,不放弃对人的存在的追问,就不能不寻求美的本质。第六,实践美学找到了实践这个人与自然的中介,这是它对美学本体论的最大贡献。正是实践把人与动物区别开来,使人与自然的对立和统一成为可能,也正是实践推动了人类社会的发展,人类的宗教、认识、语言等其他精神文化活动只有在实践的基础上才能得到说明。随着对马克思哲学思想的新的理解以及中西哲学的融通,实践美学的遗产应成为新的美学基本理论的一部分。

任何一种理论都有其产生的历史背景,都有其既定的逻辑理路和言说方式,因此,任何一种体系性的理论都有其具体的阐释对象和阐释限度。相对于活生生的不断发展的现实的审美活动和审美文化来说,美学理论总是滞后的,实践美学也不例外。评价一种美学理论,我们可以从这种理论本身的逻辑言路出发,从与现实的审美活动的比较中看其理论所指和阐释效应。这里,我们具体分析实践美学的精神实质和理论缺陷。

第一,起源本质论。实践美学惯于从起源处把握本质,例如从马克思"劳动创造了美"这一论断出发,实践美学就以普列汉诺夫对原始艺术的研究来论证美起源于劳动,从而得出美是"自然人化","人的本质力量的对象化"等结论。但普列汉诺夫的观点不是来自田野调查,其结论有可疑之处。再如,为了论证善是美的基础,美是有社会功利性的,实践美学就以原始社会中审美和艺术活动与生产工具、生产产品的关系来推论美的社会功利性。实践美学总是以审美发生学代替美的本质,以为从起源处可以说明本质。但这只是一个误设,起源并不能说明本质,固定不变的本质不存在,就像人根源于动物,但人的本质并不就是动物。实践也不能说明人的本质,只能说明人与动物的差别。人的存在先于本质,人的本质在创造中,任何对人的规定都是对人的自由本性的扼杀,迄今对人的本质规定都是对人的某一阶段某一方面的界定,所以"认识你自己"才是最难的。自然人化只是美的历史发生的前提,并不能由这个前提直接推演出一系列美的本质规定。人类群体的实践活动只是美的本源,它同时也是科学、经济、宗教等人类其他活动的本源,找到了美的本源只是拉开了美学研究的序幕。从历史来看,美与人类实践的关系非常复杂,在不同的历史阶段存在或肯定或否定等形态。实践美学没有考察变化了的现实,不能解释现代的审美形态,这种理论必须以新的现实予以反思。

起源本质论来自达尔文,它刚好与马克思的反思方法相反。马克思说,低等动物身上表露的高等动物的征兆,反而只有在高等动物本身已被认识之后才能理解。人体解剖对猴体解剖是一把钥匙。[1] 马克思在《资本论》中对商品的分析就是从资本主义大量存在的最小的经济单位开始的,虽然商品在古希腊已经存在,但还没有发展到其本质的形式,他说,"作为生产过程的历史形式的资产阶级经济,包含着超越自己的,对早先的历史生产方式加以说明之点"[2],"资产阶级经济为古代经济等等提供了钥匙"[3]。在博士论文中,马克思也是从自我意识哲学即伊壁鸠鲁哲学出发研究古希

---

[1] 《马克思恩格斯选集》第2卷,北京:人民出版社1995年版,第23页。
[2] 《马克思恩格斯全集》第46卷,北京:人民出版社1979年版,第458页。
[3] 《马克思恩格斯选集》第2卷,北京:人民出版社1995年版,第23页。

腊哲学的,因为在伊壁鸠鲁以及斯多葛派、怀疑派等哲学那里自我意识的一切环节都得到了展开,这些体系形成了自我意识的完备结构,因而是了解希腊哲学史的钥匙。马克思不是从事物的起源处研究其本质,而是相反,是从事物的发展了的完备形态出发去理解过去的形态,这就是马克思的研究事物本质的反思法,反思法就是"对社会生活形式的思索,从而对它的科学分析,遵循着一条同实际运动完全相反的道路"[①]。因为社会事物与自然现象不同,它不能在模拟的实验室里进行,而只能通过发展了的高级形态来把握其初始形态,其本质只有在高度发展后才能表现出来,我们只能从事物的发展了的现象中把握其本质。哲学解释学也认为,当代事物还没有从其社会关联中解脱开来,我们就还不能理解它的意义,因此,严肃的历史学家一般不写当代史。马克思在哲学领域放弃了对最终本源的推究,因为这必然是唯心论的。马克思认为哲学的使命在于说明现存世界,进而改造世界,哲学家应该把眼光放在现存的社会结构、人类现世的生活中。

劳动创造了美只是说明了美的根源,但美的本源不同于美的本体,因此在解释美的本质是什么的时候不同的实践美学家有不同的回答。实践美学以美起源于劳动从而得出美的本质在劳动的结论,但审美的现代形态与此相反。在文化现代性看来,审美活动不是对生产劳动的赞美而是对纯粹自然的亲近。美学体系的逻辑起点来自社会历史实践的充分展开,来自对前人思维成果的批判性继承。美学理论应该从当代审美实际出发,从当代形态的审美活动中抽象出美的最一般本质,然后推演出美学体系。

第二,实践决定论。李泽厚认为,美是人类群体社会实践的产物,而社会实践又是物质的客观的,由此推断出美必然具有群体性、现实性、物质性、客观性等特点,这正是后实践美学最不满意的地方,原因何在?李泽厚忽视了从美的历史本源到美的具体生成之间的中介。个体的审美体验具有非现实性、精神性、超越性、非理性、超理性等特征,审美的这些特征正是后实践美学所极力推崇的,也是李泽厚的逻辑构架所无力顾及的,因为在他那里,美是人

[①] 马克思:《资本论》,北京:中国社会科学出版社1983年版,第55页。

类集体活动的产物,对于个体而言,美是先在的、现成的,个体的美感只能被动地反映和认识美,个体的审美活动及其特征在实践美学的逻辑之外。实践活动对精神自由而言只是充分条件而非必要条件。如果以实践决定审美,就无法解释我国魏晋时代的艺术自觉,无法解释古希腊艺术的永恒魅力,无法解释审美的个体性、民族性和时代性。从物质前提到精神自由需经过个体的审美活动,同名的《桨声灯影里的秦淮河》为什么给人不同的美感,为什么两个作者对同一景物有不同的审美创造?这显然与作者个人的审美活动有关。

实践美学以实践直接推导出美,认为美是自然的人化,是人的创造性劳动的产物,这就直接以物质活动决定美,抹杀了美作为人的精神自由的特性。因为实践面对的是社会物质生活的困境,要解决的是人与自然的对立,它无力关注人的精神和生命意义等问题。在当代西方社会生活日益外在化(externalization)、物质化的时候,精神贫困化似乎愈益加剧,实践美学所幻想的靠劳动的发展而出现的美的王国遥遥无期。美学作为人文学科应该为内在精神的升华和人性的培育提供理论支持,它不能成为外在物质实践活动的附庸,不能为实践力量高唱颂歌。盲目乐观地附和实践的外在化的伟大力量,忘却心灵的贫瘠,这是美学的失误。审美是对自由的守护和体认,但自由是有历史性的,在人类只有作为整体的力量与自然相对才能活下去的时候,自由表现为免除物质的匮乏。开发自然,展示主体的伟大力量,审美活动对此加以歌颂是人类自由的需要。但现代社会,随着个性的觉醒,在外在物质发达而内在精神贫乏的时候,自由表现为个体挣脱物质和社会的束缚去获得精神的独立和追求生命的意义,审美活动在此则担当精神自由的守望者的角色,阐发审美活动的自由性超越性才是美学研究的内在规定。实践美学有巨大的历史感和人性崇高感,其精神实质是肯定人在征服自然和社会斗争中的伟大力量。在实践美学那里,"类"总是先于个体。所谓感性中的理性指的仍然是人类实践的内容,因为实践本身是理性的。在现代社会,工业科技正是主体实践的根本形式,所以李泽厚特别推崇技术美,但这与美学的现代人文向度相反。

实践美学认为,美感有客观功利性,这在其崇高范畴中表现得最为明显。实践美学认为,崇高不在客观对象,不在人自身的实践理性,而在人们征服现实的伟大力量,人的本质力量自身即是崇高的本源,在欣赏崇高时,我们感受到人的实践力量的伟大,仿佛就是人的理性观念的伟大。这就是以实践直接推导美学范畴的结果。但问题是,这种对人的本质力量的欣赏就是美感的内容吗? 中国古代诗词中有各种具体的情感、意绪,但"举头望明月,低头思故乡","念天地之悠悠,独怆然而泣下"又体现了什么样的改造自然的本质力量呢? 以实践美学解释中国古代文学艺术总有隔靴搔痒之感,原因是实践决定论忽视了审美文化的中介性。

　　实践美学说美是人的本质力量的对象化,这一规定存在许多理论难点。首先,人为什么要对象化自己的本质力量呢? 只有黑格尔的理念才必须对象化自身,确证自身,这一命题带有明显的黑格尔主义痕迹。其次,这一定义与审美经验不符。现代化的大生产最典型地体现了人的本质力量的对象化,但这种生产却造成了环境破坏。第三,无法区别真善美,抹杀了美的独特性。美变成了与具体审美活动不相关的客观存在,而它的存在又无法证实,从而成为纯粹思辨的不可捉摸的东西。

　　第三,美感认识论。李泽厚的美学论证是从美感开始的,但他一开始就把美学导入了歧途,他说,美学科学的哲学基本问题是认识论问题,也就是解决主观和客观、思维和存在的关系问题。① 他多次声明,美感具有一种认识的性质,它是由认识真理而引起人的一种精神愉悦,美感认识与逻辑认识过程不同,本质一样,"一个是经过一连串的严格的推理或演算过程而自觉地达到,一个是通过潜在的方式不自觉地达到的"②。美感是高级的反映和认识。由于坚持审美认识论,主张实践观的李泽厚与坚持旧唯物主义的蔡仪在美感认识论以及艺术原理等问题上竟然是一致的。认识论美学注重艺术对现实的认识,根据唯物主义反映论,认识要从感性上升到理性,从具体上升到抽象,那么,艺术创作手段——形象思维作

---

① 李泽厚:《美学论集》,上海:上海文艺出版社1980年版,第2页。
② 同上书,第78页。

为对生活本质的认识,也有抽象化、理性化的阶段,这就涉及形象思维与逻辑思维的关系。实践美学认为,形象思维与逻辑思维、美感认识与逻辑认识都是对现实本质的认识,只是形象思维离不开感性。两种思维方式的关系体现在作家身上是世界观与创作方法的矛盾,先进的世界观对创作方法有指导作用,因此,艺术家应该改造世界观,训练逻辑思维,这就导致了审美和艺术创作的理性化、逻辑化和抽象化。

造成这种理论缺陷的原因:一是朱光潜所批评的,把反映论直接搬到美学问题上。朱光潜在《论美是客观和主观的统一》一文中批评美学客观论者误解而且不恰当地应用了列宁的反映论,"对主观存在着迷信式的畏惧,把客观绝对化起来"[①]。二是认识论美学在西方历史渊源,影响巨大。古代是古希腊的艺术模仿论,近代是文艺复兴时期的镜子说以及随后的批判现实主义和自然主义思潮及其文艺理论。在我国影响巨大的苏联化的现实主义文艺理论也强化了审美认识的地位。三是审美认识论预设了美的存在的客观性,这合乎人们的日常经验直观,但只是"流行的意见",不是胡塞尔所说的"知识",是未经哲学反思和理性批判的自然主义思维方式的结果。所谓自然主义,就是从主客二分的角度把握世界,它预设了物的客观存在,然后排除主观因素去准确地反映它。自然主义强调自然对于人类的先在性和客观存在的自明性,它把人类主体与自然客体分离开来,以对自然的抽象认识为人生的最高要义。自然主义既合乎人们素朴的经验直观,又是近代自然科学发展对人们思维方式影响的结果。这种思维方式对于美学研究的影响就是把美学这门人文学科的对象等同于自然科学的对象,把自然科学的方法直接搬到人文学科中来,抹杀了人文学科的独特性。审美活动根本不关认知,张世英先生说:"但是:主客二分就是叫人(主体)认识外在的对象(客体)'是什么'。可是大家都知道,审美意识根本不管有什么外在于人的对象,根本不是认识,因此,它也根本不问对方'是什么'。实际上,审美意识是人与世界的交融,用

---

① 朱光潜:《朱光潜美学文集》第 3 卷,上海:上海文艺出版社 1983 年版,第 66 页。

中国哲学的术语来说,就是'天人合一',这里的'天'指的是世界。"①实践美学惯于把审美活动分析为审美对象和审美主体、美和美感,明显带有旧唯物主义认识论的痕迹,它是认识论范畴客观/主观在美学中的引申。现代科学哲学认为,独立于人的客体并不存在,人不可能超越自身去面对绝对的客体,客体是人建构的。

美学是智慧之学,不是求知之学,它追求的是人生存的智慧之境。知识是以主客对立为基础以理性为前提的主体对于客体的判断,它追求陈述与判断的一致。美学作为对人的本真生存的探索应该是哲学的最高追求,它关系到生命的意义如何可能的问题,而不应该是黑格尔绝对理念的低级显现。在人与自然的对立中寻找美,把审美主体与审美对象分离,美与美感分离,美感反映客观存在的美,美学就变成认识论,这就是实践美学的对象性思维在解决美学问题时的印迹。

人们往往忽视黑格尔的现实主义认识论美学观给实践美学的影响。黑格尔说,美是理念的感性显现,美就是理念,所以美与真是一回事,②只是美具有了形象性。理念必须显现自己以认识自己,感性显现是形式(形象),理念是内容,美必须是内容和形式的统一,审美活动就是透过现象认识本质,通过感性形式认识美的理念内容。这种审美认识论与李泽厚的实践美学极为相似。实践美学认为,美是个体形象性与客观社会性的统一,客观对象因为显示了人的本质力量才可能产生美。可以看出,实践美学以人的本质力量代替了黑格尔的理念。

第四,实践美学误设了美的客观存在。实践美学认为,实践是人的有意识有目的的活动,不是自然物质的活动,但实践的目的、对象、手段和结果都是客观的,是由具体的历史条件和自然条件所规定了的,所以实践是一种客观物质的历史存在,由此导致的结论是,作为实践的产物的美也必然是客观存在着的。李泽厚早期的客观主义认识论美学、后期的自然人化说、刘纲纪的自由创造说、

---

① 张世英:《天人之际——中西哲学的困惑与选择》,北京:人民出版社1995年版,第199页。
② 黑格尔:《美学》第1卷,北京:商务印书馆1981年版,第142页。

蒋孔阳的人的本质力量对象化等都认同美的存在的客观性和美感存在的主观性。实践美学认为，如果我不能感受到美，那是因为我的美感能力出了问题。但是，如果美是客观存在的物质属性，那么一定可以由现代科学仪器分析出来，事实上，这是不可能的；如果美的客观存在必须以概念的普遍必然性来保证，那么每个人的认知应该是一样的，但每个人的美感都不一样，这一矛盾康德早就指出过。康德说，草对每个人都是绿色的，但不是对每个人都是美的。康德还说："没有关于美的科学，只有关于美的评判；也没有美的科学，只有美的艺术。因为关于美的科学，在它里面就须科学地，这就是通过证明来指出，某一物是否可以被认为美。那么，对于美的判断将不是鉴赏判断，如果它隶属于科学的话。至于一个科学，若作为科学而被认为是美的话，它将是一个怪物。"①

　　由于预设了美的客观存在，而实际上美感活动又存在个体差异，因此，实践美学一直纠缠于审美反映的客观标准和正确性问题。面对一个审美对象，问题是，谁的美感是正确的？谁有这个裁决权？实践美学认为美是客观的，依此逻辑，必然推导出一个审美的权威，这就抹杀了审美民主。事实上，因为审美感受的不同，任何人的美感都达不到这个客观存在的美，美就成了不可知的虚幻的幽灵。现在看来，美的存在的客观性纯粹是一个虚无，是"流行的意见"而非哲学"知识"。伽达默尔批评这种日常偏见说："事实上并不存在仅仅'在那儿'的事物。一切被说出的以及写在文本中的事物都处于预期的支配之下。"②德里达认为，能指本身在一系列差异中界定自身，文本之间形成互文，它们组成一个意义群，正是这个意义群使解释具有无限性、开放性和可能性，唯一正确的解释是不存在的，客观的审美标准是不可能的。美的客观存在论把美与人分离开，它是自然主义的想当然，是实证主义的假设。尼采批评这种思维方式时说："实证主义老是停留在'只有事实存在'的现象里。我要对它说，不！没有事实，只有解释！我们不能确定任何

---

① 康德：《判断力批判》上卷，北京：商务印书馆1985年版，第150页。
② 伽达默尔：《哲学解释学》，上海：上海译文出版社1994年版，第121页。

'自在的'事实:因为,作如此设想等于胡闹。"①

第五,实践美学无视接受主体,这也是客观主义美学的一个逻辑必然。实践美学认为,美是客观存在的,艺术家只是去反映这种现实美,其主观能动性和创造性表现在对这种美的集中提炼和典型化上,这就抹杀了艺术家的自由创造力。在"左"的思想影响下,李泽厚对极为重视艺术家的独创性(天才)的康德作了简单的批判而拒之门外,把艺术家等同于历史学家、社会学家和自然科学家。实践美学还抹杀欣赏主体,因为美既然是人类群体实践改造自然的产物,个体主体对于美的创造就被忽视。李泽厚说,《红楼梦》、《第九交响曲》的美是客观的物质存在,②"因为艺术美一经形成,就是一个不依存人们意识的客观存在,它的美是不以欣赏的人的意志为转移或变更的"③。把美认作不以人的意识为转移的客观存在,其理论前提就是预设了主体是在精神真空中反映客体,审美主体(创作、欣赏)在审美活动中只是纯粹被动地接受美的存在。事实是,现实的审美活动是个体性的、主动的、解释性的,美存在于人们的审美解释中。马克思说,"对于没有音乐感的耳朵说来,最美的音乐也毫无意义,不是对象"④。由于抹杀了审美活动的主体性,实践美学就无法说明美的存在的心理动力机制,即人类为什么需要美?难道审美仅仅是人类劳动对自然改造的副产品吗?显然不是,那么美存在的必然性、必要性和意义是什么呢?这一问题实践美学无法回答。

应该说朱光潜意识到了实践美学的这一缺陷,他以艺术生产论和意识形态论反对客观社会说美学,给予艺术创造主体以应有的地位,蒋孔阳的创造论美学由此发展而来。在特定时代,实践美学重物质重集体重理性,反主观反个性反精神反唯心的倾向自然成了历史的选择,得到了大多数人的认同,同时实践美学的哲学基础以及其古典哲学的逻辑体系也决定了接受主体的被遮蔽。

美是审美对象对于个体的一种意义,引起美感当然需要客观

---

① 尼采:《权力意志》,北京:商务印书馆1991年版,第683页。
② 李泽厚:《美学论集》,上海:上海文艺出版社1980年版,第72页。
③ 同上书,第103页。
④ 马克思:《1844年经济学—哲学手稿》,北京:人民出版社1985年版,第82页。

条件,但即使有了客观条件,有没有美感最终仍决定于主体。这里我们看看康德的主体性美学,也许能给美学客观论者一定的启发。康德认为,美与对象的存在、质料无关,美只关系对象的形式。审美自由指的是主体不受对象概念或实体存在的束缚,对象的形式引起了主体心理机能的和谐运动。康德的美学实际是先验美感论,因为美就在美感中,是主体美感对象化的结果。康德否定了对象的形式规律如对称、平衡、统一、多样等在美学中的意义,因为这些形式并不必然地产生美。康德认为,美的规定根据在主体,美是主体的创造而非对象性的存在。美是自由体验的对象化,审美自由不受对象概念和功利的束缚,是精神创造的形象的游戏活动。没有桃花当然没有对于桃花的美感,但即使有了桃花也不一定有美感,这决定于康德所说的是否有先天的"气质"。我们再看看康德的早期美学思想。康德《对美感和崇高感的观察》的开篇就说:"与其说愉快或烦恼的不同情绪取决于激起这些情绪的外在事物的性质,还不如说取决于每个人所独有的,能够被激发为愉快或不愉快的情感。"[①]这里的情感指的是人先天的气质或情感取向、情感素质。我们通常认为,崇高的对象高大粗犷,优美的对象娇小柔弱,崇高的对象激发人的崇高感,优美的对象激发人的优美感,情感取决于对象的客观性质,何来决定于人的情感?康德的逻辑与此不同,他认为,虽然崇高感与优美感的愉快的方式和性质完全不同,但是为了能欣赏崇高和优美,我们必须有先在的崇高感和优美感:"为了使这里提到的第一种感情能有适当的强度,我们应具备崇高感;为了享受后一种愉快,则必须有感受美的能力。"[②]一棵苍劲的古松在一个唯利是图的商人眼里没有美可言,在一个植物学家眼里它只是知识的对象;一个脑满肠肥的俗人只会把羚羊视为美食,欣赏不了它的敏捷之美;《窦娥冤》本该使你落泪,但是你缺乏同情心;《天鹅湖》本该使你悲怆,但因你只有功利心,就不能产生共鸣。因此,对崇高和美的事物的欣赏取决于主体先在的精神素质,这就是康德的主体性美学的要义。而实践美学把引起美感的条件的客观当成美的

---

① 康德:《对美感和崇高感的观察》,哈尔滨:黑龙江人民出版社1989年版,第1页。
② 同上书,第3页。

存在的客观,无视审美主体对于美的生成,这是它的又一缺陷。

第六,对自由的误用。在刘纲纪的哲学美学中,自由这一概念极为重要。根据对马克思、恩格斯和毛泽东思想的理解,刘纲纪认为,自由可以界定为通过对自然界的认识来支配我们自己和外部自然界。自由的获得以人类的实践活动为基础,它是历史的、具体的、有条件的。人类通过有目的有意识的劳动从自然取得了自由,刘纲纪说,正是这种创造自由的劳动产生了美。美的本质是人与自然、个体与社会统一的表现,也就是人的自由的表现。李泽厚也认同古典自由观,并提出了著名的美学命题:"美是自由的形式。"

自由这一概念内涵丰富,在认识活动、伦理实践和情感体验等领域,自由的哲学含义是不一样的。刘纲纪认为,美与自由相关,在自然界中,自由来自对必然的认识和对自然的改造;在社会中,自由的获得是个体与社会相统一的结果。显然,这两处自由的内涵是根本不同的,用其笼统地界定美就不恰当。实践美学的代表人物多在实践论和认识论层面而非审美体验层面来理解自由,这就出现了阐释的偏差,因为实践意义上的自由是现实的、物质的、历史具体的,它基于主客二分,指向有限的时空,而审美自由则是精神性的、个体的、超理性的、非现实的,它基于主客合一,指向无限绝对的"悦神"。把审美自由与实践自由相混淆,这就是后实践美学批评实践美学把审美现实化、把审美活动等同于实践活动的原因。实践美学把美说成是自然的人化,是现实对实践的肯定,把审美建基于现实活动之上,这是对审美本性的曲解,是对真正自由的抹杀。在现实世界,物质限制着人的活动,人的自由是有限的。审美自由是无限的,它存在于康德所说的"物自体"中。我们为什么需要审美?因为我们需要自由,现实限制了我们的自由,理想的境界只有在审美活动中才是可能的。

实践美学关注的是人的本质力量的对象化方面,它忽视了人的内在性,即主体性的自由意识。中国庄禅哲学以及海德格尔的存在论美学揭示了人的存在的自由性,这种自由其实是一种审美状态,它不表现为外在的活动方面,而是活生生的内在体验。海德格尔的存在的含义是什么,他始终没有正面定义,原因就是人是自由的,是不可定义的,人的自由本性在于,人什么也不是,人是"是"

本身，一旦是什么，人就变成了"是者"，而审美活动就是对人之所是的展示，对人之能是的敞开，是对人的自由的肯定。人的外在的物质生活和内在精神困境的对立是现代社会的根本问题，美学不关心人的内在精神病症而去歌颂实践对自然的征服，是不合时宜的。

把美学问题放在人与自然、人与社会的矛盾运动中加以解决是实践美学的要旨。实践美学肯定的其实是实践活动本身，并没有探索审美活动，这就偏离了美学的问题域。现代美学应关怀人的存在本身，人的生存的困厄和不幸应该得到审美批判。现代社会的实践主要表现为生产力和科技，科技的发达能带来物质生活的丰富，但人的自由非科学技术所能解决，这就是20世纪西方人本主义与科技主义思潮对立的原因。艺术和审美构造的理想的自由王国与现实的不自由相对照从而使前者成为人们反抗异化现实的巨大动力，这就是审美的无用之用。

第七，把美误作意识形态。"积淀说"认为，社会存在/工具本体决定社会意识/心理本体，美就是这个被决定的心理本体，这实际上是套用物质决定意识的基本原理来规定美的存在，是对审美的误解。意识形态是一定利益集团对现实的规范，它与权力、惩罚、宣传、规训联系在一起，它在完成合法性论证的同时束缚着人的自由。审美活动不同于意识形态，审美的出发点是个体的自由和人类的命运，它超越了狭隘的功利目的，对一切束缚人的不自由的、虚假的意识形态进行批判。审美活动与社会存在的关系不是物质与意识的关系，而是现实与自由的关系。现实为自由的实现提供了条件的同时也束缚着自由，自由永远不满足于现实，它要批判现实指向理想。意识形态是历史性的，它随着历史的流逝就只能成为理解的对象，不可能引起美感，而美的艺术却为不同时代不同地域的人们所欣赏，历万世而不衰。实践美学认为，美感既然是一种意识，必然是对存在的反映，因此，美与美感的关系是存在与意识的关系，美是现实对实践的肯定。在20世纪80年代的思想解放运动中，实践美学论者又以审美活动批判社会异化，要求人道主义，这两者不是矛盾吗？事实上，在前者是把美等同于意识形态，后者才回归了美的自由性和超越性。

第八，对自然美的误解。在自然美问题上，实践美学论者的观点基本一致，认为美是客观现实的社会性存在，是人化自然的结果，自然美只是社会美的特殊存在形式。自然美在自然物的形式中自由地肯定着人类实践。实践在人化自然的同时也创造了人本身，使之获得欣赏自然美的能力。但自然人化说在解释自然美时有许多难点。首先，在今天，它没法解释人们对纯粹形式美的欣赏。自然美主要是形式美，在人类实践已经极度膨胀，对地球的开发日益走向反面的今天，很难说人们对自然的亲近是对人的本质力量的欣赏。其次，这种观点无法解释自然美欣赏中的文化差异，也无法解释自然美欣赏中的个体差异。

李泽厚把马克思的自然人化说与艺术史结合起来，把自然美的根源奠定在实践对自然的历史改造上，这就使实践美学的自然人化说具有后实践美学所缺乏的巨大的历史感和坚实的唯物主义哲学基础。但自然人化说只是一个哲学概括，它无法实证，无法应用于具体的自然美现象。在自然美的生成中，李泽厚忽视了现实的审美活动、特定的社会文化传统等中介，从而无法解说自然美欣赏中的复杂性，这也是李泽厚无法说服朱光潜的原因。李泽厚后期提出人的自然化这一概念试图弥补自然人化说的理论局限，但它与自然人化没有逻辑关系。

自然美可以分为三个方面，一是纯粹的形式美，如平衡、对称、统一、和谐、节奏等，它来自人与自然的同一性，人对形式美之所以能欣赏是因为人的生命来自自然，与自然具有同构性。比如，宏观和微观世界的形式美并没有被实践所干预，也没有为人类所利用，但人们会惊叹于大自然的秩序、合目的性的巧妙。现代人亲近自然，其原因是文明的发展导致了人与自然的疏离，而人本身是自然的一部分，远离都市文明可以找到家园感和归宿感，自然美的现代意义在于它是对人类文明僵化的否定，这与自然的功利性无关，东方美学提出的美是生命的命题、格式塔美学所说形式与人的生理同构现象即是对此的揭示。人工的自然如草坪、园林等可以归为这一类。二是崇高的形式，相对于美来说是无形式，这可以实践美学的自然人化说来解释，不是人的理性压倒了想象力，而是人的实践活动对自然的改造才是无形式之所以引起崇高感的根源。在美学史上,美的范畴比崇高出现得早,西方直到英国经验主义才有真正美学意义上的崇高。三是具有文化意味的自然美,如青鸟在西方,雪、松意象在日本,月亮、蓝天在伊斯兰,龟、鹤在中国就具有不同的文化内涵,各个不同民族的文化活动赋予自然对象以美。康德认为,文明人在审美欣赏时心中装满了观念,即是说,审美活动具有文化意蕴。比如月亮的美可以分为三个层次:一是月亮以自身的物质条件(发光、银色、圆形,在黑夜中所呈现的皎洁)而美。二是它与人类生活的客观联系,在人们生活中的客观地位和作用(月光下劳动生活等)而成为美的。三是在此基础上的文化活动(通过移情、比喻、象征等审美活动创造出多样性的审美意象)。在当代美学研究中,朱光潜综合了第一和第三层,李泽厚强调的是第二层,高尔泰则认为自然美的原因是第三层。

第九,褊狭的艺术观。李泽厚早期的客观主义认识论美学认为,美是客观存在,美感是对美的反映和摹写,艺术美是对现实美的反映和提炼,艺术家的主观能动性仅仅是"通过选择、集中和概括的方法来深刻地反映出它"[①]。刘纲纪认为,美作为人类生活实践创造的产物,客观存在于人类的生活现实中,艺术美只能是现实美的反映。刘纲纪以反映论建立艺术哲学体系。由于认为自然美和社会美是客观存在的,蒋孔阳也认同艺术反映论原则,但更为重视作家主体性,他说,艺术是一种意识形态,渗透了作者的心灵和情感,反映了作者对生活的感情体验。周来祥力图综合前人,认为美和艺术的本质一致。美的本质是人在和自然的关系之中所取得的一种自由,艺术是对这种自由关系的反映,因此美的哲学本质决定了艺术的本质。艺术是对生活的认识和反映,但艺术又是通过艺术家的头脑来反映的,它包含着艺术家的世界观、审美理想、意志和情感,因此,艺术是理智和意志、思想和情感的统一,是反映和表现的统一,是认识论和表现论的结合。

实践美学的艺术观基本上是现实主义的,现实美/艺术美、逻辑思维/形象思维、世界观/创作方法、典型/个性、政治标准/艺术标准等构成其两两对应的概念,而前者又是决定性的。现在看来,

---

① 李泽厚:《美学论集》,上海:上海文艺出版社1980年版,第103页。

这套看似严密的体系其实蕴藏着极大的理论漏洞。首先,在对应性的概念中,前者的决定性导致了其艺术观的理性化,产生了创作中的抽象化、概念化倾向。而且,形象思维是思维吗?如果艺术的目的只是对社会本质的认识和反映,那么艺术家与社会科学家的区别何在?我国传统的主张"情景交融"的古典诗文又反映了什么样的社会现实的本质呢?历史上不同的艺术风格和流派作何解释?……面对这些问题,反映论美学只能无可奈何。有一点可以指出,基于对美的客观存在的经验性的朴素信念,现实主义艺术理论认为艺术家的最大职责在于纯粹客观地以艺术形象反映出生活的本质和美,这种曾经主导过我国文艺界的理论好像是在追求艺术的纯粹的客观性,但现实主义恰恰是最为主观的,因为对现实反映的深度和广度决定于艺术家本人对现实认识的深度和广度。按照艾布拉姆斯的文学活动四元素说,现实主义文学理论不是作家本体,不是作品本体,也不是读者本体,而是现实生活本体,作家是有限能动的,作品和读者在其视野之外,其艺术观念和艺术价值取向是极为狭隘的。有论者试图强调作家的主体性,不过是在现实主义的反映论之外加上浪漫主义的表现论而已。

邓晓芒在一定程度上避免了主流实践美学的弊端,他把美定位在人的情感领域,认为审美和艺术活动通过对人的情感的传达,把人的社会性表现出来。但是,相对于中西美学思想文献,这并没有提供更多的东西。把美学规定为一个独特的研究人的不同于认识和意志的情感和想象力的领域,早在康德那里就实现了。康德把人的能力分为知情意三种。撇开传统的认识论美学,康德把审美诉诸人的一种主体能力——情感。审美表象来自审美态度,审美态度决定于审美愉悦,康德说:"用自己的认识能力去了解一座合乎法则和合乎目的的建筑物(不管它是在清晰的或模糊的表象形态里),和对这个表象用愉快的感觉去意识它,这两者是完全不同的。"①审美活动不是认识活动,美学也不是认识论,这就与西方传统直到黑格尔的认识论美学区别开。把美定位于情感,这是康德的一大功绩,也是写作《判断力批判》的主旨所在。如果把审美

---

① 康德:《著判断力批判》上卷,北京:商务印书馆1996年版,第40页。

等同于认识,把美学等同于认识论,康德写《纯粹理性批判》足矣,何来一个《判断力批判》?我国文艺学界长期忽视或误解康德,极为重视黑格尔,而且把马克思主义经典作家关于意识和存在关系的论述直接套用在美学问题上,致使我国美学长期囿于反映论的迷雾中。

说艺术是陶冶人的性情("积淀说"艺术观)、满足人的精神需要是片面之论;说艺术使人感奋起来,激动起来以改变社会现实是狭隘的艺术功利论。我以为,海德格尔的艺术观似乎有更大的包容性。海德格尔说,艺术是存在(真理)自行置入作品。艺术展现着人的存在、他在世界中的生活、他之所来所往、他的爱恨情仇、他的希望、他的恐惧等生存样态。我们可以从中抽象出认识,说艺术是对现实的认识,或从中抽象出情感,说艺术是表现了作家的情感,或者说艺术表现了人的生存意志和欲望,但这都只是艺术的一部分,是片面的概括。艺术家通过诗意语言说出了存在,存在是丰富的,是无法以理性语言穷尽的,所以诗无达诂,形象大于思想,读者只能通过想象把握存在。艺术展现了人的存在,而人是有时间性的有限存在,因此存在可能是异化的、扭曲的,可能是和谐的、优美的,也可能是充满斗争和矛盾的等等,我们可以从其中抽象出不同的美学范畴,优美、崇高、荒诞、丑等都从属于艺术存在论。艺术是艺术家创造的,从作者方面看,可以说表现了情感。艺术是文本,可对其做学理性的深层结构或表层意象的语言分析,从读者方面看,可以说是反映了生活本质。艺术又是意向性的文本,它联系着意识活动的对象,所以又可以说是读者和文本共同创造了艺术形象。海德格尔的艺术观似乎对作家注意不够,但其艺术真理观对于当代中国美学具有很大的启发性。

我们可以从这么几个方面概括实践美学:一、思想资源:马克思早期思想和德国古典哲学;二、逻辑体系:以实践为哲学基础按照西方传统本体论哲学形态结构学科体系,推演出美学范畴;三、价值取向:以人为中心,推崇普遍的主体性;四、理论问题:美的哲学、审美心理学和艺术社会学;五、阐释视阈:现实主义艺术。实践美学作为一种学说体系必定有自己的阐释限度,如何衡量和评价其理论价值,科学哲学家拉卡托斯的"精致证伪主义"所包含的"四项原则"作为理论学说的尺度可以为我们借鉴,这"四项原则",一是包容性原则:前人学说的合理部分,应充分为新学说所包容;二是阐释性功能:新学说既能用新规律阐释前人所无法阐释的现象,又能更深刻更完满地阐释前人已阐释过的现象;三是发现预测功能:新学说能揭示前人所未触及的新现象、新规律;四是硬核不可证伪性:具体的论断可以证伪,新学说之核心框架应当坚持。[①]以此来观实践美学,我们发现:一、作为美学基本理论,它没有包容现代西方美学和中国古代美学思想;二、无法解释现代审美现象如丑和荒诞以及中国古代感兴论美学;三、它没能为现代人的生存提供生命意义的阐释系统;四、实践美学甚至错误地理解了美学的问题域,没有深入解决美学的根本问题,其核心命题自然人化说对于揭开美的奥秘太空泛等等。评价实践美学可以从不同的角度进行,以上仅从实践美学的逻辑本身看其贡献与局限。

第三节　实践美学与现代性问题

一、启蒙现代性、哲学现代性和审美现代性

现代性仿佛一个幽灵,徘徊在中西学界的上空。在西方学界,随着对统一世界史以来的现代化历程的深入反思,现代性、现代化、后现代主义等成为学术关键词。中国正融入世界潮流的现代化进程中,现代性也成为中国学界的热门话题,一时间,这一明星术语成为政治学、人类学、哲学、美学、文艺学、艺术学、教育学乃至民俗学、建筑学等学科的学术新名词。那么,何谓现代性?现代性是一个历史过程,还是一种思维方式?是一种社会价值目标,还是一种理论建构?是前人的自我意识,还是后人的理论诠释?现代性话语具有什么样的学理意义?现代性理论对于当前美学文学的研究而言有何借鉴意义?现代性视角是否可应用于实践美学研究?从现代性看,实践美学会呈现什么样的新面目?

在弄清现代性话语的理论要旨之前,有必要做一语源学的梳

---

① 参见杨曾宪:《审美价值系统》,北京:人民文学出版社1998年版,序言部分。

理。在汉语中，近代指不久以前的时代，如《三国志·吴书·孙登传》中说，"(孙)权欲(孙)登读《汉书》，习近代之事"。英文没有近代现代之分，只有一个表示"不久以前"的词 modern，中文把它翻译成现代或近代是沿用苏联的用法。按照中国学者杨春时的考证，苏联一方面把文艺复兴以来的历史称为新时代，中文一般译为近代，同时又把 1917 年十月革命后的历史划出来称为现代，是比(近代)资本主义历史更高的历史发展阶段。① 这种划分不是以生产力和社会发展水平而是以意识形态为原则，目前只在中国等少数国家采用。"现代性"这个抽象的概念在西方第一次出现在拉丁语中，"modernitas"一词在 11 世纪末出现，它派生于形容词"modernus"，其意为"当代时期"，被视为介于已经消亡的"旧时代"antiquitas 与人们期盼到来的"革新时代"renovatio 之间的时代。一个世纪后，该词用来表示作品的新潮性，以此反抗旧思想对它没有认可的东西所表示的蔑视态度，这样，这个词就介入到当时的古(antiqui)今(moderni)之争②。在法语中这个词首次出现在巴尔扎克的作品《百岁老人》中，指的是"现代时期"。夏多布里昂在《墓中回忆录》中谈到他 1833 年的布拉格之行时提到了"海关的现代性"，以与中世纪的景象对应，"海关和护照的粗俗性，即现代性，与暴风雨、哥特式建筑的大门、号角声以及激流声形成鲜明的对比"③。被认为是法国现代性理论家的波德莱尔在《现代生活的画家》中使用了该词，"现代性，就是那种短暂的、易逝的、偶然的东西，是艺术的一半，它的另一半内容是永恒的、不变的。……这种短暂的、易逝的、变幻无常的东西，你们没有权利蔑视它或者抛弃它。"④英文 modern 源于拉丁词 modernus，主要有两种意思，一是近期，二是时代的划分，指与中世纪相区别的文艺复兴即 14 世纪以后的时期。根据美学学者卡林内斯库的考证，英语世界里现代性这一术语 17 世纪已经在使用，1627 年出版的《牛津英语辞典》首次

---

① 杨春时：《现代性视野中的文学与美学》，哈尔滨：黑龙江教育出版社 2002 年版，第 14 页。
② 伊夫·瓦岱：《文学与现代性》，北京：北京大学出版社 2001 年版，第 19 页。
③ 同上书，第 20、21 页。
④ 同上书，第 22 页。

选入"modernity"一词,意为"现时代"。1782年托拉斯·华尔普尔在一封论诗的信里谈到查特顿的诗歌时说,这些诗歌具有"节奏的现代性",使听觉敏锐的人为之惊叹。因此,现代性在文艺批评上指的是声音和节奏。现代性在西方语言中的释义与当前这一概念的流行用法关系密切。

从字面上看,现代性是指现代社会的基本属性。瑞士著名学者汉斯·昆说,现代这个术语"最初用于17世纪法国启蒙主义,它用以表明西方由怀旧的文艺复兴阶段进展到一个充满乐观向上精神的历史时期"①。对这个历史时期的特征的界定可以从多方面展开。社会学家吉登斯认为现代性是传统的"断裂"(discontinuities)。吉登斯要求人们"必须从制度层面上来理解现代性",他说,"这个术语首先意指在后封建的欧洲所建立而在20世纪日益成为具有世界历史影响的行为制度与模式"②。现代性涉及"对世界的一系列态度","复杂的经济制度"和"一系列政治制度,包括民族国家和民主"③。与此相关,现代性有四个维度:资本主义、工业主义、监督机器和对暴力工具的控制。哲学人类学家马克斯·舍勒认为现代性的特点是:"它不仅是一种事物、环境、制度的转化或一种基本观念和艺术形态的转化,而几乎是所有规范准则的转化——这是一种人自身的转化,一种发生在其身体、内驱、灵魂和精神中的内在结构的本质性转化。"④马克思·韦伯把现代性视为欧洲宗教世界观解体社会走向世俗化的"去魅"的"合理化"过程。在他看来,现代化的根本在于西方文明特有的"理性主义"和"个体主义"价值观,它们造就了西方独有的"政治法律和经济体制"。⑤斯图亚特·霍尔则从多层面界定现代性:政治上是世俗政权和民族国家的确立,经济上是市场经济和资本主义的合法化,社会组织上是劳

---

① 哈贝马斯:《后民族结构》,上海:上海人民出版社2002年版,第23页。
② 吉登斯:《现代性与自我认同》,北京:三联书店1998年版,第16页。
③ 吉登斯:《现代性—吉登斯访谈录》,北京:新华出版社2001年版,第69页。
④ 马克斯·舍勒:《资本主义的未来》,北京:三联书店1997年版,第56页。
⑤ 马克斯·韦伯:《新教伦理与资本主义精神》,北京:三联书店1987年版,第15页。

动分工的产生,文化上是宗教衰落,物质文化的兴起。① 福柯则说,现代性不是一个历史时期,而是一种"态度",一种"思考和感觉方式,行动和行为的方式",一种"精神气质"。

面对这些言说,我们如何把握现代性的内涵呢? 现代性通常指17至19世纪西方思想家冲破封建专制与教权,为西方国家通向工业文明与资产阶级"理性王国"而作的合法化论证。现代性是一个总体性概念,包含着非常复杂的内涵,人们可以从经济学、政治学、社会学、人类学、教育学等方面对现代性展开论述,从各自的立场去把握现代社会的特征。我们可以借用马克思的生产力/生产关系、经济基础/上层建筑、社会存在/社会意识的理论架构把握现代性的内容。概而言之,现代性可以包括以下几个层面,一是从社会经济和制度层面看,现代性表现为市场经济的工业化大生产和民主自由的法权体系。二是从哲学层面看,按照历史分期和精神实质,现代性可以分为启蒙主义哲学、现代西方哲学和后现代哲学,其中,后现代哲学是现代哲学的极端化,后现代哲学和现代哲学是对启蒙哲学的反思和批判,三是从文艺思潮和美学理论看,审美现代性是对启蒙思想和社会现代性的超越和否定。对于今天的人文学界而言,现代性问题无法回避。本文试图从哲学、美学和文艺学层面看现代性话语的特征,从而为把握现代性这一复杂的文化现象提供一条途径。

启蒙思想的基本精神是理性主义。随着中世纪的结束,人们在发现人的同时也发现了自然,世界呈现在人的理性或感觉经验基础上。笛卡儿开其端,大陆理性主义哲学和英国经验主义哲学以及康德直到黑格尔的德国古典哲学构成了整个启蒙主义哲学。洛克在《人类理解论》中说,理性应是我们的最高法官。斯宾诺沙以几何学的精确性研究哲学,认为理性克服了非理性才能达到自由。休谟声称,他要用哲学的精确性指导美学和鉴赏研究,其《人性论》的副标题是"在精神学科里尝试牛顿实验科学的方法"。理性主义哲学以"我思"确立思维的边界,从"我思"推演出理性直觉

---

① Stuard Hall & Bram Gieben. eds, *formation of modernity*, cambridge: polity, 1992. p.6.

和天赋观念。经验主义哲学推崇经验归纳法,但并不反对理性,认为依靠知识可以征服自然,"知识就是力量"。作为经验主义和理性主义哲学的总结者,康德要为人类的知识奠定普遍原则,这个普遍性的原则不在客观世界本身,而在人的理性。康德在总结启蒙运动的基本精神时说,理性是一种把人类"和其他物件区别开,以至把他们和被对象所作用的自我区别开的能力"①。康德认为,人之本性就是理性,正是理性把人区别于动物并使人类走出蒙昧走向进步。为了考察理性在人类活动领域里的运用,康德以先验理性原则在认知、实践、审美三方面建立了整个批判哲学体系。随后,费希特以自我决定非我,谢林以绝对的自我同一主客体。到黑格尔理性成为哲学之王,通过理性可以获得真善美,理性是历史和个人的目的,人类社会和自然都不过是理性自我展开的历史。因此,可以说,启蒙思想的核心就是理性。

在启蒙思想家那里,理性代替了信仰,理性也需要代替信仰的权威地位,因此哲学家们满怀着批判旧世界、创造新世界的激情,热情地讴歌理性。理性为社会奠定了现代化所必需的"元叙事",如科学、自由、民主等,建立了现代社会的价值观念和发展模式。理性主义是启蒙哲学的第一个特点。启蒙哲学的第二个特点是主体性,这关系到人在世界中的地位问题。人类中心论的观念在西方历史久远。古希腊自然哲学家以可见的自然物质或不可见的形式为万物之本。普罗泰戈拉提出"人是万物的尺度",苏格拉底提出"认识你自己"的命题后,人就成为哲学的中心。中世纪,上帝是人的本质的对象化,人反而成为附庸。近代文艺复兴时期,人成为"万物的灵长"、"宇宙的精华"。启蒙运动时期,培根为认识自然开发自然的经验主义科学方法论鼓噪,笛卡儿以"先验自我"为具有普遍性的知识之本源。康德提出人为目的、人为自然立法的命题,人类中心论达到顶峰。到黑格尔那里,一方面人为绝对精神显现之工具,人的地位衰落了,另一方面,理念其实是人的颠倒了的理性,人的主体地位又更突出了。启蒙思想推崇科学精神,科学貌似追求普遍性和客观性,但其根本法则是主体性,是主体制定形式和

---

① 康德:《道德形而上学原理》,上海:上海人民出版社1986年版,第107页。

逻辑规范客体。启蒙运动时期,人的主体地位,人在自然面前的优越性得到了前所未有的提升。启蒙哲学的第三个特点是普遍性,这也是西方知识论哲学要解决的传统问题,也就是普遍性概念与个别性事物的关系问题。康德以先验普遍性的形式结构作为人类活动的根据。在作为黑格尔逻辑学的三个基本环节的"个别、特殊与一般"中,最重要的是作为本质的普遍性,具体事物只有获得普遍性才是真实的。启蒙思想的第四个特点是主客二分,这是近代科学发展带来的思维方式。文艺复兴以来,西方发现了自然,自然是与人对立的另一个客体,而非上帝神圣的显现者。人要追求现世的幸福必须有物质生活作保障,这就必须征服自然,取得对自然的绝对控制力,这样,近代社会的工业化就对科学理性、科学方法提出了要求,而科学的根本精神就是主体自我和客体自然的分离和对立。工业发展使人类第一次与自然发生了广泛而深刻的联系,但自然不以人的意志为转移,它走着自己的路。人借助科学第一次在实践上代替上帝成为自然的主宰,人的主体性代替了上帝的自由意志与创造力,它是第一性的,是统一性、确定性、必然性、知识、秩序和价值的源泉。主体相对于客体,人是主体自然是客体,主客体关系成为哲学的中心议题,主客二分就成为哲学的基本形态。

西方现代化进程中产生的复杂现象促使人们去思考启蒙思想本身的缺陷。对现代社会的批判最早在马克思那里以系统理论的形式表现出来。马克思意识到,现代社会"一方面产生了以往人类历史上任何一个时代都不能想象的工业和科学的力量。而另一方面却显露出衰颓的征兆,这种衰颓远远超过罗马帝国末期那一切载诸史册的可怕情景"[①]。马克思发现,在资本主义社会,机器本来可以减少人类劳动,但却引起了饥饿和过度的疲劳;新发现的巨大财富却变成了贫困的根源;人类控制自然的力量在增长,但个人却成为别人的奴隶;物质力量似乎具有理智生命,而人的生命则化为愚钝的物质力量。此即现代社会的异化和悖谬现象。对于从启蒙时期开始的社会现代化运动,人们有肯定和否定两种态度,这就产

---

① 《马克思恩格斯选集》第 1 卷,北京:人民出版社 1995 年版,第 774 页。

生了两种现代性,一种把现代性等同于历史进步,对历史秉承进步乐观态度,不断追求创新,它拥护现代事物,对之具有参与意识,与之保持积极关系,对过去急于摆脱对未来充满期望。另一种现代性则认为现代社会的动力与真正的进步背道而驰,它紧盯现代社会的缺陷而悲观失望。按照精神实质,前者就是启蒙现代性思想(科学理性或工具理性),后者就是与此对立的哲学现代性和审美现代性(人文理性)。也就是说,现代性话语具有一种内在的矛盾性和张力,在建构的同时隐含着解构,这就把问题引申到启蒙思想的局限性。

理性本身是人类的一种优点,是人类造福自身的本质力量,它把西方文化从神性束缚中解放出来,因此弗洛姆说:"人类历史的推动力内在于理性的存在",正是"通过理性人创造了人自己的世界,在这个世界里他和他的同伴都感到安归家中"①。理性可分为科学理性和人文理性,前者面对自然,以逻辑概念发现和表述自然,后者关注人本身,是人对抗神性为自身世俗存在作论证的依据。在文艺复兴和早期启蒙运动时代,人文理性与科学理性和谐统一,其主题为神性批判和追求自由、平等以及自然秩序等等,但后来科学理性和人文理性失去平衡。随着十七八世纪实验科学的发展,科学方法和科学理性成为人认识自然和社会乃至人自身的唯一方法,科学在人类整个社会而不仅仅在自然界取得了霸主地位。到19世纪,科学主义达到顶峰,历史领域里的理性主义、乐观主义态度,人文科学领域里客观主义和实证方法的应用表明人文精神在科学精神的挤压下无处安身。科学理性异化为意识形态,人成为专业生产线上的齿轮和螺丝钉。科学理性关注的是与人对立的自然而非人本身,它把人存在的形而上意义诸如生命价值、信仰关怀排除在外,因此,"存在者"在而"存在"反而不在,现代性导致人的无家可归感。启蒙现代性把科学理性演变为唯一的人类生活之源,人文理性失落了。现代西方哲学对启蒙理性精神持激烈批判态度,其对理性中心主义的反叛,就是一系列非理性本体的重设,这就是叔本华的"意志"、弗洛伊德的"力比多"、海德格尔的

---

① 弗洛姆:《为自己的人》,北京:三联书店1988年版,第57页。

"思"、德勒兹的"欲望"、德里达的"延异"、福柯的"历史"等,这些本体存在都是流动性、非确定性、无序性的。理性消退后,达到理性本质的方法如逻辑推理等也被废弃,情感、体验、直觉等方法就被推到前台,如海德格尔以"存在"来理解自己,柏格森以"直觉"把握绵延,叔本华以"静观"审视绝对。对于非理性本体,语言既能遮蔽之也能敞开之,遮蔽它的语言是逻辑概念式语言,敞开它的语言是诗性语言。

在现代哲学那里,人类的主体中心地位遭到了前所未有的挑战。弗洛伊德对无意识的发现,是对理性中心论的颠覆;胡塞尔以"生活世界"为中心,认为人生活在世界中,生活在万物赐予之中,人与自然的对象性关系以及人对自然的主导地位是派生的、第二位的;海德格尔明确反对文艺复兴以来的人道主义,反对人类中心论;马丁·布伯的存在主义认为,人应该敬畏世界,与万物建立"我你"关系而非"我他"关系。在后人道主义哲学看来,人不再是世界的中心,甚至也不再是自我的中心,"'我'、主体,既不是自己的中心,也不是世界的中心——至今它只是自以为如此。这样一个中心,根本不存在"[①]。福柯的考古学表明,人本身就是被建构的,人是科学"信码"(code)所创造的一个"范畴"。主体性已步入黄昏,不仅"上帝死了","人也死了"。

人类中心论、主体性、科学理性等具有相关的精神取向。"近代哲学的主体性和人类中心论的根本核心思想就是,人作为主体居于一切事物的中心,同时一切存在者都是在主体的作用下(支配下、条件下)经对象化后才被把握。"[②]当人成为唯一的主体时,人就成了世界的中心,成为一切存在者之所以存在的根基,主体性确立了,随之而来的人类中心论、人本主义、人道主义也就确立,启蒙现代性的哲学基础主体性形而上学才得以形成,"现代的基本进程乃是(主体性的人)对作为图象的世界的征服过程"[③]。启蒙思想遭到了西方现代哲学的多方面批评。福柯认为,启蒙理性和主体性

---

① 布洛克曼:《结构主义》,北京:商务印书馆1986年版,第24页。
② 今道友信等:《存在主义美学》,沈阳:辽宁人民出版社1987年版,第83页。
③ 海德格尔:《林中路》,上海:上海译文出版社1997年版,第92页。

是一定历史条件的产物,知识和主体是被建构的,现代性是控制和统治自然和人的形式,这种形式的产生是通过对边缘存在异端化而成为可能的,这就是福柯研究性、监狱、疯狂、惩罚等边缘现象的原因。法兰克福学派的霍克海默和阿多诺在《启蒙辩证法》中认为,启蒙理性变成了工具理性,它以科学技术和官僚体制控制人们的思想和需要,成为压抑个体的无所不在的力量。启蒙哲学的主题就是为西方现代化进程中的价值观念、思维方式和社会制度等意识形态提供合法化依据,利奥塔把它称为"元叙事"或"宏大叙事","元叙事或大叙事,确切地说是指具有合法化功能的叙事"①。利奥塔指出,科学技术的发展并没有带来自由和公平,奥斯威辛集中营的存在本身就是现代性意识形态合法性的毁灭。从对启蒙现代性的反叛角度来看,西方现代哲学的转向有这么几个方面,一是叔本华和尼采开始的非理性转向,唯意志主义以非理性的意志本体代替黑格尔的理性本体,柏格森、克罗齐、弗洛伊德等都以非理性的直觉或无意识作为世界本质。陀斯妥耶夫斯基说:"总之一句话,你可以用任何字眼来形容这个世界的历史——一切能够进入你的乱七八糟的想象之中的东西都可应用,唯独不能用'理性'来形容它。"因为"人终究是人而不是钢琴键"。"确定性却不是生活,而是生活之死亡的开端。"②二是个体转向。在存在主义看来,人首先是一个具体的个人,人不是一个抽象的认识主体,而是一个自由的、自我创造和自我超越的主体。存在主义哲学以个体生存为先,萨特展示了个体存在的荒诞,海德格尔分析了个体存在如何的种种状态和如何存在的种种可能。三是本体论转向。分析哲学将传统哲学的概念看作是"没有意义的",因此要"清除形而上学"。胡塞尔指出,现代人之所以存在无根状态,在于现代技术理性对日常生活世界的惊人的遮蔽与控制。他呼喊重建日常生活的诗意,把哲学导向现实的生活世界。海德格尔说,传统哲学应该终结,他对存在的追寻比传统本体论更根本,因此是"基本本体论"。阿多诺

---

① 《后现代性与公正游戏——利奥塔访谈录》,上海:上海人民出版社1997年版,第169页。
② 考夫曼编:《存在主义》,北京:商务印书馆1995年版,第71、72、74页。

抨击黑格尔的同一性、普遍性哲学,要以差异性、片段性、多元性来取而代之。利奥塔借助后期维特根斯坦的"语言游戏"说证明所有叙事都是平等的,没有任何叙事可以作为另一叙事的合法性标准,这就为思想和文化的多元性提供了依据。四是主客统一转向。主体性哲学的思维模式为主客分离,主客分离的虚妄在于,人始终是在地球上呼吸,怎么能站在地球之外来观察把握对象呢?主体性哲学让主体向外无穷索求,这一方面导致西方近代的积极乐观进取精神、物质财富的增长和自然科学的发达,产生了像浮士德这样的近代巨人,但另一方面这种索取总也不能满足其精神需要,无法找到生存的意义。胡塞尔把传统认识论归结为"二元论"、"客观主义"。海德格尔将科学认知方法概括为"对象化"。海德格尔指出,对象性科学的符合论真理观应以存在论真理观为前提。

后现代思潮是现代哲学的继续,它继承了现代哲学反抗秩序、统一、主体和理性至上的片面倾向,进一步把人从新老传统中解放出来。后现代并不是现代性的终结,它与哲学现代性一样,是对启蒙现代性的超越和反思,这种超越和批判就蕴涵在现代文化之初。后现代主义的"现代性终结论"大谈历史的终结、理性的终结、人的终结、哲学的终结、真理的终结、意识形态的终结、知识分子的终结等,批判启蒙运动的宏观进步历史观、科学理性观、符合论真理观、人类中心论和主体性哲学。

在现代性发轫之初,文艺与现实的关系是肯定性的,艺术遵循真善美的统一,呼唤人性的解放和民主自由等价值观。在艺术家眼里,人是"世界的美",是"万物的灵长",艺术要求生活变革,把人们从上帝和封建贵族古典主义趣味的统治下解放出来,其理论表现就是但丁、狄德罗和莱辛等人的具有启蒙色彩的现实主义文艺观。19世纪上半期,在兰波等诗人那里,现代性表现为对某种不可抗拒的力量所左右的激情,他们把巴黎比喻成巨大的车轮和向远方行驶的轮船,由运动伴随而来的速度、激情和希望成为诗歌意象。但现代性是具有深刻矛盾性和复杂性的文化现象。随着现代化进程的深入,文艺与现实的关系发生了蜕变。卡林内斯库认为启蒙现代性(世俗现代性、资产阶级现代性)是现代性自身的认同力量,而审美现代性则是现代性的反抗力量,它以审美感性来对抗技术理性和工具理性。① 也就是说,审美现代性在文学艺术和美学理论层面构成现代化进程中的批判性力量,它与启蒙现代性一起形成社会的动态平衡。

对现代性的批判在现代性发生之初就已开始。卢梭意识到现代科学的发展与人类道德进步存在逆反现象。席勒敏感地意识到资产阶级理性主义王国的虚妄性,看到资本主义社会文化的矛盾,他要以审美活动拯救和完善世界,以游戏反抗现代性的理性支配。在席勒看来,社会把人分裂为碎片,理想社会应以完整的人代替全能的神。在席勒的现代性批判中,现代人以"强盗"这一反抗强权和束缚、追求自由的形象出现。审美现代性在文艺创作上的表现就是现代派文艺。现代派文艺在叙事方法上颠覆传统,主张叙事含混,语言多义,反对全能视角;题材上追新求异,走向非理性和意识流;结构上支离破碎,解构传统的文艺有机整体观和时空观;修辞上大量运用戏仿、反讽和拼贴手法。现代派以瞬间、快感、非理性、玄妙、丑陋、原始、本能、分裂等形式来反叛资产阶级既存的价值标准和生活方式。在卢梭和席勒那里,审美活动以感性抵抗理性的压抑,到现代派那里,感性演变成感觉,非理性的感觉成为个体存在的最后依据,晚近审美现代性视野则实现了审美活动的身体转向。身体是原生形态的没有被资产阶级现代性话语污染的纯粹本体,是抵抗文化控制的最后一个据点,是对资本主义社会制度和意识形态的否定,这就是身体写作的现代意义。

在当代西方的现代性批判思潮中,马克思的社会经济/社会制度的批判演变成文化批判,哲学家美学家多从文化心理意识层面批判现代性,艺术审美成为人们固守自由反抗世俗现代性的武器。审美现代性在理论上的表达即是现代美学理论。在西方现代美学那里,艺术的独立性、自足性,艺术对于生命意义的形而上意味成为核心问题。美学家波德莱尔最早指出现代艺术的"偶然"、"短暂"、"过渡"等特征。20世纪初期俄国形式主义文学理论的陌生化概念提出了艺术的自律性问题,认为"文学并不反映城堡上旗帜的颜色",新批评由此转向文本的形式本身。审美现代性在从事资

---

① 马泰·卡林内斯库:《现代性的五副面孔》,北京:商务印书馆2002年版,第48页。

本主义当代文化批判的西方马克思主义者那里得到了最为完整的理论阐述。萨特在与现实对立的意义上强调艺术想象,因为"现实的东西绝不是美的,美是一种只适合于想象的东西的价值,而且这种价值在其基本结构上又是指对世界的否定"①。马尔库塞说,只有以审美活动塑造"新感性"才能对抗现实生活的压抑。阿多诺认为,在现代社会,理性已蜕变成工具理性,技术已上升为统治原则,文化工业窒息天才,迫使语言庸俗化,现代艺术也转变了其传统的社会功能。在生活已被控制化计量化的时代,艺术乌托邦成为生命自由游戏的唯一场所,成为反抗现代生活的有力武器。现代艺术的个性化、风格化、独特化乃至不可解性,当代艺术哲学的严肃艺术与大众艺术的区分,艺术形式对于内容的主导地位,艺术社会功能的重新认识等问题都应从审美现代性的角度去理解。

艺术审美活动一方面行使文化批判职责,另一方面在宗教退隐后履行生命意义的建构功能。在"上帝死了"之后,人的生存的意义变得晦暗,存在的自觉意识凸现出来。在现代社会,审美活动成为人生诗意化的唯一领地,成为代替宗教赋予生命以意义的活动。叔本华认为,只有静观艺术才能自绝于意志之流,在审美活动中才能体验形而上的世界本质。尼采说,只有审美化,这个世界才有存在的根据,我们也才有存在的勇气。在弗洛伊德看来,现代社会是理性对爱欲本能、超我对本我的挤压,审美活动替代性地实现了快乐原则,是在不违背现实道德基础上的想象性满足。马尔库塞说,只有审美活动才能拯救我们:"审美的天地是一个生活世界,依靠它,自由的需要和潜能,找寻着自身的解放。在这个新的社会环境中,人类所拥有的非攻击性的、爱欲的和感受的潜能,与自由的意识和谐共处,致力于自然与人类的和平共处。"②海德格尔认为,人在世界中的基本存在状况是沉沦、烦和畏,而审美作为本真的存在状态,是最为自由最为澄明的生存方式。现代西方美学致力于寻找个体生命在审美活动中的意义,个体有限的生命在超越

---

① 萨特:《想象心理学》,北京:光明日报出版社1998年版,第292页。
② 马尔库塞:《审美之维:马尔库塞美学论著集》,北京:三联书店1989年版,第113页。

性的"震惊"(本雅明)、"高峰体验"(马斯洛)、"神秘之域"(马塞尔)、"不可言说的神秘"(维特根斯坦)、"澄明之境"(海德格尔)、"视阈融合"(伽达默尔)中走向无限。

现代性话语指的是对西方现代社会在经济基础、社会制度、文化意识等层面的界定、认识、建构和解构活动,具体包括现代社会是如何发生的,它与传统社会的关系如何,现代性表现在哪里,现代性的弊端何在,对现代性的批判可以从哪几个方面展开等问题。社会制度的科层化,社会生产的制度化,社会交换的市场化,社会信息的符号化,思维模式的计量化,伦理向度的功利化,社会个体的自由化,传统宗教的去魅化,生产主体的对象化以及人与自然关系的异化等方面可以视为现代社会的基本特征。同时,现代性是一种话语,一种意识形态而不是对客观存在的表述,这就为我们审视批判它提供了理论依据:既是意识形态就有其时空局限,有其异质样态,现代性就可以有不同的民族文化形式,因此,在后发现代性的中国,我们如何追求现代性,追求怎样的现代性就是一个必须思考的问题;在已发现代性的西方,重写现代性就成为可能。

百年中国的现代化历程充满艰辛。中国现代化由外在推动变成内在追求,经过救亡与启蒙的纠缠终于提上了议事日程,创造新的现代文明成为中国新的主流话语,中国传统文化在现代性视野的观照下呈现新质。在全球化语境下,中国新文化的建构有了西方这一他者作为自己的镜像。西方现代性并非现代性的唯一形式,其过程和利弊为我们提供了借鉴,科技理性与人文理性,社会制度与人性解放,理性与新感性,人与自然的关系等等都是我们现代化过程中要思考的问题。马克思主义、西方文化、中国传统文化是我们现代化的文化资源,全球化和后殖民是我们的当下语境,如何在东西文化交汇,在西方强势文化下发展民族文化而不走向偏执的民族主义,以开放的胸襟融合三者创造新的现代文化是我们的任务,传统与现代、西方与中国、马克思主义的时代阐释都必须在现代性视野中获得新义。现代性既是一种话语体系,也是一种理论视角,借助它我们可以看清许多东西,现代性话语对我们当前的学术研究具有重要的理论意义。具体到文学艺术上,比如百年美学作为西学东渐的一支是如何在现代性历程上曲折发展的;中国古代美学与当代西方美学如何会通;审美现代性所具有的不同于传统审美的特质何在;中国现代文学是否具有现代性,它与启蒙文学的关系如何,进一步看,启蒙是否仍然是当代文学和文化的主题;当代中国美术作为现代性的阐释者如何协调本土化与现代性的张力;中国古代文学的古代性表现在哪里;中国古代文论如何进行创造性转化以实现其新的阐释效能;中国现代文论的失语与重构问题;文学的世界性与民族性问题;当代文学如何阐释现代性的生存处境等等问题都应该放在现代性这一理论背景下展开,这些问题关系到中国现代性的学科建制,新世纪的学术话语也将在现代性视野下获得一种新质。

二、现代性视野中的实践美学

现代性话语是一种理论视角和参照,借助这种理论的自觉意识,许多问题得以明晰。有了上文的现代性话语的梳理,实践美学的思想资源、问题意识以及理论指向就显现出来。从现代性话语来看,实践美学的思想资源来自西方传统美学特别是启蒙哲学。从精神实质来看,实践美学为近代美学,并未获得审美现代性。实践美学的古典性表现在:

第一,对理性的推崇。实践美学认为,美是实践的产物,是人的本质力量的对象化,而实践是有目的、有意识的理性活动,因此,美就打上了理性烙印。实践美学强调实践对自然必然规律的掌握,认为实践活动获得的自由即是美之本源,这种理性的乐观精神被20世纪思想所粉碎。康德已经说明人的理性的有限性,海森堡、哥德尔则从科学内部证明理性的限度。人不可能掌握世界的规律,只能在不断试错中前行。在人类活动已造成生存危机的今天,实践美学肯定人的理性的实践力量是不合时宜的。

第二,主体性。早期实践美学仍然残留机械唯物主义印记,因此,朱光潜对审美主体的强调才遭到了批评,推崇作家创造性(天才)的康德也被批判。李泽厚后来明确提出主体性实践哲学,刘再复把哲学主体性引入文学领地。李泽厚强调,实践是集体的活动,即使是个人的实践也是社会性的活动,美就产生在群体性的实践活动对自然的改造中,这就导致了对群体的先在性的肯定,个体的现实的审美活动被忽视。随着市场经济和西方思潮的引入,人们发现,实践美学的主体从属于集体、理性、传统,是黑格尔理念的附属物,是康德先验形式的承载者,而不是感性的、个体的、有生命力的活生生的人,因此,实践美学的主体性极易与新的集体主义主流意识形态合谋成为扼杀个体生命的保守力量。实践美学的精神要义,是在人与自然的矛盾对立中,对人类改造自然控制自然取得自由的伟大力量的赞誉,美是人战胜自然的结果,崇高则是其过程。实践美学把美的光环赐予人改变自然的主体力量,主张发挥人的本质力量和主体性去战胜自然以求更多的美,这就与启蒙思想一致,审美成为对人的主体性本质力量的呼唤和肯定。

20世纪80年代的思想解放时期,主体性实践哲学有力地反驳了庸俗唯物主义对人的抹杀、"文化大革命"对人的尊严和价值的摧残。当时把马克思解释成为人道主义也是历史的需要,是对忽视人的生命意义的主流意识形态的批判。李泽厚在20世纪五六十年代就很推崇黑格尔对美的定义,认为以车尔尼雪夫斯基改造黑格尔就很接近唯物主义美学。马克思在《巴黎手稿》中把黑格尔的精神实践颠倒为物质性的实践,即实践是人的本质力量的对象化,但黑格尔的普遍性先于个别性的精神实质被保留下来。马克思特别强调人的社会性,重视费尔巴哈的"类"概念,这些都被吸收进实践美学,导致了实践美学把先在的集体性的实践活动置于个体性的审美活动之上。马克思主义不是真理的终点,应该把马克思的哲学视为西方哲学的一部分。马克思是从左的方面批判德国古典哲学,西方现代哲学则是从右的方面批判古典哲学,其共同要旨是对社会异化的关注,对人的自由存在的呼唤,因此,西方现代哲学对主体性的反思值得借鉴。美学不能肤浅地充当人类无穷地向外扩张的鼓吹者和装饰者。

第三,人类中心论。李泽厚认为,实践是一切社会事物的本源,实践活动创造了世界,创造了人,也创造了艺术和审美。蒋孔阳把"人是世界的美"这一被认为是西方人类中心论的宣言改造成为美学命题。因为实践总是人的实践,实践美学的理论逻辑必然导致人类中心论。

审美自由是一个历史主义命题。在历史上,人曾经匍匐在自然的脚下,人对自然的控制正是人的自由所需,同时,人必须结合成统一体才可能战胜自然,个体必须结成社会关系,生活在社会中才有自由可言,这就产生了古典形态的肯定人对自然的优越性,人与社会统一的和谐美。随着历史的发展,自然为人类所控制,人本身的问题就凸现出来,个人挣脱社会的束缚,去独立自足地寻求生命的意义就是人的自由所在,这就产生了现代的审美活动。肯定实践活动就是肯定人在自然界的中心地位,这就无法顾及个体的生命存在,这正是实践美学的古典特征。

对于人与自然的关系,恩格斯说过,人类对自然的每一次胜利,自然都报复了我们,"如果说人靠科学和创造天才征服了自然力,那么自然力也对人进行了报复,按他利用自然力的程度使他服从一种真正的专制,而不管社会组织怎样"①。马克思指出,只有按照自然尺度和人的尺度合乎美的规律去改造世界,在合乎人类本性的情况下进行人与自然的物质交换才能解决人与自然的矛盾对立,这就需要对生产方式及社会制度进行变革。实践美学肯定人在自然面前的主体地位否定了自然的优先性,本身是反马克思主义的。

第四,对科学方法论的推崇。在20世纪80年代的科学方法论热中,周来祥对在美学学科中应用自然科学方法极为热衷。李泽厚大谈科技活动中的美,并以科学的分析方法研究审美心理,甚至断言,美学学科的科学化是其发展目标,美学学科的成熟的标志是以数学方程式表述审美活动的奥秘。实践美学论者以自然科学方法来结构美学体系,以客观的立场、冷静的态度概括抽象审美文化现象,屏除了美学研究中的生命体验,导致美学成为"冷美学"。

美国学者考卜莱斯顿把哲学家分为旁观者和行动者,对于行动者而言,"第一,它是说哲学家所思考的问题,对他来说,是一个来自于他作为一个个体的人之自身存在的问题,这种个体的人是自由地决定他自己的命运的。第二,它是说这问题对他是很重要的,因为他是一个人而不仅是偶然活动的产物"②。美学学者应该更多的是行动者而非旁观者,因为美学不过是以理性语言表达自

---

① 《马克思恩格斯全集》第18卷,北京:人民出版社1979年版,第342页。
② 考夫曼编:《存在主义》,北京:商务印书馆1995年版,第333页。

己的审美体验。如果没有切身的审美感受,没有现代性的审美活动,只是以冷静的客观的态度总结审美文化现象,这样的美学研究是可疑的。实践美学论者沉醉于美学的科学性中,美学的人文维度被遗忘。

西方古典美学认为审美活动是感性与理性的统一,是以感性形式反映理性真理,实践美学的反映论与此有关。近代自然科学的发展让人们产生自然科学方法论具有普遍有效性的幻象,人们把自然科学的方法运用于人文学科,人文学科因此附属于自然科学的真理模式而成为准真理,主客二分为其共同取向,实践美学的审美主体与审美客体的分离即由此而来。事实上,"科学美"是一个伪命题,自然科学的发展催生了许多美学问题,但美学本身的人文性与自然科学认识论和方法论是背道而驰的。康德指出,知性只可及现象的经验界,而审美活动关系到自由的本体界,知性一旦运用于理性领域就会发生二律背反。科学精神和人文精神的对立在20世纪西方表现为人本主义和科学主义的二水分流。科学方法不可能深入审美活动的内在世界,审美活动是神秘的不可言说之地。作为对审美活动的思考,美学带着研究者个人对美以及生命的体验。实践美学论者惯于认肯美的客观性和社会性,对美与生命存在的关系论述甚少,缺乏现代性的审美体验是产生美学论争的原因之一。

第五,审美超越的缺乏。实践美学认为美是真与善的统一,或者认为审美活动是科学认识和实践活动的中介,这样,美只关系到现实世界而没有自己独立的领域,审美活动的自由性和超越性就被忽视。在实践美学那里,真是客观规律,善是现实功利,美与真善是内容与形式的关系,其结果要么是以规律压倒了情感,导致了反映论美学的概念化、抽象化的艺术创作,要么是以现实的功利压倒了纯粹自律性的精神愉悦,结果或者落入老传统的"文以载道",或者为新传统的"文艺为政治服务"做论证。

真善服务于人的现实生活,把美局限于现实领域就忽视了美的超越性和批判性,这就无法解释美的艺术的超时代、超地域、超民族性。在中国古代美学和20世纪西方美学看来,美是超越认识、超越道德的万物一体的境界。尼采的"酒神精神",海德格尔对

"存在"的追寻,马塞尔对"神秘之地"的重视,马丁提出的"我你"关系,伽达默尔的"视阈融合"等等,都是对传统主客二分哲学思考方式的抛弃,本身就是对超越性的审美活动的论述,对我们今天的美学研究极具启发性。

第六,乐观主义历史进步观。乐观主义历史发展观是启蒙运动的产物,随着达尔文进化论在社会历史领域的推演,这种历史观就演变为人类社会发展的五阶段论。实践美学认为,理想社会是人性的解放,生产力的发展可以美化社会。实践美学的乐观精神使其对人的实践能够美化世界抱有坚定的信念,认为实践可以解决一切现存的对立和矛盾,直至美的和谐王国的诞生。与此相反,西方现代艺术的主题则表现为绝望、嚎叫、荒谬、冷漠、恶心等,既不对历史进步抱有希望,也不对人性和谐心存幻想。现代精神的悲观虚无主义并不只具有消极意义,它是对启蒙进步观所赖以存在的理性和主体性的消解。实践美学的乐观理性精神使其很好地阐释了崇高、悲剧、喜剧等范畴,而对荒诞、丑、烦等现代审美意识则无能为力。悲观主义往往比乐观主义更深刻,美学不应该附庸于任何廉价的幻象,而要对现实的异化保持高度的警惕和清醒的批判意识。审美活动创造的"乌托邦"以其理想性返照现实,成为人类至善的守夜人。

第七,古典自由观。斯宾诺莎奠定了西方古典自由观的基础,认为自由是对必然的认识,黑格尔在此基础上加以推进,他说:"人类自身具有的目的,就是因为他自身中具有'神圣'的东西——那便是我们开始称作'理性'的东西;又从它的活动和自决的力量,称作'自由'。"因此,人类的整个历史就是自由的历史,这就把自由与理性,与必然性和实践联系起来。黑格尔还说:"世界历史无非是'自由'意识的进展,这一进展是我们必须在它的必然性中加以认识的。"[1]自由不仅包括对必然的认识,不只是"使世界成为人可以用观念和思考来掌握的东西",而且还要在客观世界里"使意志的理性得到实现"[2]。因此,自由不仅要消除

---

[1] 黑格尔:《历史哲学》,北京:三联书店1956年版,第7页。
[2] 黑格尔:《美学》第1卷,北京:商务印书馆1981年版,第125页。

主体的片面性,而且要消除客体的片面性和疏远性,通过认识和实践达到主体和客体的统一,也就是说,自由是对客观必然性的认识和对世界的改造,自由是人的本质,是人类实践的目的。但黑格尔的实践却只是精神的活动。恩格斯继承黑格尔,并加之以唯物主义改造。李泽厚、刘纲纪明确认同恩格斯的自由观,认为自由是对必然的认识和对现实的改造。实践美学在主体实践和客体自然的对立统一关系中寻找自由,但这个自由仍然是有限的,是不自由的,因为人对现实的认识,实践对现实的改造是有限的。人与自然的统一是一个历史过程,认识和实践活动基于主体和客体的对立,现实中客体总是对主体的一种限制,只要有主客对立,充分的自由就不可能。实践美学把美置于现实领域,曲解了美的自由本性。

第八,现实主义文艺观。李泽厚早期的客观主义认识论美学认为美是客观性的社会存在,艺术美反映现实美,其艺术理论为现实主义。刘纲纪以现实主义文艺理论建立其艺术哲学体系。蒋孔阳对现实主义极为推崇,其文艺理论在作家表现主体和反映客体两者之间徘徊。詹姆逊认为,早期资本主义重在征服自然,产生了现实主义,垄断资本主义产生了现代主义,晚期资本主义则产生了后现代主义。现实主义的哲学根源是西方自古希腊到近代的基于主客二分的认识论,它是西方自然科学求真意识在文艺上的表现。现实主义思潮表现在文学理论上是古希腊的模仿论、古罗马的类型说和文艺复兴时期的镜子说,美学上则是主流形态的认识论美学,这种传统一直延伸到黑格尔。在黑格尔那里,哲学的奥义和人生的目标是对理念的认识,而艺术不过是通过形象的手段对理念的显现而已。受西方传统认识论美学影响,实践美学认为审美关系主体与客体,是主观美感对客观美的反映,艺术的根本问题是艺术与现实的关系问题,因此才有美在主观还是客观,是现实美高于艺术美还是艺术美高于现实美的争论。认识论美学的根本弊病在于以科学理性认识代替了审美活动的独特性,但如果美与美感一为物质一为意识怎么可能一致呢?实践美学的文艺观主要来自西方现实主义文论,特别是黑格尔和车尔尼雪夫斯基,这就局限了实践美学的阐释范围。

相对于中世纪的神性统治,西方近代理性觉醒的同时也发现了自然,在神和自然面前,人站起来了,这就产生了认识自然的自然科学和科学理性;人必须征服自然以获取物质财富,这就建立了人在世界中的主体地位;在神性"去魅"后,人们要去探究世界的本质以及人是否能认识这种本质,这就形成了传统形而上学的本体论和认识论。总之,人与自然的关系是西方近代哲学美学要解决的问题,经分析可以看出,实践美学的基本思想资源即来自于此。但主体性的过度膨胀必然导致其成为新的奴役人的异化物,故当代西方哲学美学以反理性反主体性的姿态来消解启蒙哲学,批判启蒙思想导致的科技主义、官僚体制、物质主义对人的压迫。当代西方艺术审美则以维护个体自由反对文明压抑回归自然为根本,这就是现代审美活动的内涵。

实践美学解决的是人与自然、人与社会的关系,相对于个人来说,这种关系是外在的。哲学应该守望人的诗意存在,美学作为人的活动的反思,不应该讴歌实践,更不应该去寻找实践活动的审美本性。杜夫海纳说,审美对象既是自在的又是为我的,需要我的知觉它才能存在,审美活动并非主观对客观的反映,而是审美对象对我显现其意义。美学的中心问题是人的内在生存意义和价值即生存智慧的获得问题。审美自由在于,它不关心对外在物质世界的规律的掌握和利用,而是关注内在精神束缚的解脱和生命意义的建构,实践美学的失误在于以外在活动代替了对内在智慧的追求。内在的自由不是外在的实践可以解决的,20世纪生产力的发展与人的精神荒芜的对照即是明证,实践美学以为物质实践活动可以带来人的解放,这只能是一个幻想。实践美学以物质实践为本,精神自由为末,因此美是被决定被派生的,个体的审美在整个人类活动中只具有附属意义,它最终为人类实践服务,激发人们去更好地实践以便创造更多的美。实践美学认为人的根本在于实践,个体只有融合到群体性的实践中才有意义,个体生命的有限与无限这个永恒的美学命题就被忽视。美学理论不仅要对现代审美现象做出新的解释,而且要为人的自由和理想提供理论支持,要给现代社会中的人的生存投去关切的目光,在这一点上,实践美学因其古典性质而无能为力。

实践美学是古典哲学美学,具体说来是秉承西方近代启蒙运动的哲学精神。从现代性话语视角看,实践美学的思想资源和基本主旨得以明了。进而,西方现代哲学美学对古典哲学的批判同时也适合于实践美学。限于论题,这里不再展开。

第四节　从比较视野看实践美学

中国古代和西方中世纪以前的思想都呈自然形态,理性尚未觉醒,天人合一、神人合一是人们的最高追求,表现在审美文化上则是崇尚朴素的人与自然的和谐统一,和谐是主要审美范畴。近代启蒙运动时期,理性觉醒了,人作为万物的灵长与自然和神对立,在世俗化进程中,人的主体力量被推崇,崇高是主要的美学范畴。在西方现代社会,个体觉醒,上帝退隐,传统价值观崩溃,个人在荒谬异化的社会中如何生存,如何赋予虚无的生命以意义成为思想的主题。审美成为挣脱社会束缚,确证生命存在的最高最自由的方式,表现在审美文化上则是现代美学和现代主义文艺流派。自由在不同时代有不同所指,古典时期人与自然原始的和谐统一是最高自由,在近代,自由则表现为对自然的征服。现代社会里,个体从异化现实中解放出来产生了对生命自由的新体验,这就催生了新形态的美,因此,必须展开审美活动与个体生命意义关系的研究。

实践美学有几个对立的范畴:认识(理性)/表现(情感),美感功利/审美直觉,人类主体/个人接受,美感普遍性/个人差异,现实美/艺术美,作品/接受者,美/美感等等。在这些对立范畴中,前者决定后者,表现了实践美学追求普遍性、理性、社会性、集体性的精神取向。当代西方美学与此刚好相反:艺术美不反映现实生活,现实本身不美,艺术才是美的(唯美主义);艺术美、艺术想象否定现实(马尔库塞、萨特);作品的审美价值决定于读者接受(解释学、接受美学);审美活动完成于个体非理性的超越性建构(尼采、叔本华、柏格森、雅斯贝尔斯),审美是情感表现(柯林武德、苏珊·朗格);审美活动不关认识,而是对超理性形而上意味的体验(贝尔、英伽登、马斯洛);艺术不是为了认识真理改造现实,而是让我们回归生命的诗境（海德格尔、杜夫海纳）。整个西方古典美学特别是德国古典美学形成了一套体系，但当代西方美学以其现代精神在突破这个体系，具体表现在以下几个方面：一、是审美走向个体而非寻求社会共通感，而在黑格尔那里，是社会理性决定着个体审美；二、审美活动肯定个体自由，反抗社会异化，美不再是真与善的统一；三、审美活动具有超越性，是非理性的升华；四、审美活动不导向伦理实践，而是本身自足于乌托邦；五、主体性消解，审美活动不是对人类中心地位的肯定，而是对世界存在先在性的肯定。从西方思想的逻辑理路来看，人一旦从神性和理性的桎梏下解放出来，意志、欲望、情感、生存、语言等规定就成为人的本质，这就产生了意志本体论、生命本体论、欲望本体论、生存本体论等现代哲学思想，这些哲学思想在美学上的表达即是叔本华、尼采、柏格森、弗洛伊德、海德格尔等人的美学思想。如果承认黑格尔所说的后代哲学是对前代哲学的扬弃的言论是有道理的，那么，从比较视野看实践美学，从其思想资源、逻辑体系、价值取向、阐释限度等方面来看，实践美学还未走出古典，特别是德国古典美学的思想藩篱。西方近代从启蒙运动到黑格尔，人类以整体力量与自然相对，人的必然的普遍的理性（黑格尔）、人的征服自然的类本质（费尔巴哈）、人的社会性存在（青年马克思）凸现出来，这就产生了德国古典美学。实践美学的精神实质由此而来。

美学思想的发展也是一个知识增长的过程，哲学美学和美学基本原理的研究建立在知识不断自我更新的基础上。实践美学对反映论美学的代替建立在马克思和康德对近代机械唯物主义哲学观的超越之上，但我们也再次注意到，实践美学的基本知识结构仍然局限于西方古典哲学范围，特别是德国古典哲学，看看实践美学的代表人物所从事的学术研究即可知道。除了后期李泽厚外，实践美学的倡导者在建立体系时没有吸收当代西方新的人文科学知识。李泽厚写作《美学四讲》时借鉴了当代西方的符号学、人类学、语言学等方法，但囿于体系，这些都服从于其基本的哲学美学框架，现代西方美学的文献都成为论证其体系的材料，按照西方传统本体论形态结构的美学理论仍然是封闭的，这就是李泽厚后期美学思想与前期变化不大的原因。因此,从美学的知识增长来看,后实践美学吸收当代西方新的思想来反对实践美学就具有合理性。一种理论不能吸纳新的知识,不能解释新的审美现象就是其完结的时候。实践美学的思想资源主要是早期马克思、德国古典美学以及俄国革命民主主义美学,其理论优势来自马克思主义哲学对德国古典哲学和旧唯物主义的扬弃,但今天对实践美学形成挑战的不是思辨唯心主义和旧唯物主义,而是当代西方美学和后现代思潮。这里,我们选取西方现代美学的几个主要流派作为参照视点,在比较中看实践美学,就能更清晰地审视实践美学的理论要旨和价值指向。

一、从现象学美学看实践美学

现象学哲学以1900年胡塞尔出版的《哲学研究》开其端,支流众多,现象学、解释学、接受美学、读者反应批评等构成了其理论谱系。现象学哲学对当前中国美学研究的意义是多方面的,具体到本文论题,一是海德格尔对存在与存在者的区分以及由此带来的美学转向,二是现象学美学的建构者英伽登的接受美学思想。限于论题,这里只能择其概要以展现其精神风貌。

海德格尔首先把存在和存在者区分开来。"这是桌子",这个判断并不需要对桌子有科学性的知识才可以做出,它不是知识性的判断,"是"后面的宾词不是桌子的属性,其意思是,"桌子在这儿","有桌子存在",因此这个判断是存在性的,不是知识性的,主体运用的不是理性逻辑,不是概念判断,而是感性感知,人和桌子的关系不是认知性的而是存在性的,一切主客分离的认识性关系由它派生出来。① "天是蓝的","桌子是光滑的","树是植物"……"蓝的","光滑的","植物"是"是者",传统形而上学就研究这些"是者",研究是者之全体,但却忘记了"蓝的","光滑的","植物"前面的"是"本身,就是这个"是",这个人之"是"(存在)的方式才

---

① 约瑟夫·科克尔曼斯:《海德格尔的〈存在与时间〉》,北京:商务印书馆1996年版,第265页。

使天"是""蓝的",桌子"是""光滑的",树"是""植物"。欧洲人以"是"后面的"是者"的研究代替了"是"的研究,也就忘记了"是"(存在)本身。这个"是"是动词,指的是人生活和活动的方式和过程,而审美就是最自由最本真的"是"的活动。

海德格尔认为,人不是自然的奴隶,也不是自然的主人,而是自然的揭示者,他通过"是"的过程去揭示事物的意义。人是世界的一部分,人是生存于世界之中的,只有在世界中才能体会生活和世界的意义。但近代以来欧洲人却发展科学和技术,凌驾于自然之上,控制自然利用自然,站在自然的对立面,这就忘记了生活和世界的意义,也就是忘记了"是"(存在)。人对自然的征服建立在人与自然对立的基础上,它是启蒙运动的理性目标,这是一种危险,它危及到人的本质。海德格尔在著名的《艺术作品的本源》中举石庙和凡·高的画为例,其意在说明:艺术家把人带回诗意,他的职责就是恢复物之物性和人之人性,艺术通过驱除日常的概念思维,通过语言的陌生化、诗意化使物发出感性的物质光辉,物不再是日用品,不是上手的东西,不是概念和功利的对象,而是如其本然地存在着,从而因出现新鲜感、新奇感而美。

存在本身构成了人生于世的本源,在此生发了认识和实践活动,而人们对自然的无止境开发和利用却忘记了这个本源性的存在。海德格尔就是要人们回到这个本源性的存在,以之作为人生在世的根基,以祛除人对自然的骄奢之气,回到人与自然合一的澄明之境。存在非逻辑概念或日常语言可以表述,只有诗意的语言可以解蔽,"语言是存在的家"。存在产生了主体和客体的分离,世界在人与其打交道的过程中展现自身,人以理智的态度对待世界,世界就是科学的对象;以日常态度对待世界,万物就是应手之器具;以审美态度对待世界,世界就是美的闪光。美不是对象性的客体存在,也不是客体的属性,而是人的一种存在方式。

实践美学说美是客观存在,美感作为意识是对美的反映,这种思维就是胡塞尔所批评的对象性的实体思维,是未经哲学反思的"流俗的意见"。审美活动不是反映论意义上的精神意识活动,不是第二位的派生的东西,而是本体论意义上的一种创造生命意义的方式,审美活动是人之本真生存的确证和守护。美不是与主观①而是与人的存在相关,存在是先于主客二分的,只有在生存论的意义上而非主观性、主体性的意义上审美才是可能的。可以看出,存在论美学观与实践美学要旨相反。实践美学认为,美是实践的产物,是客观性的社会存在,美的客观物质性来自实践活动本身的客观社会性。实践是主客对立的活动,美就产生于人对自然征服改造的社会活动中。实践美学的主体性思想与当代西方的审美精神相反。现象学美学认为,审美活动是对实践占有自然和社会压抑个体的批判。如果说在人类物质匮乏的时代,在人与自然对立以征服自然为要务的时代,对人类主体力量的歌颂产生了美,那么在人类主体力量极度膨胀,对自然的改造已走向反面,人类活动已造成自身存在的困境时,美就不是对人类活动的肯定,而是对其批判和反思以维护自然的先在性和人的诗意存在。实践美学的主体性、人类中心论、主客二分等观念来自启蒙哲学,它与当代现象学美学的反主体性、反主客二分的精神旨趣不同,相比而言,后者更关注当代人的生存处境,更具有现代性。海德格尔后期以对"是"(天道、天命)的承领为先,人在"是"中展开的思想是对人类中心论思想的否定,更为实践美学所缺乏。

　　胡塞尔的意向性理论认为,任何意识都是对某对象的意识,意识活动与意识对象不可分,意识对象总是被意识活动所指向的"意向对象",而不是脱离意识的客观存在。因此,现象学认为审美活动是主客合一的,法国现象学美学家杜夫海纳说:"至于审美活动,它不再要求两重性,而重新要求'失去的统一',即世界的统一,人与世界的统一。"②美不是超越主体的意向性活动的客观物质的对象,而是美感活动的构造物。

　　波兰美学家罗曼·英伽登借鉴意向性理论分析了文学活动的意向性客体即文学的文本,这就是我们比较熟悉的文学作品的五

---

① 主观即心理意识,高尔泰、吕荧和朱光潜是在心理层面言说美。主观与客观相对,是在主客分离的框架内解决美学问题。主观派的主客二分的思维是无法战胜也是以主客分离的思维方式执著于客体一方解决美学问题的实践美学的,因为后者更符合日常经验思维。

② 杜夫海纳:《美学与哲学》,北京:中国社会科学出版社1985年版,第204页。

层次论。英伽登的美学理论具有多方面的意义,但对于实践美学来说,它对读者接受的重视特别具有纠偏的意义。首先,作品存在于读者接受活动所组成的历史整体中,"一部作品的诞生,需要作者,还有读者或观察者的欣赏的接受经验,所以从一开始,由于它的独特的本质及它存在的方式,它便指向根本不同的经验的历史,不同的精神主体,并以之作为它存在的必要条件和它出现的方式;同时在它存在的历史记载中,它指向了这样的读者、观察者和聆听者组成的一个整体。"①在《现象学的方法》一文中,英伽登说,艺术是纲领性或图式性的创作,它的决定因素、成分或质素只是潜在的,一件艺术品需要一个存在于它本身之外的动因,即读者使之具体化,需要读者去解释或重建作品。读者把作品实现为现实的审美对象,没有读者的参与,作品就只是死寂的物,而非有机的生命:"这种把凝固化的作品带入到直观并赋予它以审美意味属性的成就,是在观察者方面的一定活动协助下实现的;没有它,一切都会毫无韵味、死气沉沉。"②审美对象是主体活动所构造,杜夫海纳也说,"审美对象只有在审美知觉中才能完成"③。在接受美学看来,每一个阅读和接受活动都是一个建构过程,都是由"前意向"(pre-intentions)所激起的,每个句子都包含有对下一句的"预观"(pre-view),它形成一种对即将到来的事物的取景器;但是,读者的主体性表现在阅读时对前见的悬置,只要读者进入了文本,他就超越了他的前概念,于是文本就成了他的现在,而他自己的思想就隐入过去,这种情况发生时他就达到了对文本的体验,而只要他还保持着他的前概念,他就不能达到对文本的直接性的体验。因此,"我们必须在我们能够体验文学本文的陌生世界以前,将种种使我们自己个性得以形成的思想与态度悬置起来"④。只有把自己的"前见""悬置"(加括号),作品的视阈才能如其本然地呈现出来。

---

① 王鲁湘等编译:《西方学者眼中的西方现代美学》,北京:北京大学出版社1987年版,第76页。
② 同上书,第80页。
③ 杜夫海纳:《美学与哲学》,北京:中国社会科学出版社1985年版,第67页。
④ 杜夫海纳主编:《美学文艺学方法论》,北京:中国文联出版公司1992年版,第257页。

同时，在审美接受的过程中，读者也经历了审美激变，他的视野产生了新的变化，达到了新的高度，获得了解释性的新的真理。英伽登说："在某种程度上，观察者与一部伟大艺术作品接触时（此接触使具有很高审美价值的客体得以形成），情形亦是如此。那么，他本人也是经历了一场持久的、有意义的变化。"①此即伽达默尔所言，读者获得了"视阈融合"。由于读者是各个不同的，因此，对每个艺术作品来说，存在着各种意义上的可能的审美对象。英伽登认为，"在广义上，就观赏者接受的审美态度来说，我们关注着真正被达到的具体化，但无须考虑有效的'重建'究竟是忠实于艺术作品，或对艺术作品潜在要素的充实和实现符合于它的有效方面，还是在某种程度上偏离它"②。也就是说，没有什么绝对正确的先在的审美判断的标准，一切都是解释性的、流变的、历史的，这就为审美活动的开放性、未确定性和创造性奠定了理论根基。杜夫海纳说："艺术作品刺激目光，目光把艺术作品改变成审美对象。目光专注于艺术作品时，便成为完成作品的一个组成部分。"③审美对象的形成决定于审美主体。自然对象为什么会成为美的？实践美学说其根源在于人对自然的实践改造，这种理论没有在审美现象上回答美的产生。离开了具体的审美活动，审美对象不会出现。从审美现象学看，"不管自然人化与否，只要它是具有表现力的又是自然的时候，它就成为审美对象"④。

实践美学以客观存在/主观意识解释美与美感的关系，这种美学观必然认为艺术美是对现实美的反映。艺术与现实的关系问题是实践美学的核心问题，实践美学的艺术观以世界和作家为本，作品和接受者在其视野之外，因此，当代西方的读者接受理论对其是一个有益的借鉴和补充。英伽登具体探讨了读者从作品构成审美对象的过程，读者反应批评则把读者的主体能动性推向极端，认为

---

① 王鲁湘等编译：《西方学者眼中的西方现代美学》，北京：北京大学出版社1987年版，第80页。
② 杜夫海纳主编：《美学文艺学方法论》，北京：中国文联出版社1992年版，第285页。
③ 杜夫海纳：《美学与哲学》，北京：中国社会科学出版社1985年版，第33页。
④ 同上书，第44页。

读者的主体性表现在想象力的激发上。劳伦斯·斯蒂尔说:"任何一位懂得礼貌与好的教养的合理界限的作者都不会贸然去思考一切:你所能给予读者理解力的最真正的尊重,是温和地将此事平分为二:在轮到读者时,同你自己一样,也给他留下某些可以想象的东西。就我而言,我一直在不停地付给他(读者)这种补偿,尽我自己的一切能力来保持他的想象像我自己的想象同样活跃。"① 文本如一个竞技场,在这里,读者和作者参与一场想象的游戏。如果把全部故事都提供给了读者,让他无事情可以做,他的想象就进入不了这个领域,他就要产生厌烦。文本必须设计为可以引起读者的想象参与其间。只有当阅读是积极的富有创造性的时候审美解释才可能是愉快的,而过于陌生则给读者带来挑战和紧张。读者的阅读是一个积极的过程,沃尔夫冈·伊瑟尔在《隐含的读者》一文中说,"在这种创造的过程中,本文或者可能走得不够远,或者可能走得太远,所以我们可以说,厌烦和过度紧张形成了一条界限,一旦超越了这条界限,读者就将离开游戏领域"②。审美接受活动完成于文本与想象的合作。

实践美学认为,美是现实的客观存在,个体的美感只是去反映这种美,美的标准是历史的客观的,其客观性决定于实践活动的客观性,这就把美的标准抽象化,把美客体化,具体审美活动的复杂性被遮蔽,个体的审美能动性被忽视。实践美学还认为,现实生活是艺术美的客观源泉,作家的功能只是提炼集中典型化这种美。这样,艺术家的审美解释活动也没有得到分析,相比接受美学而言,实践美学的客观化倾向缺乏审美接受这一维度。

现象学认为文本是意向性的,现象学美学不仅要说明文本本身,更要说明包括在对该文本的反应之内的种种行为。解释学美学认为,读者的"前意向"决定着作品的接受,审美完成于文本的意向性与读者的前意向之间的互动。接受美学转向读者的能动的阅读活动,它强调作品必须有许多空白和空间,需要读者的想象去填

---

① Laurence Stere, *Tristram Shandy*, 1956, London, p.25.
② 杜夫海纳主编:《美学文艺学方法论》,北京:中国文联出版公司1992年版,第257页。

充,能够调动读者最大想象的作品就是好作品,是想象而非理解才是阅读文学作品最重要的主体能力。在接受美学看来,作品并不就是审美对象,它在未成为审美对象以前与一般的物并没有区别,只有读者的审美活动才赋予客体以新的生命,而读者的接受是鲜活的历史的,因此,美就不是实践美学所言的先在的客观存在,真正美存在于接受活动中,而接受者的历史性个体性决定了美的客观性、审美的绝对标准的不存在。

接受美学批驳了客观主义认识论美学"见物不见人"的形而上学倾向,但这并不意味着绝对的主观主义。伽达默尔提出的"视阈融合"概念就是要求在阅读中,读者要直面作品的真实存在,以之校正自己的盲目偏见,然后在作品的视阈与读者的前见交融中双方获得新的生命。审美本身是解释性的,实践美学抹杀主体性导致了忽视接受者对美的不同解释和创造,无法解释审美活动的多样性及其对生命的意义。

审美活动不是反映论意义上的精神意识与物质实践的关系,不是意识形态式的第二位的派生东西,而是存在论意义上的人的一种生存方式。美不仅与主观相关①,而且与人的存在相关。存在不仅包括主观心理,而且包含客体于其中,存在是先于主客二分的,因此只有在生存论的意义上而非主观性的意义上审美才是可能的。从现象学存在论的视阈看当代中国美学,其演进的逻辑可以这样概括:自然本体论(蔡仪)——心理本体论(朱光潜)——实践本体论(李泽厚)——主体本体论(刘再复)——存在本体论(杨春时、潘知常)。

二、从存在主义美学看实践美学

在汉语中,"存在"中的"存"有"历时"的含义,即人处于一定的时间中,"在",有"处所"的含义,即人的行为处在一定的空间/社会中。"存在"就是人生在世,人处于一定的时间/空间里。存在主义美学的成就既体现在萨特和加缪等人所贡献的一系列美学范畴

---

① 主观即心理意识,高尔泰、吕荧、朱光潜仅仅在这个层次上,与客观相对立时强调主观,仍然是在主客分离的框架内,在这种主客二分的思维框架内是无法战胜也是以主客分离的思维方式执著于客体一方的实践美学的,因为对方更符合日常经验思维。

如恶心、烦、厌恶、畏等上,也体现在海德格尔对存在的追寻以及马丁·布伯对"我—你关系"和"我—他关系"的区别上。

海德格尔说,一切传统哲学都建立在把人作为固定的主体和把存在者作为固定的客体的在场之间的关系上,抛弃一切哲学意味着转入原初的无的经验之中去,在无中,存在者以一种有意义的方式出场,我与存在者的关系不再是认识性的关系,"把世界和自我联结在一起的东西不只是一种意向性的关系,而是这样的事实:每一自我在其本质中都是向世界而在,而这种世界只有在而且通过人的向……存在中存在,敞开和显现。换句话说,把两者维系在一起的不是一种认识的关系,而是一种存在论的关系"①。"超越"的意思就是朝着世界的方向上超出存在者之外,人的本质是超越就是说人就是在世界中存在。认知事先根植于一种已经寓于世界中的存在,主体世界的交往首先不是由认知创造出来的,认识世界根植于在世此在的存在的一种模式,因此主客体的对立不是我们的直接经验的一种基本事实,这种对立仅仅发生在反思的水平上才是可能的。我们在世界存在的原初方式是我们在日常的烦忙中与一件件用具打交道。"我们称之为'世界'的东西,就是各种相互指引的体系的总和,每一种东西都要由作为此在的人放进这个相互指引的体系之中,以便它能够作为具有确定意义的东西而向人显现出来。此在首先是通过它的烦忙(在一种历史的共同体的联系之内)建立起这个世界,然后生活在、栖居在这个世界之中。"②揭示和展开是作为此在的存在方式,此在可以通过许多方式展开,如环顾、理论抽象、科学认识等,事物就在这些存在的不同方式中被揭示和被展开。因此,此在在原初的意义上是真的,此在本身就在真理之中。艺术作品是存在的显现,人通过作品领悟人的存在。人之所以能领悟存在,乃是因为在此前人已经存在于世,已经在世界中。因此,审美主体和审美对象的区别不是本源的,而是派生的。在本源性的存在中,没有主体客体的对象性关系,只有我你的

---

① 约瑟夫·科克尔曼斯:《海德格尔的〈存在与时间〉》,北京:商务印书馆1996年版,第20页。

② 海德格尔:《存在与时间》,北京:三联书店1987年版,第147页。

主体间关系。"主体间性"是胡塞尔的概念,海德格尔提出了与此近似的概念"共在","天、地、人、神"四者"共在"。存在主义神学家马丁·布伯在此基础上区分"我你"和"我他"关系。

人们一般把西方精神追溯为两希文明,即希腊文明和希伯来文明,前者是现世的理性主义,后者是超越的信仰主义,前者以主客对立的态度面对世界,这带来西方科技发达,物质昌盛,后者以主客合一的非功利心境观照万物,使西方文明在汲汲于现世时保持一份超然。两种文明此消彼长,构成张力,维持着西方文化理性和信仰、本体和现象的平衡,这一点用布伯的哲学概念来表述,前者就是人与万物的"我它"关系,后者为"我你"关系,即是人对待世界万物的两种不同态度和方式。德语中的 Du(你)所表达的是一种亲切的主体间的人格关系,在"我它"关系中,我为主体,它为对象,我与它对立,主体对客体认识、经验、利用和占有;"我你"关系则是主体间的融合对等,亲密无间,自在无碍。布伯的这两个哲学概念联系西方哲学发展史就非常明白。在现代性视阈中,从柏拉图到黑格尔的西方传统形而上学特别是笛卡儿肇始的近代主体性哲学正是以主客体对立为前提,以主体对自然客体的认识和改造为哲学和人生的要义,恩格斯因此说,"全部哲学,特别是近代哲学的重大的基本问题,是思维和存在的关系问题"①。而在当代西方反主体性形而上学哲学家那里,反主客对立,反"我—它"关系成为旗帜鲜明的姿态,由叔本华和尼采开始的非理性转向,胡塞尔的现象学,马塞尔的宗教哲学,西方马克思主义的批判理论,伽达默尔的哲学解释学等构成了当代西方思想浩荡的主潮。布伯的关系本体论哲学也是西方思想现代性转向中的一支。布伯对西方传统哲学的批判、其关系本体论的提出给沉溺于现代性追求中的人们当头棒喝,对于中国语境极具启发性。《我与你》既是存在主义哲学在宗教观上的表达,又具有丰富的美学意蕴。

马丁说,人与对象的关系可以分为两种,一是我它关系,一是我你关系。所谓我它关系,就是利用、攫取、认知关系,也就是主客体的对象性关系,这样的关系是人生必须的。"人呵,伫立在真理

---

① 《马克思恩格斯选集》第4卷,北京:人民出版社1995年版,第223页。

之一切庄严中且聆听这样的昭示:人无'它'不可生存,但仅靠'它'则生存者不复为人。"①我它关系是基本的生存之道,但没有我你关系,人将失去神性维度。"它"之世界是因果性目的性之世界,"你"之世界是生命与生命交融的世界,原初词"我—它"之"我"显现为殊性,自我意识为经验与利用之主体。原初词"我—你"之"我"显现为人格,自我意识为无规定性之主体性。殊性之存在依赖于他区别于其他殊性;人格之存在依赖于他进入与其他人格的关系。前者乃自然分离之精神形式,后者乃自然融合之精神形式。分离的目的是经验、利用,而经验与利用之目的是"生存",此即是说,贯穿人生历程的"死去"。关系的目的是关系之自性,此即是说,是与"你"相接,因为,由于与每一"你"的相接,我们得以承仰永恒生命的气息。伫立于关系的人享有实在,即领有既非绝对专属于他也非绝对外在于他的存在。一切实在皆是活动,我参与它但非占有它。参与与实在形影不离,占有与实在水火不容。与"你"之关联越直接无间,人的参与便越充实沛然。

　　我与你的相遇其实就是生命与生命的对话。审美是回到原初的世界,"原初"指相对于概念化理念化的世界(柏拉图、黑格尔)而言的活生生的感性体验,审美不是对感性世界背后本质的把握,而是让对象作为自在自为的生命自由地显现出自身。"我你"关系的获得决定于我们的态度,我们必须把对象当作"你"而非"它"。审美活动不来自"我它"(实践、认识、利用关系)而是来自"我你"关系。在"我它"关系中,对象为利用;在"我你"关系中,世界可栖居。只有"我你"同在(海德格尔),才有"我你"对话(伽达默尔),真正的审美活动就是我和你的对话。审美对象不是对象,不是知觉认识的对象,不是"它",而是"你","你"(审美对象)只能被感受,只能被经验,我与你的对话出自对生命最深沉的爱。实践活动是我它关系,在这种关系中没有诗意存在。

　　马丁说,人生不是及物动词的囚徒,那总是需求着事物的活动并非人生之全部内容。我感觉某物,我知觉某物,我想象某物,我意欲某物,我体味某物,我思想某物——凡此种种绝对构不成人

---

① 马丁·布伯:《我与你》,北京:三联书店 2002 年版,第 30 页。

生,凡此种种皆是"它"之国度的根基,而"你"之国度却迥然不同。问题的关键是,主体对待事物的方式不同。审美活动的获得依赖主体的自由意识,审美对象的形成取决于审美态度。"我你"关系如母婴关系,它是纯粹自然之相融合,是生命的相互奔流,"我—你源于自然的融合,我—它源于自然的分离"①。他冷静分析事件,必对其唯一性无所感触;他漠然综合事物,必定毫无万有一体之情怀。因为,仅在"我你"关系中人方可感悟万有之唯一性,仅在唯一性感悟中人方可怀具万有一体之心胸。关系中的你(审美对象)是唯一的,独特的。我你一体的高超精神意蕴却因人之阻挠而无从实现,原因是人满足于把"它"之世界当作经验对象,利用对象。他不是把囚禁于"它"者解放出来,反而去压抑它,窒息它;他不是满腔热情地观照它,反而是冷静地观察它,分析它;他不是虔心承接它,反而是竭力利用它。人不可在事后从现象抽象出来的规律中而只可在现象本身中分享存在。人于殊相中,于相遇者中观照事态,而普遍思想却把纷繁多彩的事态抽象化、有序化,将其纳入概念认识的"它"之框架。

马丁以诗意语言阐发神性话语,他告诉我们,只有放弃对象性的"我它"关系,才可以达到超迈的我你一体的神圣境界,这种生命与生命的对话不正是审美活动的独特本色吗?审美活动不是对主体征服客体的肯定,也不是主体对客体的认识,而是主体与主体的对话,是主体间的活动,这在中国古代美学思想中有大量的表达,如"相看两不厌,唯有敬亭山","感时花溅泪,恨别鸟惊心"。西方近代的认识论哲学要解决的是科学认识如何可能,人类的知识如何获得普遍性的问题,这种哲学是在近代科学基础上发展起来的,是对科学认知方式的概括。在这种哲学影响下,美学之父鲍姆嘉通因为审美活动提供的是感性模糊的认识,是低于理性的科学的明晰的认识,就把审美活动认定为低级的活动,艺术想象因不能提供自明性的真理而成为人的混乱的本质力量(帕斯卡尔、笛卡儿)。但审美活动根本不提供客体的知识,在审美活动中,世界不是概念性功利性的对象,而是活生生的有生命的你。我们与星星对话,与

---

① 马丁·布伯:《我与你》,北京:三联书店2002年版,第20页。

百鸟同欢,与细雨同悲,美之境界原来如此平凡如此简单。

　　西方美学一直受哲学的制约。柏拉图把巴门尼德的"思维与存在是同一的"命题变成思想与理念的符合关系,表现在美学上就是审美认识论,因为审美不能提供真理性的认识而被抛弃。亚里士多德提出诗比历史更具有哲学意味的命题,似乎抬高了诗的地位,但诗只是比历史更高,而不是比哲学更高,诗的价值仍然在于其可然律和必然律而能提供对现实的普遍本质的认识。理念在中世纪演化为上帝,美是上帝的名字,自然美和艺术美成为对上帝的象征性认识。西方传统的理性论美学与启蒙思想结合在一起,对美学影响深远。在鲍姆嘉通的美学定义中,审美是比逻辑认识低级的感性模糊的认识。英国经验主义把美学纳入认识论问题,探索审美认识的心理基础,并把自然科学方法用于美学研究。理性主义哲学由于审美是想象力的活动,不能提供先天必然的真理而贬抑之。康德认为审美只是一个中介,一个过渡,一个象征,实践意志为人生最高。这最明显地体现在康德的崇高论中,康德把美的分析放在前,崇高的分析放在后,其意图即崇高是邻近道德理性的,是道德的象征,是实践主体性的预演。席勒说艺术和审美是感性的人到理性的人的一个桥梁。到黑格尔的美的定义,美仍然处于基础的低级地位。可以看出,从柏拉图开始到黑格尔的传统形而上学以理性的逻辑思维为最高真理之途,审美因其感性性质不能提供这种思辨真理而长期被压抑,审美想象则被贬低。符合论真理观对美学的影响就是反映论美学,表现在文艺思想上则是不同历史阶段的模仿论、再现说、镜子说、教科书说等,典型、类型、现实主义、一般、个性等是其关键词。受西方传统认识论美学影响,实践美学认为审美关系主体与客体,审美是主观美感对客观美的反映,因此才有美学大讨论中美在主观还是客观的争论。由于主流意识形态以及机械唯物主义等的影响,在美学大讨论中,美的客观论占主导地位,朱光潜对主体意识的突出仍然是以主客分离为前提,因此,美学讨论的思想背景是西方古典美学。从现代存在论视角来看,美在主客观范畴之外,在美学论争中就不会把美与美感比拟为物质与意识,不会有美和美感的分离,也就没有美在主观客观的争论。

以马丁·布伯的关系本体论美学看实践美学,我们会发现,实践美学的基本精神正是存在主义美学所批判的。实践美学认为美是人改造自然的物质实践活动的产物,崇高是这种改造的过程,是人与自然矛盾对立还未统一的形态。正是人这一主体与自然这一客体的对立和统一才产生了美和崇高,这就是人的本质力量对象化、人是世界的美等命题的基本含义,也是主体性实践哲学的美学主张。科学技术为什么发展成为科技主义?生存环境为何如此改变?我们对地球的劫掠不都是在合规律合目的的口号下进行的吗?人们高唱人的本质力量,与天斗其乐无穷,与地斗其乐无穷,把欲望投射于自然对象上,结果把自己逼入绝境。想想马克思早就说过的要合理调节人与自然的物质交换的警示,看看布伯的生命伦理美学思想,实践美学把美和崇高给予人们改天换地的豪情和伟业上,把自然之美追溯到人对自然的改造不是有点不合时宜吗?

三、从解释学美学看实践美学

任何一种理论建树都是时代需要和个人创造的产物,同时因其本身的逻辑而有一定的理论包容度,借用解释学的术语,即有其自身的"视阈"。随着时间的流逝和不同参照系的引入,这种理论的缺陷会随之暴露,因此,人们对之做这样那样的批评也是必然现象,其生命力也正存在于人们的批评阐释中。

一种理论的价值只有放在其产生的时代背景中才能得到说明,其缺陷却只有以另一种理论体系为参照才能昭示出来。我们以当代西方风头正劲的哲学解释学作为参照,来看看"积淀说"美学的理论贡献及缺陷。之所以把解释学作为参照系,是因为与"积淀说"一样,解释学也致力于探讨历史、传统及其与个人的关系;与"积淀说"一样,解释学也曾被批评为有保守倾向。但与"积淀说"不同的是,解释学的出发点是个人的存在,而不是人类主体性的实践活动,这就有可能使我们借其"视阈"来对"积淀说"品头论足一番。

与德国哲学的传统思辨特性一样,以海德格尔开其端,伽达默尔予以完成的当代哲学解释学晦涩难解,但只要我们把握住其几个基本概念便可窥其奥义。在伽达默尔那里,"前见"、"视阈融合"、"效果历史意识"等是展示其解释学真理的核心概念。

海德格尔的存在论认为,理解并不是主体的行为,不是主体为达到某种认识目的的工具,而是人的存在方式。存在的意义存在于此在的理解中,而理解的前提是"前结构"(vorstructure),是"前结构""组建着解释",它是在理解活动发生之前即"先行具有"(vorhabe)、"先行见到"(vorsicht)和"先于掌握"(vorgriff)的,主体在审美活动中不是白板一块,被动刺激,而是有此"前结构",它构成我们审美活动的基础,"把某某东西作为某某东西加以解释,这在本质上是通过先行具有,先行见到与先行掌握来起作用的。解释从来不是对先行给定的东西所作的无前提的把握"[①]。伽达默尔把海德格尔的概念改造为"前见",理解发生于"前见"(prejuelice)或"前理解"(pre-understanding)。"前见"构成了人的历史存在,在任何理解活动发生以前,人都有由学习语言而来的传统的思想观念、价值趋向和情感态度,这就是理解活动发生的前提。人是历史的存在,对于个人而言,历史和文化传统是先在的、不可选择的,人就生活于历史具体的语言/权力/意义/关系中,是历史和传统先在地占有我们,而不是我们占有传统和历史。人在理解中存在,而"能被理解的存在就是语言",理解总是语言性的,语言并不只是人们表达情感交流思想的工具,语言负载着传统,人们不能拒绝学习语言,他一出生就要学习语言,人通过学习语言而被抛入传统,学习语言就是学习传统,只有学习了负载着传统的语言,他的理解才有可能。我们借以理解说明对象的语言就是先在地占了我们的传统,它构成了我们理解活动的基础。理解并非镜子式的在精神真空中开始,"前见"作为人们理解的基础包含着人们的过去,包含着人们所习得的语言及其中蕴涵的文化。与新的可能的理解(未知)相较,"前见"是已知,理解就从这已知出发。它使我们的向未来世界的开放成为可能,这种开放是无尽的。"前见"是从旧知到新知的桥梁。

理解的前提又可称为"视阈"(horizon),这个词本指高山的雪

---

① 海德格尔:《存在与时间》,北京:三联书店1987年版,第184页。

线、地平线,喻指人的视野,或理解的起点、视角,它包含着决定理解得以可能的文化传统和背景。理解文本并不是寻找作品的原意,客观的原意不可寻,作品本身是在一定的历史环境中产生的,它的语言、风格、内容构成了它特定的"视阈"。读者也有一个"前见",一个"视阈"。理解的形成,意义的发生就是作品的"视阈"与读者的"视阈"的融合,即"视阈融合"(horizontverschmelzung),伽达默尔说:"这并不是说,当我们倾听某人讲话或阅读某个著作时,我们必须忘掉所有关于内容的前见解和所有我们自己的见解。我们只是要求对他人的和本文的见解保持开放的态度。但是,这种开放性总是包含着我们要把他人的见解放入与我们自己整个见解的关系中,或者把我们自己的见解放入他人整个见解的关系中。""理解其实总是这样一些被误认为是独自存在的视阈的融合过程。"①传统与现在,作品与读者,客体与主体就在两视阈的融合中暂时消除了张力,作品(传统)因为有新的理解而赋有新的意义,开拓出新的生命;读者因接纳了新的视阈而获有新知即一个更高的视阈。主客体在双向融合中都迈向了一个新的视阈,使更高的开放成为可能。所谓"效果历史意识"不是别的,指的是理解中的"视阈融合"现象,也就是解释学的真理必然包含着理解着的个人,伽达默尔说:"真正的历史对象根本就不是对象,而是自己和他者的统一体,或一种关系,在这种关系中同时存在着历史的实在以及历史理解的实在。"②历史根本不是主体的客观认知的对象,不是如自然科学中排除主体的对象,而是包含着主体自身的创造性的理解。因此,历史文本的意义不是固定的,而是开放的,它不断地向新的理解开放。

　　解释学的语言观也把传统引向开放。从主观的一方面看,语言有共性和个性,前者指语言有普遍的规则和语义,它使语言的交流成为可能,但语言又有个性,它存在于个人的使用中,语言在使用中才有意义。语言的使用包含着个体的情绪、经验等生活背景,这些个体性的经验不断地突破改变着既定的语言的规则和意义,使语言所负载的传统也随之改变。从客观的一方面看,语言的语

---

① 伽达默尔:《真理与方法》,上海:上海译文出版社1999年版,第345、393页。
② 同上书,第384、385页。

义得以发生依赖两个参照系,即语言的环境和非语言的环境,前者指语言的体系本身,词语的含义只有在其他词语的参照下才得以说明;后者则是语言所指向的现实参照物,语言是现实世界的图像和对应物,而这种参照的无穷性使语言乃至文化的开放得以可能。这两方面结合导致了个体对生活于其中的语言和文化传统的突破。

"积淀说"和"视阈融合"分别是主体性实践哲学和哲学解释学的核心概念。主体性实践哲学的出发点是人类集体主体的物质实践(工具本体),心理本体被决定于工具本体。哲学解释学的出发点是个体的存在状态,其结论是解释学的真理必定包含着解释者的主观性。虽然两种哲学观的逻辑体系及哲学旨趣不同,但传统、历史、个体存在、心理意识等等都是其共同思考的关节点,这导致了"积淀说"与"视阈融合"既有共同之处,也存在不可忽视的差异。

"积淀说"和"视阈融合"的共同点之一,是都具有历史意识。"积淀说"来自马克思的实践论对康德的先验论的改造,它把康德的先验人类学体系建立在历史唯物主义的基础上,从而为人类先验的心理结构找到经验的历史根源。李泽厚认为,人是自然性和社会性的统一,心理本体由工具本体积淀而来,人的存在属于历史,"人类的历史遗产首先是工具本体,不同时代、社会的物质文明,历史具体地提供和实现个体的不同的生、性、死和语言"①。解释学也认为,人在理解中存在,而理解总是语言性的,语言中负载着历史和文化,因此,传统和历史通过语言塑造着人。伽达默尔说:"其实历史并不隶属于我们,而是我们隶属于历史。早在我们通过自我反思理解我们自己之前,我们就以某种明显的方式在我们所生活的家庭、社会和国家中理解了我们自己。……因此个人的前见比起个人的判断来说,更是个人存在的历史实在。"②把人放在历史中考察,认肯人的历史性,承认人的局限性,这是"积淀说"和"视阈融合"超越一切反历史思潮的地方。

共同点之二,是都有保守倾向。"积淀说"着意说明的是与动

---

① 李泽厚:《李泽厚十年集》第1卷,合肥:安徽文艺出版社1994年版,第452页。
② 伽达默尔:《真理与方法》,上海:上海译文出版社1999年版,第355页。

物不同的人类文化心理结构形成的历史必然性。在"积淀说"的定义中,外在决定内在,客观决定主观,集体优于个体的决定论倾向使之确实容易走向保守。刘晓波在总结自己和李泽厚的对立时说:"在哲学上、美学上,李泽厚皆以社会、理性、本质为本位,我皆以个人、感性、现象为本位;他强调和突出整体主体性,我强调和突出个体主体性;他的目光由'积淀'转向过去,我的目光由'突破'指向未来。"①正如批评者指出:"由于一味强调'积淀',使李泽厚在文化问题上常常表现出一种温和的保守主义倾向。"②立足点和视角的不同,导致了"积淀说"对审美活动在个体生命中的意义认识不足,这也就是后实践美学详细地阐发审美活动的本体论意义的原因所在。

有趣的是,伽达默尔也曾被批评为保守。上文我们已经分析,在解释学那里,传统存在于个体的语言性的理解中,而理解又是创造性的,因此,传统并不等于权威,它时时拥有新的理解而被赋予新的生命。这么看来,批评伽达默尔有保守倾向是不确切的。但伽达默尔又竭力维护自己的"前见"和"传统",因为只有维护了"前见"和"传统",才能保证我们每个人有独特的"视阈",不同视阈的融合也才成为可能,效果历史意识才能产生。哈贝马斯就抓住这一点,指责伽达默尔以"传统"和"前见"支配我们的思维和信念,而对它们的维护就是对现实和历史的服从,因此,解释学丧失了社会科学所固有的批判意识,伽达默尔是保守主义者。③

但出发点的不同也导致了两种哲学观的理论指向的差异。李泽厚的出发点是人类,个体只有在"类"的前提下才成为个体,因为"类"而成为社会的人,同时,正因为个体是"类"的存在,他可能仅是既往历史的积淀者而成为社会发展的异化物,这就是"积淀说"之弊。伽达默尔的出发点则是个体的存在。个体由传统而来,个体因为学习语言而负载着传统和文化,语言因为有共性而让个体融入社会,但语言又存在于个体的使用中,个体运用语言的同时也

---

① 刘晓波:《选择的批判——与李泽厚对话》,上海:上海人民出版社1988年版,第19页。
② 陈炎:《积淀与突破》,桂林:广西师范大学出版社1997年版,第223页。
③ 严平:《走向解释学的真理》,北京:东方出版社1998年版,第248页。

在创造着语言。只要我们在理解,"我们总是以不同的方式在理解",对于历史本文,没有最好最后的理解,只有更好更新的理解,因此,解释学破除了审美权威主义,给予审美经验以民主。在今天,社会分工不必让每个人都承担物质实践的工作,但个人生活在语言中却是一个历史事实,因此,伽达默尔认为,个人对语言的使用导致了传统和文化心理结构的改变,这个结论有一定道理,也可以补"积淀说"之不足。

总之,"积淀说"因为没有注意个体的独特存在以及个体对积淀着的传统文化的突破而成为批评的对象。解释学由于把个体与生存息息相关的语言联系起来,并把个体的体验、经验、情感等独特的存在带入对传统的理解中,从而使个人和传统焕发出新的生命,因此在一定程度上避免了"积淀说"的"向后看"的保守倾向,但由于没有给这种个体存在以社会历史的先在的物质条件,没有把理解放在更基本的社会生产劳动和经济发展的大背景中加以考察,结果被哈贝马斯批评为忽视了语言在劳动和经济发展中的交流思想的工具作用,因为,语言并不是人的存在的最根本的基础,"劳动不仅是人类存在的基本范畴,也是一个认识论的范畴"[1]。而从生产劳动和经济发展来考察社会存在正是"积淀说"所长。

李泽厚和伽达默尔这两位当代中西大哲,前者以人类整体主体性为本,后者以个体主体性为先,沿着自己的逻辑言路各执真理之两端,使自己的学说在包含着某种深刻性的同时也有不可忽视的片面性,因此,实践美学的发展似乎要在两端中寻求某种平衡。

四、从分析美学看实践美学

维特根斯坦是分析哲学的中坚,其对语言的精细分析也表现在美学研究中。维特根斯坦前期《逻辑哲学论》的主题是为语言和思想划界。维特根斯坦认为,自然科学可以争论,因为自然科学是能思考并能清楚地思考的东西,而不能思考的无意义的东西只能加以显示,伦理、美学、宗教等等所谓哲学问题正是此类无意义的东西。伦理、美学、宗教等哲学命题不能在世界中找到相应的对象

---

[1] 哈贝马斯:《知识与人类利益》,波士顿:比康出版社1971年版,第28页。

而成为无意义,对此我们不能追问:"但是,难道不能存在这样的东西吗?——它们不能通过命题来表达(而且也不是对象)?这样的东西恰恰是不能借助于语言来表达的;而且我们也不能追问它们。"①由于无法给"善"、"美"命名,就无法通过图像建立哲学命题与"善"、"美"等相对,这些命题对于事态或世界什么也没有说。"无意义并不是不可理解,无意义的东西既不真也不假,换句话说,它不是一个图像,它不图示什么,所以什么也没有说。"②概而言之,命题都是对事物和世界的陈述,是事物和世界的图像,图像和世界是对应的,这种对应性决定了命题的可证实性。一切科学命题都可实证,在世界中有事物与之对应,而美的本质是什么则是不可实证的"妄命题",因而是无意义的,应予以排弃。《逻辑哲学论》的严格的语言逻辑结构必然把关于审美活动的言说置于无意义的神秘之域,这正从一个侧面昭示了审美活动的情感性和类似宗教体验的不可言说性。

前期维特根斯坦认为美的本质是一个形而上学的命题,没有科学意义,因此要拒绝。后期维特根斯坦把视野转向日常生活语言,认为不存在与日常语言不同的原初语言,"哲学的任务并不是创造一种新的、理想的语言,而是阐明我们所使用的现实语言"③。日常语言就是现实的一种图像,哲学的目的就是要澄清对语言日常用法的误解,从而消解哲学问题。在维特根斯坦看来,日常语言如工具,重要在于使用,真正使语言相互区别的也是使用,"要把语句看作一种工具,把它的意思看作它的使用"④。语言的意义在使用中。人们往往以为,在美与善的对象所指中必定存在共同之处,但这是一个来自语言使用的误会。与对美的本质的寻求一样,人们对善的本质的追问是把善实体化了,认为善这个词一定对应着一个对象、实体,善即是此对象或此实体的属性。人们受科学思维方法的影响,倾向于对美与善做科学分析,但是,在具体的运用美

---

① 韩林合:《〈逻辑哲学论〉研究》,北京:商务印书馆2000年版,第441、442页。
② Justus Hartnack, *Wittgenstein and Modern Phihosophy*. second edition, 1986. University of Notre Dame Press. pp. 29,40.
③ 《维特根斯坦全集》第4卷,石家庄:河北教育出版社2003年版,第105页。
④ 维特根斯坦:《哲学研究》,北京:商务印书馆1996年版,第190页。

与善的场合,也就是在不同的语言游戏中,善有不同的用法,"当我们说'这个是好伙计'时,这里并不是指它在'这是个好足球队员'这句话里的意思,虽然这里有相似之处"①。这些不同的用法构成相似的连续体,但它们之间没有共同之处。这样,维特根斯坦通过对语言日常用法的分析,达到消解哲学问题和命题的目的。另一个分析哲学家艾耶尔也说:"美学的词的确是与伦理学的词以同样的方式使用的,如像'美的'和'讨厌的'这样的美学的词的运用,是和伦理学的词的运用一样,不是用来构成事实命题,而只是表达某些情感和唤起某种反映。"②有人面对晚霞说,真美啊,实际上只是表达自己的感受,但人们的自然信念惯于把这种表示心理感受的形容词视为对象的属性而使之客观化,从而去追寻那本不存在的美的本质。语言与游戏相似,都遵循规则,没有规则就没有游戏,规则像一种习俗、习惯、制度。在语言的发展进程中,规则逐渐形成、修正、变异、凝定。在语言游戏中,遵守规则才能使人理解和被理解。事物的本质在语言中,语言的本质又在不同的使用中,因此,事物不存在普遍性的本质。在实践美学的发生发展史上,自然经验式的对象化思维左右着人们对美的认识,人们惯于把美客观化本质化而否定主观论,视后者为唯心主义,这在实践美学发源之初的20世纪五六十年代的美学大讨论中尤其明显。客观论一直是实践美学坚持的观点,实践美学的代表人物李泽厚正是以此区别主观派的朱光潜的,这里分析美学的语言分析不失为一个有益的参照。

在对游戏的观察中,维特根斯坦提出"家族相似"这一概念。维特根斯坦说,让我们仔细看看我们称为游戏的事情,比如棋类游戏、纸牌游戏、球类游戏、奥林匹克游戏等等,人们一定倾向于认为,它们肯定有某种共同的东西,否则就不会都被称为游戏。但是只要我们仔细地去看就可以知道:"我们看到一种错综复杂的互相重叠、交叉的相似关系的网络;有时是总体上的相似,有时是细节

---

① 《维特根斯坦全集》第12卷,石家庄:河北教育出版社2003年版,第7页。
② 艾耶尔:《语言、真理与逻辑》,上海:上海译文出版社1981年版,第129页。

上的相似。"①游戏之间的相似正如一个家族成员之间的各种相似,他们在体形、相貌、性情等方面互相重叠、交叉,相似之处构成一个家族。每个成员分享其中某些特征,即使有一种特征为全部家族成员所共有,这个特征也不是本质的概念。家族相似并不认同事物的固定的普遍本质,它认为事物的本质之外延没有边界,呈开放姿态。由此,艺术和美就没有什么共同的本质,而只是相似而已。在一种艺术门类之中如莎士比亚和曹禺可能有共同之处,但所有的艺术之间就没有共同特征,只有相似之处。不同的艺术处于不同的语言游戏之中,不同的艺术之"美"具有不同的特征,"美"这个词的用法构成一个巨大的家族,它的各种用法之间不存在任何共同点。一个人的美、一朵花的美、一幅画的美没有什么共同之处。即使是同一种艺术门类,当它们都被称为美的时候,其美之特质也没有什么共同之处,莎士比亚和曹禺的戏剧之美就不完全相同。各种艺术门类,各个艺术作品都可以有美,但这种美只具有家族相似性。在一组只具有相似性的审美对象中,不可能存在普遍性的本质,美的本质之不可寻在于审美对象的界限之模糊。

　　分析美学认为,美学上的"美"属于具体的游戏,"美丽的眼睛"与"美丽的画"不同,它们属于不同的游戏。人们更多的时候不使用"美丽"这个词,而只说"好"、"注意这个转调"或者只是鼓掌。"美丽的"可以用于1 000种审美对象,但美丽的容颜不同于美丽的花朵,也不同于美丽的动物,美丽的动物与美丽的哥特式教堂没有什么共同之处,审美对象的相似性是有限的,这是美表现为家族相似的第一层含义。美表现为家族相似的第二层含义是,同一时代、同一文化的不同艺术之间具有相似之处,共同的文化土壤孕育出相似的艺术风格。"譬如,你注意到某个诗人诗歌的特别之处。你有时会发现在音乐家风格与你同时喜欢的诗人或画家风格之间有相似之处。"②同一个时代、同一种文化背景会提供相同的主题、题材和写作风格,因此,根本就无法追寻美的本质。我们能够做的只

---

① 维特根斯坦:《哲学研究》,北京:商务印书馆1996年版,第48页。
② 《维特根斯坦全集》第12卷,石家庄:河北教育出版社2003年版,第359页注①。

是描述词的具体用法,描述具体的语言游戏才能确定美的具体含义。美的使用取决于场合,取决于不同语言游戏的不同规则。在具体的语言游戏中,我们通过学习对符合规则的东西作出审美判断,"如果我没有学过规则,我就无从作出这个审美判断。在学习规则的过程中,你得到了越来越完善的判断。学习规则实际上改变了你的判断"①。儿童在学习审美判断时不会把"美的"当做某种性质,而是把这个词当做感叹词来学,"美的"表示赞成的感叹。"这朵花是美的",只是说这朵花具有美的特性和价值,它只是有引起美感的可能性,这句话只是逻辑的理性判断,但"这朵花好美啊"则表明它已经引起了你的美感,你感受到了它的美。审美活动是主体和客体建构的结果,美就在美感中。而且美感的表达有时并不需要语言,对某个审美对象的赞许,我们根本可以不说"这是美的",我们可以注视它,端详它,或以其他方式表示我们的感受。

日常语言的游戏规则体现于不同的使用场合,审美判断根植于人类的生活形式。不理解生活形式,就不能理解审美,"为了澄清审美用语,你必须描述生活形式"②。把审美活动放在生活形式中,时代、民族、文化等因素都会对审美活动产生影响。从时代来看,不同的时代有不同的艺术语言游戏,有不同的审美趣味,同一个"美的"在不同的时期具有不同的所指;从民族来看,不同民族由于地域、风俗、习惯等等不同,生活形式殊异,审美趣味差异极大甚至不可通约;从文化来看,审美活动与手势、体语、行为及整个文化背景相关。从语言使用看艺术创造,艺术也是一个开放性的概念,无法对其做本质性的定义。以往的艺术定义只是突出艺术的某一方面的性质,忽略其他方面,但艺术的创造性决定了归纳性的定义注定是要失败的,艺术永远是创造着的,面向未来的,突破规范的,艺术理论只是面向过去的总结归纳。总之,后期维特根斯坦通过语言的语用分析,认为"美"如游戏,互相之间具有家族相似性,美

---

① 刘小枫编:《人类困境中的审美精神》,上海:东方出版中心1994年版,第529页。
② 同上书,第535页。

学问题根本上是一个在生活中的语词的使用问题。

前期维特根斯坦把审美活动置于神秘之域,认识到审美活动的超越语言的体验性特征,拒绝了科学主义对人文言说的虚妄,肯定了审美活动的独特的形而上本质。后期维特根斯坦把审美本质与语言游戏联系,认为各种审美艺术只具有家族相似性,没有普遍性的共同本质,一方面是对审美无概念的普遍性(康德)的否定,认肯了审美活动的个体性、差异性和情感性,另一方面展示了美的本质问题的复杂性以及审美现象的文化性。实践美学认为,美感是一种认识性的活动,李泽厚多次声明,美感具有一种认识的性质,它是由认识真理而引起人的一种精神愉悦,美感认识与逻辑认识过程不同,本质一样。周来祥也认为,审美意识并不只是对客观世界的感知关系,它具有理性认识的内容,能够深入到客观对象的普遍本质。因此,认识的真理性、普遍性、深度性成为审美意识的根本特征,这正是把审美活动认识论化,以自然科学观点看审美意识的结果,①它忽视了审美活动的体验性、个体差异性和超语言性,后者被分析美学视为"不可说"的神秘领域。实践美学妄图寻找普遍的美的本质,恰恰忘记了美的文化学特征,无视审美现象是文化系统的一部分这一事实。

对照分析美学,我国当代美学研究缺乏分析实证精神。在1950年代的美学大讨论中,李泽厚所说的美指的是美的社会历史根源(自然人化、实践),蔡仪所说的美指的是美之所以存在的客体素质(典型),朱光潜说的美指的是主体条件(意识形态),言说不在一个层面,许多误读和论争由此而起。从语言分析角度看,实践美学把美的起源(劳动)与美的本质(本质力量的对象化)混同,把审美对象(观照自身)与审美素质(形式规律)混同,把美感(主观意

---

① 在20世纪80年代的方法论热中,自然科学方法论在美学文艺学领域应用得非常广泛。李泽厚预言,美学的成熟形态将是用数学方程式对审美心理活动的不同比例进行定量表述。周来祥力论证现代自然科学方法与辩证思维方法的通融性,他说,审美和艺术不但需要现代自然科学的最新成果,还需要多种学科的科学方法。有学者甚至充满激情地展望:新技术革命的浪潮及其累累的科学技术成果,为建立思维科学准备着条件,科学的或准科学的美学和艺术理论也由此打开了大门(陶同:《美学的变革》,北京:中国展望出版社1985年版,第15页)。

识)与美(客观存在)对立,排除美的体验性超越性(斥之为"神秘主义"、"非理性"),对于这些语言的模糊性运用和理论的非实证倾向,分析哲学之精神提供了一个新视阈。

一种美学理论既是对某一时代审美文化实践的理论总结,又是对一定历史时期人们的审美理想、审美趣味的体验性表达,所以美学是诗与思的对话,是诗化哲学。正因为美学思想具有时代性,所以其阐释有效性并不是无限的。对于实践美学我们既可以从其本身的基本观点看其生命力,也可以借助其他视阈如东方审美文化、西方美学等看其阐释效能。从现象学美学视角看,实践美学忽视了存在;从接受美学观点看,实践美学抹杀了接受主体性;从分析美学观点分析,实践美学存在概念混乱和把审美活动认识论化、忽视审美的体验性和超语言性等弊病。引进一种参照系并不是要否定实践美学本身,而是从比较对照视野对其理论逻辑获得清晰的认识,从而为发展、更新其理论生命提供一种参考。

第五节 论审美超越

实践美学与后实践美学的论争已历时10年有余。随着讨论的深入,双方的理论分歧、矛盾焦点越来越突出,这使我们有可能更清晰地辨析争论各方的理论取向及其价值和缺陷所在。美学论争涉及的问题很多,其中对审美超越这一概念内涵的理解所引发的分歧是最为人瞩目的焦点之一。审美超越是后实践美学理论建构的关键,超越美学、生命美学、生存美学等对审美超越的理论阐述连篇累牍,并呈自得之意,而实践美学的维护者和发展者却站在理性主义或意识形态立场批评其为唯心主义、神秘主义,这种分歧使讨论产生了批评者义愤填膺,倡导者无可奈何的景观。审美超越是后实践美学的核心概念之一,也最能体现后实践美学的精神要旨。不理解审美超越就不能把握后实践美学的精神实质,建立在此基础上的批评就只能是无的放矢,同时,审美超越的缺乏也是实践美学最为被诟病的地方。问题的复杂性在于,对这一概念的理解不仅涉及到作为学术群体的实践美学论者和后实践美学论者的知识结构、学理取向、价值认同等,而且关系到个人的审美体验、生命体验乃至对东西文化差异的体认。

首先,我们来看看各方对这一概念的不同表述。杨春时在建构超越美学时说:"审美和哲学(作为审美的反思)就是超越性的解释,它超越现实意义世界,达到对'本体'的领悟。"① 审美是"超越现实的自由生存方式和超越理性的解释方式","它创造一个超理性的世界"②。杨文中充满了"超越性"、"自由"、"终极体验"、"超理性"、"本真"、"自为"、"自我实现"等概念,这些说法其意相通,如何理解? 我以为,这些都是指审美活动的超越性,也就是审美活动的形而上性。

与超越美学相似的是,潘知常的生命美学对审美活动的超越性也极为推崇,其专著《诗与思的对话》就是关于审美活动的体系性论著。生命美学强调审美活动与实践活动的差异,认为审美活动是"生命的最高存在方式",它"守望精神家园",是"生命的澄明之境"、"超越之维"。"审美活动正是对于人类自身生命的有限的明确洞察……是生命的自我敞开、自我放逐、自我赎罪和自我拯救。"③它"是人类主动选择的活动方式,它以自由本身作为根本需要、活动目的和活动内容,从而达成了人类自由的理想实现"④。审美活动创造的彼岸世界"是人类从梦寐以求的自由理想出发,为自身所主动设定、主动建构起来的某种意义境界、价值境界"⑤。概而言之,审美活动是生命最高意义的理想实现,这与超越美学的界定极其相似。

实践美学的坚持者和发展者邓晓芒对"超越"的理解却与此不同。"超越"在邓晓芒那里指的是实践活动对现实的超越,实践的精神性对动物性本能的超越,他说:"人类精神生活的超越性正是从现实的实践活动中升华出来的,因为实践本身就具有自我超越

---

① 杨春时:《生存与超越》,桂林:广西师范大学出版社1998年版,第148页。
② 同上书,第162页。
③ 潘知常:《诗与思的对话》,上海:三联书店1997年版,第340页。
④ 同上书,第328页。
⑤ 同上书,第244页。

的因子,这就是实践作为一种'有意识的生命活动'和'自由自觉的生命活动',本身所固有的精神性要素。"①在《黄与蓝的交响》中,邓晓芒、易中天把超越理解为人的概念(知)、情感(情)、意志(意)对动物的表象、情绪和欲望的超越。而且,邓晓芒认为,"超越性并不只是审美所特有的属性,而是包括人类真、善、美在内的一切精神生活的属性;至于说审美的'超越感性和理性的品格',则并不一定是绝对必要的品格,审美也完全可以与感性和理性和谐共存"②。在论文《实践的超越性与审美》③中,张玉能不同意杨春时对实践活动现实性的界定,认为实践活动也具有超越性,其基本逻辑如下:实践活动决定和产生了美;实践活动本身具有超越性,因此,实践所产生的美也就具有超越性,从而审美与实践是同一的;所以,杨春时的现实性的实践活动与超越性的审美活动不具有同一性的结论就是错误的。这里,问题的关键仍然是对超越这一概念的理解。可以看出,邓晓芒是在实践的人类学品格中把握审美超越,张玉能对"超越"的理解与邓晓芒、易中天相同,"超越"在他那里指的是实践活动对现实的超越,实践的精神性对动物性本能的超越。我想后实践美学论者对这种批评只能发出无可奈何之叹。学术论争就这样自说自话,交错而过,其原因我以为是邓晓芒没有对现代性的审美活动具有同情性的了解,这就导致了他无法把握审美超越的特定内涵,与许多批评者一样,其对审美超越的理解只能导致后实践美学要义的遮蔽。

在实践美学那里,较多的提法是美感或美感活动,审美活动这一概念还没有提出。20世纪80年代和以前的美学学者在论及审美活动时,一般认为审美活动是对现实的掌握,或是以形象化的方式对现实的反映,显然这是来自经典作家的思想或认识论美学。后实践美学提出了审美活动、审美体验等概念,并在生存论、存在论层面上予以论证,认为美学的核心问题是审美活动,审美活动的

---

① 见《学术月刊》2002年第10期邓晓芒文。
② 同上。
③ 见《西北师大学报》2005年第1期张玉能文。

根本特性是超越。由上文可知,审美活动是后实践美学的根本要旨,对审美活动特性的理解关系到实践美学与后实践美学分歧的关键。任何理解都只是一种诠释,而是否能够揭开审美现象之谜是我们评价一种美学理论的准则。当初,实践美学以实践为解释审美现象的核心范畴,实践美学以压倒性的优势战胜了反映论美学。今天,当阐释审美活动的生命内涵成为一种思潮,当审美活动成为众多持后实践美学观点的论者建构其理论的核心范畴时,我们不得不对之予以格外的关注。一种观点要成为思潮,必须得到众多支持者的认肯。任何思潮必定是时代精神的积淀和回声,同时,这种思潮也是这个时代的思想者的生命体验、价值尺度乃至知识结构的反映。我以为,后实践美学对审美活动超越性的大力阐发,正反映了美学界学者的时代敏感性,即体现了他们对审美活动现代内涵的理解,这是后实践美学超越实践美学的地方,是中国美学走向现代性的重要一步。

后实践美学各家对审美活动内涵的理解大同小异,一言以蔽之,套用后实践美学一本书的名字即是生命"意义的瞬间生成",这一理解与审美超越相关。那么,什么是审美超越呢?在理解审美超越之前,应该看看超越的形而上学内涵,它指的是人类精神所特有的对人类社会或个体自身存在的终极目标或终极价值的追问和把握,这种超越表现在宗教活动、哲学思辨和审美体验等精神领域。爱因斯坦说,画家、诗人、思辨哲学家和自然科学家,"他们都按自己的方式去做,个人都把世界体系及其构成作为他的感情生活的支点,以便由此找到他在个人经验的狭小范围里所不能找到的宁静和安定"①。这就产生了人类超越性的精神文明,人类正是在终极价值和信仰的光环照耀下不断超越自身去实现理想的。对有限的超越和无限的追求根源于人类本性,古埃及的巨大陵墓和木乃伊就是这种追求的见证。雅斯贝尔斯说:"生命像在非常严肃的场合的一场游戏,在所有生命都必将终结的阴影下,它顽强地生

---

① 转引自李泽厚:《历史本体论》扉页,北京:三联书店2002年版。

长,渴望着超越。"①人类对于现实经验的超越方式是多样的,在认识领域产生了本体论哲学,在道德领域就是善的理念,在宗教活动中就是彼岸世界,在审美活动则是审美超越的形而上之维。

  精神超越活动表现在历史领域,是哲学家对人类理想蓝图的设计,柏拉图的理想国、康帕内拉的太阳城、弗朗西斯·培根的新大西岛、托马斯·莫尔的乌托邦、陶渊明的世外桃源、康有为的大同国度等都是对人类终极性理想社会的设想。青年马克思怀着浪漫主义激情在《巴黎手稿》中勾勒了人类历史发展的三个阶段:人性的和谐,人性的异化,人性的复归,认为共产主义就是人性自由理想的实现。显然,这是对人类社会终极存在的理想主义的抽象解答,它不是建立在历史经验之上的科学论证。后来马克思以生产力和生产关系的矛盾运动解答历史之谜,把形而上学从历史领域驱逐出去。历史上一代代的思想者建构着人类社会的乌托邦,人们往往批评乌托邦为虚幻,但乌托邦对于人类文明有着巨大的意义。乌托邦如灯塔,它所展现的理想魅力极大地鼓舞着社会现实和道德原则,激励着人们为实现理想而奋斗,"乌托邦思想家为这个世界塑造了灵魂。……他们克服了利己主义和盲目的自私观念,高举社会协作的理想旗帜,从而使人类的能力得以无限提高和扩大"②。乌托邦的价值在于其理想性和终极性,波澜壮阔的法国大革命不就是在卢梭的回归自然的理想主义激情的指引下发生的吗? 20世纪风起云涌的无产阶级解放运动就是在共产主义理想的旗帜下展开的。在马克思那里,共产主义因为是人性的自由实现而具有审美的意义。在共产主义社会目标中,审美理想、人的理想和社会理想是统一的,在此意义上,乌托邦具有审美意义。精神超越表现在哲学领域则是形而上学思辨体系的建构。年轻的柏拉图曾研究过赫拉克利特一切事物都处在变化之中,任何事物都无法逃避死亡和变化的学说,他为这种看法所苦恼,希望在永恒中找到一个躲避所,以逃避时间的无常和劫掠,因此,"关于永恒形式或理念的理论对他具有巨大的情感力量,因为理念是人能进入的永存

---

① 雅斯贝尔斯:《存在与超越》,上海:三联书店1988年版,第44页。
② 乔·奥·赫茨勒:《乌托邦思想史》,北京:商务印书馆1990年版,第267页。

的领域"①。在此意义上,美国学者巴雷特认为柏拉图的理性主义不能被视为冷静的科学研究,而必须被看成是一种充满激情的宗教学说,是一种向人许诺可以从死亡和时间中获得拯救的理论。中世纪经院哲学家让上帝创造世界,德国古典哲学的集大成者黑格尔则以理念的逻辑和历史的运动构筑了完备的形而上学。这些哲学家以形而上学的本体作为皈依以求得精神的"宁静和安定"。尼采宣布上帝死了,人们在解除束缚获得自由的同时也体验到了荒诞,为了重新赋予个体生命以意义,尼采又给人们"永恒循环"这一承诺,使荒诞的个体求得不朽。根源于人类本能的超越性追求在宗教活动中表现得最为明显,教徒殉教,把自己钉死在十字架上就是这种超越性行为的体现。宗教超越产生于生命短暂的悲剧意识和个体灭亡的痛苦沉思,教徒以复活节的死超越了自身生命的有限性,沐浴着上帝的永恒福祉,这种死不是来自形而下的精神或肉体痛苦,而是来自形而上的超验追求。显然,科学理性对于狂热的宗教行为无能为力,科学能证明超验存在的虚无,但无法代替超越自身的形而上追求本身,这就是科学日益昌明而宗教仍大行其道的原因。

对审美的"超越"也要在这种意义上来理解。许多人认为,超越就是对动物的自然性或现有的物质和精神成果的超越,是对人的有限意志、有限理性和情感的超越。这种理解没有把握审美超越的独特性,它没有把审美活动与其他活动区别开来,因为科学活动、伦理活动等都以实践活动为基础并超越实践活动去探询人类实践所未触及的知识或意志领域,都是超越性的活动。审美的"超越"应理解为"超验",与"形而下"相对应的"形而上",与"理性"相对应的"超理性",它与实践活动对现实的超越根本不同。审美超越与"超理性"、"最高的生存方式"、"自由的生存方式"、"形而上追求"等等说的是一个东西,即是指审美活动对于人的生存意义的终极性建构。审美活动不仅超越现实的真善,而且超越个体生命的有限性,它建构着个体生命独特的精神性的超验意义。

审美活动的超越性,审美活动对于个体生命的形而上意义在

---

① 威廉·巴雷特:《非理性的人》,北京:商务印书馆1995年版,第83页。

20世纪西方美学理论中得到了充分的论证。之所以如此,是因为个体在物质丰富而又充满异化的现实中,对自由的精神追求,对个体生命存在的自觉变得不可遏止。20世纪人的存在的匮乏状况令人揪心,"我们这个时代把无与伦比的力量集中在它外在的生活上,而我们的艺术却企图把内在的贫困匮乏揭露出来;这两者之间的悬殊,一定会使来自其他星球的旁观者大为惊讶。……然而如果一个来自火星的观察者,把他的注意力集中从这些权利的附属品转向我们小说、戏剧、绘画以及雕刻表现出来的人类形状,这时他会发现到一种浑身是洞孔裂隙、没有面目、受到疑虑和消极的困扰的极其有限的生物。"[①]20世纪西方美学向内转,放弃以理性为根基的现实主义的对外在世界的构造方法,转向非理性的人的存在本身,就是因为外部世界不可信,理性已经无能,我们只能以自身的非理性反抗异化回归自由,审美活动的生命内涵因此被突出,审美成为个体生命本真存在、个体自由的确证。审美超越来自于个体对生命的有限意识和追求无限的强烈渴望,在当代西方,存在主义对个人生存状态的分析对此有深入的揭示。"陀斯妥耶夫斯基曾说如果上帝不存在,则一切都是被允许的。这就是存在主义的起点。"[②]存在主义是在一个特别的历史时期中,自由人对抗一切威胁着或看来威胁着他作为存在主体之独特地位所采取的形式,因为他虽然是这世界中的一物因而是自然中的一部分,但同时也是从自然中脱颖而出的自由主体,存在主义就是在上帝隐退后人在无所皈依的世界中的生存如何以及如何生存的哲学。存在主义的出发点是个人,是从理性和上帝的桎梏下解放出来的人的哲学。克尔凯郭尔说,我们这个时代的特殊罪恶正是个体之不被重视:"每个时代都有其特有的堕落。我们这个时代的堕落也许不是追求快乐或沉湎感官享受,而是对个人之一种不道德的泛神论的蔑视。"[③]对个人的生存状态的分析就是寻找"是"的意义。"是"是动词,是一个过程,或一种方式,"是"是每个人自己的生存状态,时间

[①] 白瑞德:《非理性的人》,哈尔滨:黑龙江教育出版社1988年版,第64页。
[②] 考夫曼编:《存在主义》,北京:商务印书馆1995年版,第349页。
[③] 同上书,第337页。

性是其特征,在"是"的过程中我们每个人建构、体验、领悟自己生命的意义。与柏拉图所说的本质先于存在的物不一样,人的存在先于本质,人的本质在个人的创造中:"人除了自我塑造之外,什么也不是。"①"无论人现在怎么样,永远有一个未来等待着他去塑造,一个等待着他而未经开辟的未来。"②没有上帝了,人是自由了,但这并不意味着可以为所欲为,存在主义的著名格言是,懦夫是自己成为懦夫,英雄是自己成为英雄,因此懦夫也总有机会丢弃懦怯,英雄也可能不再是英雄。生活和生命的意义全在于自己去创造,萨特告诫人们:"生命被生活过了,它才有意义。然而使之有意义都是你的任务。它的意义也只是你所选择的而已。"自己是自己的主人,我们应该对自己的行为负责,"因为我们提醒人,除了他自己之外别无立法者。他本身在这样被弃的情况下,必须自我决定"③。存在主义给人的印象是极端的个人主义,是他人即地狱的诅咒,这其实是误解。存在主义哲学家都叫人对自己负责,对他人负责,因为个人离不开社会:"主体论一方面是指个人主体的自由,另方面则指人是无法超越人类的主体性。后者才是存在主义比较深层的意义。"④个体的自由并不是绝对的,个人是目的也是手段,萨特说:"除非我把别人的自由也当作我的目的,否则我也不能把它当作我的目的。"⑤

高扬人的主体性和创造精神以及道德责任感是存在主义对人的期望:面对传统价值规范的失落和生命的无意义,我们该怎么办?面对现代文明把个体转变成纳税人、投票者、公仆、工程师、工会会员等社会机能或许多机能之一的状况,存在主义代表了自由人对集体或任何非人化趋势之反抗的重新肯定,加缪说,我们应该像西西弗斯那样去行动,海德格尔要求我们去本真地"是"。审美活动就是对人的自由选择自由创造的肯定。每个人与世界打交道、存在于世界的方式是不同的,世界对其展现的方式也是不同

---

① 考夫曼编:《存在主义》,北京:商务印书馆1995年版,第305页。
② 同上书,第310页。
③ 同上书,第324页。
④ 同上书,第306页。
⑤ 同上书,第321页。

的。美之为美与人之所"是"即人的存在本身相联,人不是物,不是一个是者,人是"是"本身,人不是存在者,而是存在,因为存在者是可以定义的,而自由是人的本性,自由是不可定义的,人是不可定义的,一定义就成了"是"者,成为存在者了。人不可规定,规定就是否定,人从大众的一般状态的沉沦中抽身出来,直面自己的本己之"是"的可能性,而在所有的可能性中,只有一种是确定无疑的,这就是死,畏就是对死亡的领悟。人一旦领悟本己之是,就离自己的本真存在不远,就可以进入澄明之境,这种境界,这种本真存在之"是"就是自由的存在,就是审美的境界,就是最高的生存方式。个体的存在是偶然的,孤立的,孤独的,是在某一个时刻"被抛入"这个世界的,但死亡是必然的,死亡不是他人的事情,而是我自己的事。生命本无意义,生命只是一个过程,是一次短暂的旅行,我们必须赋予生命以意义,不可沉沦,不可成为"一般人",不可推卸自己的责任,应该勇敢面对生命的无意义、无聊和烦闷,应该自由地去"是",本真地"是",应该创造审美之维。审美是人生存在的根据,只有在审美活动中人才是自由的。审美带我们进入本真存在,它在我们面临死亡的深渊时赋予我们生命以终极意义。

存在主义对人的自由的解读的美学启示在于,美学是人学,美关系到人的存在本身。雅斯贝尔斯说,人是不可定义的,"就作为可知的某种东西而言,人表现于他的各种经验面相,就作为被知的东西而言,'人是什么'往往视我们所使用的研究方法而定,我们使用不同的研究方法,他就显示不同的面相。不过,一旦他成为知识的对象,就绝对不再是统一体和整体了,也绝对不再是人了"[①]。人可以把自己转变成一个对象,可以把自己看作其他许多合成我们所谓世界并可以用科学家的非关个人的客观精神而以不同观点来加以研究的事物中的一种东西。比如说,人可以从生物化学家或解剖学家或心理学家或社会学家的观点去研究自己。但是尽管人能够把自己客观化,然而他也是主体,主体是一个整体,是一个意志自由的存在,不是一个客观性的存在者,以自然科学方法无法把握人这个主体,存在主义关切的就是这种作为主体的人。人不是

---

① 考夫曼编:《存在主义》,北京:商务印书馆1995年版,第154页。

科学知识的对象,各种知识的总和不能给人一个定义。人是人之所"是",因此人是自由的,人的自由性就是其创造性。美与人的自由、人的无限可能性相关。美关系到人之所"是","是"不可定义,因此对美的追问也不能以抽象概念作结。定义就是限定,而一限定就是不自由,是对自由的扼杀。美只能以诗性语言呈现,因此现象学美学把传统的审美活动从理性思考转向现象描述。

存在主义的生死观和审美观给我们理解审美超越以有益的启示。在神性隐退的时代,在价值虚无的世界,在个体觉醒而无皈依的今天,人如何存在,如何创造生命的意义,这是美学要回答的根本问题。在审美活动中,人之为人的本真的澄明才呈现,敞开,美是人的存在之真理,美学是对此的思考和维护。上帝已死,人自由了,但也荒诞了,何处寻求生命的终极意义?只有面临虚无才能得到拯救,审美是对人的存在(虚无、荒诞、有限)的本真呈现,又是对人的拯救(自由、超越、终极),因此,在奥斯维辛之后,写诗是自由的事业。哪里有危险哪里就有希望。如何回到人的存在本身,20世纪的思想提出了许多方案:回归生活世界;从纵向超越到横向超越;沉醉于酒神与日神;静观自绝于绝对意志;前意识升华为意识;打开语言牢笼,回归诗意语言等,从认识回到体验,从理性回到想象,从思维回到直觉,就在超越性的体验中寻找人的真实存在。

审美超越以生命必死的悲剧性体验为根基。每个人的存在终归要不存在,这是我们面临的最大悲剧,"它是悲剧,因为每一个实体都意识到自己不过是这样一种存在:它们创造和呵护的价值,迟早总要被打败"①。在人的生命意识觉醒时都会有这种生存的焦虑性体验。这种体验具有偶发性,个体突然意识到:100年前没有"我",100年后"我"将不会存在,现在的"我"是有血有肉的存在,但有一天"我"会化为灰烬,"我"是独特的,不可重复的,没有任何人、任何物可以拯救"我","我"一步步走向深渊,走向不可预知的虚无。站在宇宙的角度看生命,生命是荒谬的,毫无意义的,活着而没有意义,这对于"我"是一个最大的悲剧。这种生命体验不是观念性的,而是情感性的,是无法用语言把握的某种意绪。在理性

---

① 艾温·辛格:《我们的迷惘》,桂林:广西师范大学出版社2001年版,第20页。

看来,任何人都会死去,这是自然规律,冷静的理性最多带给我们些许无奈,而在茫茫深夜里的悲剧性体验则是战栗性的,震撼性的,它给人无限的忧伤和悲怆。面对这个悲剧,任何现世的实践活动都无能为力,而审美所建构的超越性的形而上学王国却带给我们拯救的希望,因为美是在有限中"终于被表现出来的无限事物"①。审美提供了无限超越的契机,黑格尔说:"审美带有令人解放的性质","美的概念都带有这种自由和无限;正是由于这种自由和无限,美的领域才解脱了有限事物的相对性,上升到理念和真实的绝对境界"②。审美活动不是现实的活动,而是形而上超越的活动,"她无力维系你的生存,她仅能助你瞥见永恒"③。审美超越是由于意识到生命的有限性、一次性、独特性、必死性所体验到的恐惧(畏)、战栗和深渊而求得的一次迈向永生的飞跃,它让悲剧性的个体在"此在"中体验"悦神"之福并沐浴着永恒的光辉。

杜夫海纳说:"审美对象所暗示的世界,是某种情感性质的辐射,是迫切而短暂的经验,是人们完全进入这一感受时,一瞬间发现自己命运的意义的经验。"④审美活动是对于生命意义的一种体验和建构,因此精神性、超越性、理想性是它的特征。这里,我们可以把巴尔扎克和托尔斯泰做一比较,人们在两位伟大作家那里得到的审美享受是极为不同的。巴尔扎克的小说是形而下的世俗风俗画的描绘,他用辛辣的嘲讽刺向了巴黎上流社会的男男女女,人们得到的是对丑恶人性的鄙夷的优越感,这就是喜剧的审美形态。但《人间喜剧》缺少了托尔斯泰对人类命运的悲天悯人的关怀,后者比前者更多的是其小说中的"整体宗教",某种形而上的意蕴,而前者的现实主义提供的是人性的科学和某种时代生活的资料文献。与此相似,贝多芬的《命运交响曲》激起的是人们对现世困境抗争的勇气,是要扼住命运的咽喉的生死豪情;而柴可夫斯基的《天鹅湖》令人体验到爱情的绝望、生命的短促、世事的无常等超越性情绪。一般说来,审美的超越性体验在悲剧和崇高性的艺术中

---

① 谢林:《先验唯心论体系》,北京:商务印书馆1981年版,第270页。
② 黑格尔:《美学》第1卷,北京:商务印书馆1979年版,第147、148页。
③ 马丁·布伯:《我与你》,北京:三联书店2002年版,第29页。
④ 杜夫海纳:《美学与哲学》,北京:中国社会科学出版社1985年版,第28页。

蕴涵较多,而在世俗的人情物态的写实作品中,人们更多地体验到日常情感。在现代西方美学中,英伽登所说的"形而上学层"(Metaphysical Qualities)和贝尔的"有意味的形式"强调了前者,而杜威的经验主义美学关注的是审美情感的日常经验性。优秀艺术的生命力来自这种超越性的形而上体验,而大众艺术之所以被称为快餐文化,就是因为缺少这种生命体验。

审美活动创造了自己的意义世界,这个世界可以是凡·高的世界,可以是莫扎特的世界,可以是瓦雷里的世界,因为审美活动所创造的审美对象"丝毫不是为了一种先验的主观性,而是为了一个特定的人"①,是自己为自己的生命所建构的意义世界。这么说来,审美活动不就是一种纯粹个人的形而上体验吗?回答是否定的,审美活动的超越性与现实的真善有着天然的关联。康德称本体论为"先验幻相",但康德是肯定形而上学的,形而上学的超验性在审美中仍然存在,这就是他的审美理想。审美理想以其超越性理想性成为现实美的范型,成为我们审美判断的逻辑上先在的东西,我们从康德的善的理念的积极作用就可以知道。善的理念作为理想的范型(逻辑上是先在的,理想的,完满的,超越性的)是现实的伦理评价行为的最终标准。"每个人肯定都知道,如果我们以某个人作为德性方面的榜样,那么我们心中早就有了真正的原型,所谓的榜样是与之对照并以之为准则作出评价的结果。"②这个理想的道德范型激起人们去追求,去实现,去仿效。同样,审美活动也具有理想的积极意义。

审美活动的理想性根源于人的本性,人要摆脱现实的有限性,追求无限实现理想,理想之为理想在于它的非现实性不可实现性,但在审美活动中,理想却精神性地意象性地展示出来。审美活动把人的理想生存图景,把人的至美至善形象地呈现出来。人的自由无法在现实中实现,一实现就是限定了的,有局限性的,不自由的,真正自由的无限的实现只能在精神活动中出现,只能是精神性的实现。审美活动是人的自由本性的实现,是自由的最完满的实

---

① 杜夫海纳:《美学与哲学》,北京:中国社会科学出版社1985年版,第28页。
② 康德:《纯粹理性批判》,北京:商务印书馆1997年版,第254、255页。

现。对于现实来说，审美活动以其自由成为现实的一切不自由和异化的批判力量，而这种自由不是物质决定精神或认识反映存在的派生意义上的精神愉悦，而是生命本体存在意义上的、人的生存最高方式意义上的一种活动。人类为什么需要艺术和审美？不是为了形象地认识或为了促进社会美的发展和社会功利的进步，而是为了对自由的体验和追寻。现实的任何活动都不是充分自由的，自由只有在超越性的宗教哲学审美中实现，哲学是理性反思，是对现实意识的超越，宗教是对生命的否定性超越，艺术却是对生命的肯定性超越。

人类在理想化观念的指引下进行着创造。人们不断地超越自身，不断地追求终极，但这个终极却没有任何固定的模式，也没有一个清楚而确定的观念，它只是在指向自由的同时不断地反抗着异化和不自由，这一切通过审美活动来实现。在审美活动构造的乌托邦的光照下，我们体验着自由并意识到现实的不自由。审美活动追求着理想，它是创造新价值的制动机。没有审美活动对未来的仰望，人类也许会死于机械因循和烦闷。审美活动所构造的自由王国诱惑着我们不断超越自身，去追求那个澄明的无碍的诗境。因此，审美活动并不是涅槃式的静观，它是一种导向实践的伟大力量。现实并不完美，审美活动把不完美的现实推向理想之境，推向那个灯火阑珊处的乌托邦。审美活动中凝聚着人类的至善和完满，"它如理想之火熊熊燃烧，就像是永恒的灯塔，照亮我们通往不断生成的善与美的境界的道路"[①]。此乃审美之大用。而宗教超越与此不同，它通过对现世的不自由的忍让和宿命式的认同，把这个乌托邦的实现推向彼岸和来世，宗教超越并不导致现世的实践行为。

经过审美活动的洗礼回到现实的人"以出世的精神做入世的事业"，以超脱的精神积极入世，将迸发出更大的创造力。在审美活动的理想性的观照下，他意识到现实的平庸、散文气和罪恶，他要用美的理想来改变现实。审美的人更深刻地认识到，生命是有限的，死亡是无可避免的，在死亡面前有人一蹶不振，有人钟情声

[①] 艾温·辛格：《我们的迷惘》，桂林：广西师范大学出版社2001年版，第119页。

色,唯独审美的人意识清明,他要发掘自身能力,去对象化自己的本质力量,去求真求善,这就是"以美导真,以美储善"。审美的人以渺小的个体反抗生命的有限,把自身投入到人类生命意志的洪流中,从而使自己获得永恒。审美活动让人意识到自己是独特的,不可复制的。审美体验与宗教体验不同的地方是,它肯定现实生命,肯定生命的自由,肯定人能够就在现世达到永恒。

马克思说,人的类特性就是自由自觉的活动。自由并有自我意识是人的特性,而自由就不是对于必然的认识和遵循,那只是外在化的非根本的,根本的是人的内在的自由意志及对于自由的体验,有内在的自由感才有外在的达到自由的活动,而审美就是人的自由存在的显示器和守护神,人正是在对自由的渴望和体验中创造着美的理想。自由是人的本性,是人的天命,存在主义正是在对自由的理解中极大地揭开了人存在的深刻秘密。人是无,是"是"本身,是理想引导着人不断超越自身去追求无限,而这一切在现实活动中无法达到,现实只是对有限的满足,是限定。审美是对人的自由的认肯,对此实践美学缺乏理解,在它那里,审美只是一种精神性的愉悦,只是肯定自己的一种精神确证,只是实践活动的附庸,审美对于人的存在的意义无从谈起。实践是根本的,个体的心理情感是被决定的、被附属的。后实践美学吸收当代西方哲学美学,对自由的理解更接近人之所是,个体生命的意义问题就凸显出来。

美是理想性的,终极的,它鼓励我们不断追求。乌托邦是审美的而非历史的。人总是不满足于现实而指向超越和理想,总在九死不悔地超越有限追求无限,这就形成了悲剧审美的动人魅力。实践美学把审美之根归于实践,就不能解释各民族文化对无限的追求,特别是人类文明早期,这种追求以酷烈的宗教激情表现出来。后实践美学立足于审美现代性,它所说的审美"超越"不是对有限理性、有限能力的超越,而是指对终极目标与价值的追求。审美活动不同于科学活动和伦理活动,因为真善是服务于生命的有限性的现实活动,而一切现实都是非理想性的。审美超越就是在有限中追求无限,在非理想中实现理想,从而在精神上把握生命的绝对意义。说审美活动是生命活动,是指审美活动是对生命有重大意义的活动,是整个生命投入其中又享受生命的活动,是对生命的自我欣赏、自我观照和自我超越。审美用批判的眼光审视着现世的同时实现着对理想社会的追求,在不完美的世界中创造完美,在无意义的世界中寻求意义。在实践美学的讨论中,许多人认为,审美与实践不可分,审美超越以实践活动对现实的超越为前提,真善美在实践的基础上是统一的等等,这些言说都只看到了审美活动中的形而下的精神愉悦,而没有认识到审美活动中的形而上追求,这就是生命美学、超越美学、生存美学与实践美学和新实践美学区别的关键所在。在科技主义的扩张中,人的人性和物的物性都失落了,人只是被利用的手段,只有审美活动可以拯救我们。现代美学在否定人类中心论,否定科技主义导致的对自然的残害的同时也否定了理性,因为人的理性是主体性哲学的根本,只有回归直觉,只有审美直觉才能肯定自我。柏格森说:"小说家可以堆砌种种性格特点,可以尽量让他的主人公说话和行动,但这一切根本不能与我一刹那与这个人物打成一片时所得到的那种直截了当、不可分割的感觉相提并论。"[1]

审美活动不指向外在的物化的功利性的自然,它关心灵魂的焦虑和渴望。死亡是人存在的最大悲剧,这一意识来自体验而非认识,是面对"本真之是"而产生的"畏",而实践美学把审美指向人的外在化的活动,这就导致了人的存在的遗忘,即人与万物一体、我—你自由关系的遗忘。在人的外在辉煌与内在黑暗形成鲜明对照的今天,美学更应该有所作为。在现代社会,审美是对人的异化和现实黑暗的控诉,是个体生命丰盈的见证。人是自由的,是无限可能的,而现实却遏制了人的自由,因此,现代社会中人们更需要审美,因为审美肯定着人的自由本性。

形而上学是人的本能,精神的超越存在于人类活动的方方面面,它是人不同于动物的对生存意义的领悟。从审美现代性的角度看,审美活动不是对现实的认识,不是认识和伦理意志的中介,更不是理性和感性的统一。审美活动是个体对自己生命意义的追

---

[1] 柏格森:《形而上学导言》,北京:商务印书馆1963年版,转引自《周来祥美学文选》,桂林:广西师范大学出版社1998年版,第409页。

寻,在审美活动中,个体超越了有限,获得了无限,达到了生命的澄明之境。现代性的审美活动并不分析美感心理如感知、想象、理解等,它认为审美活动是人最自由最澄明的存在方式,这就破除了传统美学的审美中介论(席勒、康德)和审美认识论(黑格尔)。实践美学寻找实践活动的审美本性,只能导致人的对象性力量的膨胀。实践美学把神圣的光环扣在人类的外在性力量上,人的最根本的存在却失落了,审美活动的理想性批判性,其对于生命意义的构筑都在视野之外。如果靠人类外在实践能达到自由和幸福的话,当代西方的人本主义哲学就不会出现,20世纪人类就不会遭受现代性分裂的痛苦,就不会感到荒诞和无家可归,人就不会变成物,就不会出现马克思所说的"我们的一切发现和进步,似乎结果是使物质力量成为有智慧的生命,而人的生命则化为愚钝的物质力量"①。自由的理想的人不会在人的无穷的对象性的物质活动中生成,相反,现代发展的历程表明,这种物质力量反而成为凌驾于人之上帝,人成了物,陷入虚无,而审美活动则是对这种物质性力量的批判。审美活动是一种呐喊,把人们从沉醉于对自然的伟大业绩中警醒,走向非对象性的诗意存在。

审美超越的内涵主要有两点,一是指审美活动是"生命意义的瞬间生成",二是指审美活动对于现实的批判性、否定性和间离性,这就是现代性审美活动的内涵,即审美活动与现实的关系不再是肯定性的,而是否定性的,审美活动以对人类活动的批判性质疑而维护人的诗意存在。西方古典美学的主流是认识论美学,但其对审美超越的理论阐述一直都存在,只不过处于支流地位,我国学界对此早有研究。② 只是在非理性思潮盛行、传统价值观崩溃的当代西方,审美超越才凸现出来。在现代社会,人的活动已经造成了人自身存在的危机,审美活动作为人类自由的守夜人承担起反思批判人的活动的责任,同时,在"上帝死了"以后,审美活动承担起拯救存在之意义的使命,于是审美活动的生命意义才成为美学主题,

---

① 《马克思恩格斯选集》第1卷,北京:人民出版社1995年版,第775页。
② 参见王一川:《意义的瞬间生成》,济南:山东文艺出版社1988年版;刘小枫:《诗化哲学》,济南:山东文艺出版社1988年版。

这才有当代西方美学的审美与自由,存在之澄明等美学问题,此即唯意志主义美学、存在主义美学、西方马克思主义美学一直到后现代思潮的根本要义。

作为现实活动,实践活动是有限的,人类不可能无限制地控制自然,不可能靠实践活动达到人与自然的完全和谐,印度洋的海啸说明了这一点,因为实践活动的对象即物质自然始终是人的对立面,它不以人的意志为转移,走着自己的路,人必须遵循它的规律才可能有限地改造自然。作为人对于自然的客观活动,实践活动是一种物质的力量;作为人的活动,实践活动具有精神性;作为后天获得性的活动,即使是鲁滨逊那样遗世独立的个体的活动也具有社会性。因此,实践活动统一着物质与精神、个体与社会,这一点马克思早有论述。作为人不至于饿死而必须与自然打交道进行物质交换的活动,作为实现着人的欲望的活动,实践活动统一着现实与理想。张玉能提出的新实践美学大力论证实践活动的这种"超越性",但这些本是历史唯物主义的基本要旨。人的实践活动建基于既往活动的基础之上,是对先前活动的扬弃,因此,我们也可以说实践活动具有超越性,这就是张玉能所说的超越,但这种超越根本不同于审美活动所具有的超越性,后者指的是审美活动对于个体生命意义的生成,而无论怎么样的实践活动都不能充当生命意义的终极之源,这就是现实的进取无法满足浮士德对生命意义追问的原因,因为人之所以不同于动物不仅在于人能够使用工具以改造现实,而是因为人有对生命意义的追问和自觉,这正是艺术审美活动、哲学思辨活动和宗教信仰活动等人类超越性活动得以产生的根据,而这是实践活动无能为力的。

新实践美学认为,实践活动具有超越性,实践活动的发展推进着美的产生,实现着人的高级的精神性需要。那么,在人类生产力大发展的20世纪怎么会有精神危机出现呢?如果美具有与实践活动的同一性,那么如何解释现代审美与实践活动的间离现象?比如在现代社会,人们不去欣赏那些人化了的自然,而去欣赏那些原生态的自然。如果实践活动能够提供生命意义的家园,我们还需要审美之诗和哲学之思吗?在人类活动已经造成自身危机的今天,美学不能对人的存在的危险没有一点警惕之心。实践活动能满足人对现实物质的要求和对物质现实的超越,但它不能提供精神性的体验活动,这就是生命美学不厌其烦地区别审美活动与实践活动的原因。但要说李泽厚完全没有意识到审美的形而上性是不公平的,在《美学四讲》中,李泽厚把审美形态区分为悦耳悦目、悦心悦意和悦志悦神,前两者是形而下的感官和心意之悦,而审美的最高层次则是超越性的本体愉悦。李泽厚说"它是整个生命和存在的全部投入……似乎是参预着神的事业",原因在于"人作为感性生命的存在,终归是要死亡的,个体的生命都在有限的时空之中,因此人追求超越这个有限,追求超越这个感性的个体存在,而期待、寻求那永恒的本体或本体的永恒"①。但是,李泽厚哲学美学的出发点是人类实践而非个体的生命存在,这就与后实践美学强调审美对于人生的意义不同,与其理论的逻辑本身相背。同时,李泽厚对审美超越的论述也与其科学主义倾向相矛盾,他认为,未来的审美心理学将从真正实证科学的途径来具体揭示我们今天只能从哲学角度提出的文化心理结构、心理本体、情感本体等问题,"探测不同比例的心理功能的结合,是美学研究中大有可为的事情"②。现代西方美学认为,审美正因为有形而上性和神秘意味才成为不可言说的领域,科学对此是无能为力的。李泽厚的老庄式的"神与物游"其实泯灭了生命体验,它不是在人与自然、人与人对立之后所产生的个体生命对自我存在的自觉意识,而是古典形态的"天人合一"。李泽厚认为,中国没有宗教没有上帝,个体生命的意义只有诉诸情感本体,即个体需存在于与他人的情感关系中,这正是其"儒家马克思主义"的"儒家"特征。③ 李泽厚把美感分析为理解、感知、想象等几种因素,以自然科学方法研究美感,但无法把握审美的人生论意义。自然科学方法无法揭示审美活动的奥秘,审美活动与自由和体验相关,而体验和自由是不可规定和分析的,因此只能对审美活动做哲学人类学意义的把握。

学界对审美活动的超越性的误解和遮蔽由来已久,其原因是

---

① 《李泽厚十年集》第1卷,合肥:安徽文艺出版社1994年版,第529页。
② 同上书,第490、528页。
③ 李泽厚:《历史本体论》,北京:三联书店2002年版,第108、109页。

多方面的,一是政治化的意识形态对学术研究的干预。在20世纪五六十年代的美学大讨论中,意识形态化的艺术功利论认为:"艺术的目的无论怎样曲折,但归根结蒂如果不是以特殊的方式给人以知识并鼓动人为一定的阶级利益而奋斗,究竟还有什么作用呢?"①在反映论美学看来,艺术是对生产实践和社会斗争的反映,其目的在于促进社会物质生产的发展。也就是说,艺术本身不是目的,它服务于一定的社会功利目的。对朱光潜的批判就出于这种狭隘的审美功利论。朱光潜的本意是在实用和功利的世界以外另造一个于人的生命有意义的审美世界,但这种审美无功利论与当时左翼的文艺实践和理论相比确实是"不革命"的,被斥为"食利者的美学"。文艺学界长期过分地强调文艺对现实的认识和改造的社会功能,导致了对文艺最重要的审美特性的忽视,审美活动的自律性、审美本身的自由性,其对于人的精神的超越意义被抹杀。二是论者缺乏感同身受的艺术和生命体验。弗洛姆在《爱的艺术》中说过,一种理论是否为人所接受,取决于两个条件:一是自己需要理论时外界是否提供了这种理论资源,二是自己是否对这种理论有切身的生命体验。我以为,批评后实践美学为"神秘主义"的人至少没有审美活动的现代性体验。事实上,在杨春时提出超越美学之初就有人批评其为"神秘主义"、"唯我主义"、"唯心论"②,是"比一切中外哲学史和美学史上的唯我主义更加放肆、极端、任意妄为的唯我主义……果真要实现了这种超越美学的解释活动,那么整个世界就会成为由无数个发疯的钢琴自我弹鸣的噪声大杂拌,人类的存在——生存本身也就岌岌可危了"③。这种文革式的暴力语言只能使批评隔靴搔痒,不着边际。审美活动的超越性确实具有"梦"、"彼岸"、"上帝"、"醉"等等特征,正是由于这些特征,才有蔡元培的以美育代宗教的说法,也才有普罗丁的"太一流射",贝尔的"绝对",维特根斯坦的"不可说之神秘",尼采的"酒神沉醉"等对审美活动的界定。正是在超越性这一点上审美体验与宗

---

① 《中国当代美学论文选》第1集,重庆:重庆出版社1984年版,第445页。
② 张玉能:《坚持实践观点,发展中国美学》,载《社会科学战线》1994年第4期。
③ 张玉能:《评所谓"后实践美学"》,载《云梦学刊》1995年第1期。

教体验具有相似性,问题的根本不是是否承认审美具有超越性,而是要研究审美超越与宗教超越的异同、审美超越与人生意义的关联、审美超越的中西方式、审美超越与现实存在的关系等问题。三是对中西文化不同的体认导致了对审美超越性理解的差异。中国人常说,江山代有才人出;死了我一个,自有后来人;20年后仍是一条好汉子。这就把个体的独特性和不可重复性泯灭于群体生生不息的绵延中,真正的个体不存在了。在中国哲学里,个体生命在人伦血缘的延续中寻求终极意义,原始的"天人合一"观念和整体主义文化给个人提供了安全感,个体没有因生命意识的觉醒而带来的焦虑性体验,这就导致了中国宗教意识和审美超越性的缺乏。西方文化与此相反,远古的血缘伦理关系很早就被阻断,个体作为社会契约性的原子要寻求生命的形而上意义只有宗教体验和审美活动两种途径。在古希腊,审美超越表现在理论上就是柏拉图的带有神秘色彩的"迷狂说",中世纪的审美活动被融入宗教体验中,在"上帝死了"以后,现代性的审美活动重新承担了构造生命意义的功能。在缺乏个体意识的中国文化里,审美活动的超越性很难为人所理解。我以为,邓晓芒的审美传情说就出自对中国传统文化的体认。审美传情说认为,审美是为了传情,是为了使个体情感获有社会普遍性,从而达到与他人共鸣,这正是中国古典伦理学美学的精神实质。中国传统文化相信子子孙孙无穷尽,个体生命只有通过情感传达才能超越有限存在。四是审美体验的超越性本身只可意会,不可言传,属于维特根斯坦所说的不可言说的神秘的东西,对其以理性语言加以言说只能勉为其难,这就很容易被人批评为神秘主义、唯心主义。比如贝尔的"有意味的形式"的命题,本来指印象派绘画形式背后的某种超越现实的形而上的"神韵"、"绝对",但学界贬其为"具有浓厚的神秘主义色彩"[①]。易中天、邓晓芒也是这样批评杨春时的,请看:"杨先生却笼而统之地诉之于人的'存在(生存)'、'哲学思辨'、'自由超越品格'、'形上诉求'等

---

① 蒋孔阳、朱立元主编:《西方美学通史》第6卷,上海:上海文艺出版社1999年版,第211页。

等玄秘莫测的字眼,难怪易先生要把这种思辨称之为'神秘主义'了。"① 按照李泽厚的审美形态的划分,邓晓芒反驳杨春时所举的例子都属"悦耳悦目、悦心悦意"的审美愉悦层,而非"悦志悦神"的审美超越层。审美愉悦当然是对现实物质的精神性超越,但此超越是形而下的"器",非审美活动所特有的形而上的"道"。

人们把握美只能通过特定的语言文化以及由此产生的前见,因此,美的客观论只是一种未经过反思的自然经验,纯粹客观的物自体根本不存在。实践美学把美和美感分立是局限于自然态度,后实践美学把美学研究的重点放在审美活动,以审美活动为中心重新结构美学体系,这是美学基本理论研究视角的重大转换,它使美学更关心人的存在,而这正是美学这门人文学科的"人文性"所在。后实践美学所大力强调的审美体验的超越性及其对个体生命的精神性意义正是实践美学所缺乏的,也是我国近半个世纪以来美学研究中被各种迷雾所遮蔽的理论盲点,更是包括生命美学在内的后实践美学给中国美学基本理论建设所做出的最大贡献。美学是对审美体验的反思,没有活生生的审美体验,美学将变成令人生厌的抽象的逻辑语言的演绎或自然科学式的客观研究。人文学者在理论思考中没有渗入自己独特的生命体验,那就只能作鹦鹉式的知识的传承者,无助于理论的生命活性。实践美学的坚持者把美定位于人的情感领域,说明美是情感不是认识是对认识论美学把审美等同于认识的反驳,这只是走出了美学研究的第一步,进一步的研究课题应该是:审美情感的独特性,它与其他情感如宗教情感的异同,它对于个体生命的意义,它的历史和现实形态,它的人类学根源等等,这就必须对审美活动作深入的研究。

第六节　告别实践美学

除了实践美学的主要代表人物在不同时期对实践美学的建构外,从近50年来的历史发展看,学界对于实践美学有这么几种态度:第一阶段是以实践美学的观点解释审美文化现象,其前提是对

---

① 　见《学术月刊》2002 年第 10 期邓晓芒文。

实践美学基本观点的认肯,这种态度发生在实践美学发轫之初的20世纪五六十年代。第二阶段是对实践美学代表人物的观点作客观的评述,同时发展实践美学,以其观点编写教材,这主要是20世纪80年代对待实践美学的态度。第三阶段是一方面从20世纪西方思想的视角对实践美学提出批评并建立新的美学体系,另一方面是实践美学的信奉者坚持其基本观点,这是20世纪90年代后实践美学兴起后,学界讨论实践美学的基本情况。第四阶段是随着论争的深入,实践美学的基本缺陷为人所认识,原来实践美学的坚持者对实践美学加以开拓发展,这是近年出现的新状况。当然,这四种态度只是历史的基本的纵向线索,其中有互相交织的情况。随着时间的流逝和不同参照系的引入,实践美学的逻辑理路和理论缺陷已渐趋明显,这在一定程度上要归功于后实践美学的不懈努力。学界最近的一种引人注目的动向是来自实践美学内部的改造发展实践美学的学术思路。鉴于传统实践美学的阐释限度,面对后实践美学的激烈批评,一部分先前坚持实践美学观的学者吸收西方哲学美学思想,对实践概念予以改造,以使实践美学焕发出新的生命,其中最值得注意的是朱立元和张玉能对实践美学的新发展。本节将对这两种实践美学发展观加以评析。

在朱立元主编的《美学》教材中,作者以新的实践美学观统领美学问题,试图吸收西方思想对美学学科做出新的建设[①]。作者的学术努力,是"要把人的历史性的存在和'实践'范畴相结合,要消解把'实践'范畴仅局限在认识论框架下这样一种理论格局;要把实践从单纯的物质实践中解放出来;要避免把'实践'范畴抽象化的倾向"[②]。作者拟从人的存在角度重新审视"实践"范畴,拓展、恢复"实践"范畴的原初内涵,使之从单纯物质生产劳动的狭隘涵义扩展为广义的人生实践,认为道德伦理活动、艺术审美活动,甚至"青春烦恼的应对、友谊的诉求、孤独的体验等日常生活杂事"也是人生实践的内容[③],从而把人的存在与实践有机结合在一起。作

---

① 参见朱立元主编:《美学》,北京:高等教育出版社2001年版。
② 参见《学术月刊》2002年第11期刘旭光文。
③ 朱立元:《走向实践存在论美学》,载《湖南师范大学学报(社会科学版)》2004年第7期。

者认为,这种理论建构改变了美学研究基本问题的传统提问方式,把"美是什么"的本质主义思路改变为"美如何存在"的存在论思路,美学研究的中心课题于是也从"美的本质"转为"审美活动"。作者把审美活动看成人类的基本活动和生存方式之一,看成是人与世界的本己性交流,是最具个性化的精神活动。作者认为,美或审美对象(客体)并非先在地存在于人之外的纯客观实体及其审美属性,相反,审美对象与审美主体只有在审美活动中才现实地生成。从而,美学研究的一切其他重要课题如审美形态、审美经验、艺术存在和活动、审美教育等等,均从审美活动所造成的人与世界的审美关系入手加以探讨、论述与阐发。因此,"美学是研究人的基本存在方式之一——审美活动的人文科学",并提出"审美活动是一种基本的人生实践"、"广义的美是一种高级的人生境界"等基本命题。我们看到,朱立元改变了以前对于实践美学的保守态度,力图借助海德格尔的存在论改造传统实践观,从而对美学基本问题提出新的解释。这种新的实践美学发展观与后实践美学的思路非常切近,生命美学的倡导者潘知常的《诗与思的对话》正是以审美活动为美学理论的核心范畴重新结构美学基本问题的原理性著作,而杨春时的超越美学、张弘的生存美学则直接借助现象学的存在论建构美学体系。

这就涉及到对海德格尔哲学的理解及其对美学研究的借鉴意义等问题。海德格尔把西方哲学分为两种基本形态,也就是"人生在世"的两种基本结构。传统哲学以人与世界关系的外在性为前提,以主体对客体的认识来达到主体和客体的统一,西方近代主体性哲学即这种形态。另一种哲学以人在世界之中存在(In-der-Welt-sein)为其基本原则,这就是存在论哲学。这种哲学认为,人不是外在地与世界对立,而是首先寓于世界之中,融于世界之中,人是世界的灵魂,物质世界是肉体,人与世界的关系是灵魂与肉体的关系,世界由于有了人才有意义,世界在人的活动中展示自己。人首先纠缠于世界之中,人与世界的合一关系是根本的,人与客体的对立是这种关系的派生物,生命活动、生活世界是第一位的,认识以及主体客体的对立是第二位的。这就牵涉到胡塞尔的"生活世界"这一概念。生活世界可以说是广义的实践,除了物质生产活动、阶级斗争、科学实验等实践活动外,还包括日常生活的体验、情感、意绪等①,因此,存在论哲学与马克思的实践概念有相通的地方。传统实践美学所阐述的实践正是海德格尔所批评的以主体和客体分离为前提,人对客观自然规律加以认识以征服自然的活动。朱立元阐释的实践概念对此有所纠偏,力图把马克思的实践概念与海德格尔的存在论沟通起来,这不失为一种发展实践美学的新方向。

把马克思海德格尔化,把马克思的实践观与海德格尔的存在论同构在中国哲学界也是一种趋势,比如有人说:"人与世界的关系首先是实践关系,而非认识的关系。马克思早于海德格尔就表述了这样的思想:人的本质特征就在于,他是'在世界中的存在',人并非是透过他的孤独自我的窗户去看外部世界的,在他认识世界之前,他已处于世界之中。"②朱立元改造实践美学的思路与此一致。但这样的实践美学发展观仍然有许多疑问。首先,这样的美学还能叫实践美学吗?它与后实践美学或者说与西方的存在论美学有什么区别?朱立元把道德实践、交往活动和精神文化活动包括在实践概念内,把实践看成是人的存在的基本方式,注意实践作为人的存在活动的个体感受性方面,把"人的本质是实践"改造成"人的存在的基本状况是实践",在后一个命题中,"这个'实践'作为历史性的生存的人的基本存在状态,是所有'人的'生存行为的生发于其中的源域,是一个活泼泼的,涌动着生机的范畴,它所关注的已经不是人是什么,而是人如何存在。"③概而言之,朱立元力图把马克思的实践观说成是与海德格尔的存在论相通,那么马克思与海德格尔还有区别吗?"实践"这一概念在马克思那里与"存在"这一概念在海德格尔那里真能等同吗?马克思的历史唯物论对于美学研究的特殊意义表现在何处?问题是,把马克思与海德格尔趋同就能解决实践美学的难题吗?这种美学理论具有普适性吗?朱立元在泛化实践概念后,实践就成了海德格尔的存在,所得出的结论就与后实践美学一致了。我们看到,《美学》教材在基本

---

① 张世英:《哲学导论》,北京:北京大学出版社2002年版,第6、7页。
② 杨耕:《杨耕集》,上海:学林出版社1998年版,第70页。
③ 同上。

理论线索和语言组织上与超越美学和生命美学几乎没有区别,这本身就是一个耐人寻味的现象。如果说要发展实践美学,这种偏离传统实践美学和马克思实践概念本原含义的做法也可以视为一种发展方向。但我认为,为了阐释美学问题,把实践论改造成人的活动论从而与海德格尔趋同的思路并不可取,应该还原马克思和海德格尔思想的本来面貌并重新评价其对美学研究的意义。

现象学美学的启示是,审美观照的不是某个先验的共相或理念,审美活动产生于审美知觉与审美对象的共生关系,美的判断来自审美经验,而非对于人的本质力量的认识。实践美学的实践是一种先在的社会性的物质活动,具有旧本体论超越个人的、与社会性具体存在不相关的先验倾向。如果把实践理解为个人具体的活动,实践论就改变了其理论形态,但能否与存在论沟通,能否成为新的实践论美学则存在疑问。在黑格尔那里,个体性不存在,个体只显现为绝对理念,个体性的本质是普遍性。在李泽厚早期美学和后期积淀说中,个体均不存在,群体性的实践活动才是先在的、根本的。海德格尔哲学以个体性存在为先。一旦把视野转向个体,人的本质的丰富性、多元性、未确定性、感性、精神性就都显示出来。实践美学把类的主体实践活动置于优先地位,统一性、理性、社会性、普遍性就被突出。马克思的实践论是历史唯物主义,是对宏观的历史运动之谜的求解。在人的社会性与个体性矛盾中,马克思注重的是人的社会性,而海德格尔的存在论则是对人的个体性的强调,是对个人在社会中生存如何的表述和如何生存的期求。审美首先是个体性的,因此海德格尔的存在论更适合于解释审美活动,这也是伽达默尔把美学放在其《真理与方法》三部分之首的原因。而且,在海德格尔和马克思的哲学中,存在和实践这两个概念具有完全不同的含义和哲学地位,把它们解释成一体难免造成误读。在海德格尔那里,存在是主体和客体合一的状态,对于个体意识来说,认识和实践活动都是派生的,存在论的在世状态与实践活动的主体客体的分离是两种在世结构。马克思的实践指的是人与自然的物质交换活动,实践是人与自然的中介和桥梁,在此基础上,人类的其他创造得以可能。历史唯物主义以生产方式/生产关系、社会存在/社会意识、经济基础/上层建筑这一套理论体系解释历史发展之谜,而存在论则以对个体性的生存分析出发寻求个体的自由之境。把两种各有侧重的思想相混合,就泯灭了马克思的历史唯物主义解释社会历史之谜的有效性。如果把人的一切活动都包括进人类社会性的实践活动中,实践就什么都是也就什么都不是了。马克思曾经说过"任何人类历史的第一个前提无疑是有生命的个人的存在"、"每个人的自由发展是一切人的自由发展的条件"等话,但他更强调人的社会性,"人的本质是一切社会关系的总和"。人类历史的解放之路才是马克思主义的所指。实践论与海德格尔的存在论具有不同的内涵和旨归。我以为,海德格尔的存在论和解释学在解决美学问题时的优越性在于,它的出发点是个体的人,是个体人的存在之谜而非人类整体的解放问题,是现代个体在意义虚无世界如何创造生命意义的问题,这就使其能够与美学问题相连,因为审美活动首先是个体性的活动,个体生命意义的有限与无限是美学的根本问题。

  这就涉及到一个问题,即马克思的历史唯物论对于美学研究具有什么样的意义?我认为,马克思主义的历史唯物论在美学上的意义,是有助于解释审美主体和审美客体的历史生成。审美主体和审美客体产生于具体的审美活动中,但审美主体作为人,是历史的产物,是历史实践活动发展而来的,审美客体作为自然(自然而然)的物质客体也是人的实践所创造的。审美现象首先是历史的社会的文化现象,而非自然现象。从根本上来说,作为文化的载体,人是人类实践对自然改造的产物,而审美主体正是文明文化的一部分。审美文化现象是历史的产物,这就是历史唯物论在美学上的意义。因此,要坚持实践概念在马克思那里的特定含义,认肯实践在人与自然之间的中介地位,实践在历史活动中的基础地位,实践人化了自然对象、人化了人本身等命题都是美学应该坚持的基本前提。人是社会的人,对于个体而言,他始终生活在历史中,他不可能超越历史,不可能抓住自己的头发超离地球,历史唯物论就是历史之谜的解答,这是存在主义哲学无能为力的。但是美学不能仅到此为止,而要深入研究审美活动,一旦深入研究审美活动就必须引入具体的方法和视角,存在论哲学以个体人为出发点就有很大的优越性。因此,不应该把历史唯物论解释成存在论,因为这种思路只能泯灭历史唯物论的巨大的历史感和哲学深度。而且,这种诠释无法把马克思和当代西方哲学区别开来,对于具体的审美现象也并不能提供有效解释。马克思实践论的阐释视阈是人类社会历史,但审美活动首先是个体的活动,以实践直接推演美学范畴就没有抓住其主要矛盾。应该把美学的哲学基础和具体问题区别开,这样就还原了马克思主义的哲学地位,又可以借鉴存在论哲学对于审美现象的具体解释。

实践美学的弊端是哲学与美学不分,把历史唯物主义命题直接当作美学命题,其表现就是其坚持者不厌其烦地阐述马克思的实践概念,但这只停留在哲学层次上,没有深入美学问题域,而存在论哲学和解释学因其哲学出发点是个体人的自由如何可能的问题,因此审美之思就成为其主题,这也就是后实践美学以存在论哲学为思想资源就能击中实践美学之弊的原因。正因为哲学原则作为前提不能直接应用于审美现象,需要有一系列的中介推演,所以实践美学或落入认识论,或落入物质本体论,最终没有超越传统主体性形而上学的思想框架。实践美学把《巴黎手稿》中的自然人化、人的本质力量的对象化等哲学基本原则当做美学命题,因无法解释审美现象而被批评,错误不在实践唯物论,而在其诠释者。美学的根本问题还是康德的问题,即无功利无目的无概念的情感为何具有合目的性和普遍性的问题。当代西方美学认为,美学问题是审美是个体的本真自由的澄明活动如何与他人产生共鸣的问题。其解决办法,是胡塞尔提出的主体间性概念,海德格尔提出的"天、地、神、人"四方共存互动、马丁·布伯的"我—你"关系、伽达默尔的不同主体之间的"视阈融合"、哈贝马斯和巴赫金的"对话"等。这些哲学美学的要义即人不是中心,不是主体,而是万物一分子,人与万物的关系是主体与主体的关系,只有通过对话和交流才能达到天人和谐。

马克思在《巴黎手稿》中的出发点是人的社会性,是人"类"。人类以劳动与自然相对待,与动物相区别,马克思并没有论述审美活动对于个体的意义。对于现实的人而言,社会性优先于个体性;对于审美活动来说,个体性优先于社会性。人生活在社会中,但他首先是一个个体的人,因此,从个体的人出发,存在论哲学就能揭开审美活动的奥秘。但人的本质又在其社会性,因此,历史唯物论对于揭示历史运动之谜具有巨大的优越性。所以,回到美学问题本身才可能纠实践美学之偏,回到马克思和海德格尔本身才是建立新美学观之道。

后实践美学的尖锐批评似乎使实践美学的坚守者只有招架之功,站在传统实践美学立场的辩解显得苍白乏力,因此,必须赋予实践美学新的活力。如果还以本体论的哲学形态结构美学体系而又不以海德格尔的存在论作为美学的哲学基础,那么就必须给予实践概念以根本的改造,从新的实践概念出发推导出美学体系,这就是张玉能新实践美学观的基本思路。

面对后实践美学的种种挑战,张玉能决心发展实践美学以重振实践美学的话语威信。张玉能新实践美学的基本逻辑是这样的:人的生命存在是历史条件,实践活动是根本,经过实践创造达到创造的自由,产生了人对现实的审美关系,从中生成美和美感,美感和美凝结成艺术,实现实践的艺术化和生存的审美化,最终走向全面自由发展的人。① 面对实践美学把美理性化现实化物质化,把审美活动等同于实践活动,从而无法解释审美活动的精神性、超越性、个体性、非理性的指责,张玉能把实践分为三大类型,即物质生产、精神生产和话语实践,认为实践活动并不只有物质交换层,还有意识作用层和价值评估层,并论证这三层与美的关联。针对有人批评实践美学为古典形态的理论,张玉能认为,马克思从"左"的方面批判了西方古典哲学,是现代哲学的开端,并与西方后现代思潮具有同步性,实践美学可以回答后现代思潮提出的问题。张玉能的论证是这样的,美、审美、艺术是一定历史阶段的人的本质力量的对象化,美的产生决定于历史实践,具有一定的确定性和历

---

① 张玉能的实践美学发展观参见其系列论文:《形式美的生成》,载《云梦学刊》2001年第2期;《审美人类学与人生论美学的统一》,载《东方丛刊》2001年第2期;《实践的类型与审美活动》,载《吉首大学学报》2001年第4期;《实践的结构与美的特征》,载《华中师范大学学报》2001年第1期;《形式美的基本特点》,载《益阳师专学报》2001年第2期;《在后现代语境下拓展实践美学》,载《广西师范大学学报》2001年第1期;《重树实践美学的话语威信》,载《民族艺术》2001年第1期;《后现代主义与实践美学的同步》,载《江汉大学学报》2002年第4期;《从实践美学的话语生成看它的生命力》,载《益阳师专学报》2002年第1期;《新实践美学与实践观点》,载《武汉理工大学学报》2002年第4期;《后现代主义与实践美学的回答》,载《华中师范大学学报》2002年第1期;《实践的双向对象化与审美》,载《马克思主义美学研究》第4辑。

史性,随着实践的历史发展,它的本质又有不确定的情状。因此,后现代的意义延异论、社会差异论、主观偶然论、非主体性、无个性等问题都能在实践美学中解决,实践美学建立的人文理性、多维主体性、自由个体性等可以回应后现代思潮的挑战。在此基础上,张玉能认为,建立新实践美学是中国当代美学的要旨。理论的生命在阐释中,坚守实践美学,发展实践美学,赋予实践概念以新的含义,从而使实践美学焕发新的生命,这种实践美学发展观对于继承实践美学的有益资源,吸收新的思想资料以建设新的美学理论不失为一种可取的学术方向。

在马克思那里,实践概念有确定的含义。实践是人不至于饿死从而与自然打交道,进行物质交换的活动。实践美学的实践概念的依据除了马克思外就是毛泽东。毛泽东《人的正确思想是从哪里来的?》一文中的实践包括物质生产、阶级斗争和科学实验三个部分。毛泽东说:"人的正确思想,只能从社会实践中来,只能从社会的生产斗争、阶级斗争和科学实验这三项实践中来。"[①]李泽厚严格地把实践理解为物质生产活动。直到20世纪90年代中后期,在实践美学的代表人物之一的刘纲纪的《传统文化、哲学与美学》一书中,实践就是"物质生产实践":"我要指出我所说的'实践'一词,指的是马克思所说的物质生产实践,不是其他任何意义上的实践。在过去的马克思主义哲学中,'实践'一词的含义被理解得十分广泛……但这样一来,实践的含义就包罗了人类的一切活动,而失去了它在马克思主义哲学中的规定性。"[②]应该说,传统实践美学的实践观是基本符合马克思原意的,但传统实践美学按照西方古典形态的本体论哲学方法结构美学体系,问题就出现了。实践这一人与自然的中介被本体化、客体化、绝对化、实体化,在按照本体论哲学的历史和逻辑统一的原则构造的美学体系中,实践直接就是美的根源,由此实践的物质性现实性理性就成了美的规定,这正是后实践美学着力批评的地方。面对传统实践美学的困境,张玉

---

① 《毛泽东著作选读》下册,北京:人民出版社1986年版,第839页。
② 刘纲纪:《传统文化、哲学与美学》,桂林:广西师范大学出版社1997年版,第186页。

能认为,必须阐发实践活动本身的特性,只有阐释实践本身的非物质性才可以解决实践美学把美理性化物质化现实化的弊病。张玉能重建实践美学话语权的努力由此展开。本文认为,张玉能的实践美学发展观并没有解决实践美学已有的弊病,其论证仍然延续着实践美学的基本逻辑,事实上宣告了实践美学的终结。细而言之,张玉能的论证有如下疑问。

第一,传统实践美学把人的本质力量等同于理性的实践力量,张玉能把无意识非理性引入实践活动,认为实践活动包含着非理性无意识层面,这可以解释艺术创作等活动,因为艺术创作可以通过文字语言这种本身就是精神性的媒介对象化人的意识,但在物质实践活动中,无意识非理性表现在何处呢?张玉能的实践概念已不同于马克思和李泽厚等人,但就是这种包罗万象的实践概念仍然没有把审美活动包括进去,因为审美活动固然与精神生产、话语活动有关,但其自由性、体验性、超语言性并不由物质生产决定,也不同于意识形态的精神生产,更非逻辑理性语言所能把握。而且,张玉能寻找实践的审美本性的思路恰恰抹杀了审美活动的超越性、自由性和理想性,也就是审美对现实的超越和否定的本性。以实践活动直接推导决定审美活动,仍然没有解决实践美学把审美活动等同于实践活动的问题,而且审美活动的现代内涵被遮蔽。在张玉能那里,审美活动附和着人类外在化的物质活动,审美现代性的内涵即审美活动对异化现实的批判,对自由的坚守,对个体生命的超越意义,对人的本真存在的看护都失落了。在实践力量已变成科技理性并给人类带来灾难的今天,美学学者仍然高唱实践的伟力,对人存在的异化现实视而不见,对人的实践力量的新发展没有应有的警惕,这就偏离了美学的人文性,是美学的失职。

张玉能的论证有唯实践论倾向,似乎西方现代和后现代的一切问题都可以实践解决之。马克思确实说过:"理论的对立本身的解决,只有通过实践方式,只有借助于人的实践力量,才是可能的。"[①]但这并不意味着可以放弃理论思考,马克思本人不就是主要

---

① 马克思:《1844年经济学—哲学手稿》,刘丕坤译,北京:人民出版社1985年版,第84页。

从事理论批判活动吗？这也并不意味着一切现代或后现代的理论矛盾都可以实践解决，更不意味着可以实践解决美学问题。美学理论并不只是解释审美现象，它还要为现代人的存在建构意义空间。如果实践美学已经达到了真理，那么后现代思潮对于我们将没有任何借鉴意义。在批评后现代思潮时，新实践美学的策略是把美学问题还原为马克思主义哲学问题，然后又把理论问题还原为实践问题，认为后现代的一切问题只有在具体的社会实践中解决，按照这种思路，实践不就变成万能的新上帝了吗？还需要审美的自由之诗和哲学的超越之思吗？还需要建立人类的精神意义世界吗？张玉能的根本之点是唯实践论，但实践无所不能，无所不包，也就什么都不是了。

张玉能在论证新实践美学的后现代性时，认为美和艺术是一定历史阶段的人的本质力量的对象化，美的产生决定于历史实践，美的本质随实践的历史发展而定。这就把美与实践的关系等同于社会存在与意识形态的关系，从而无法解释马克思所说的艺术生产与物质生产的不平衡现象，也无法解释现代社会中美与实践的间离现象。实践可以检验认识，因为它们都是主客分离的产物，但美却不关主客二分，而在主客统一的人的存在中，因此以实践作为美的发展准则是错误的。

新实践美学论证实践活动的超越性，但迄今为止的实践活动超越了个体与社会、精神和物质、现实和理想的对立了吗？人类历史上有过这种实践活动吗？当然，张玉能可能会说，这样的活动存在于理想的共产主义社会，那么，建基于这种乌托邦设想的美学理论又有何意义？我认为，美学不关注现实的人的生存，不解决人所面临的问题而满足于理论逻辑的完满，它必然被人抛弃。把美的产生归于人的实践活动，这是实践美学比机械唯物主义美学进步的地方，后者认为美如事物的物理化学性质一样是客观存在着的，与人的活动无关。如果泛化实践活动，把实践活动说成是人的所有活动的总和，说实践活动产生了美，这种理论也只是美学研究的开始，美学要进而研究审美活动的历史发展和现实形态，它的性质、功能和意义等。今天的美学学者应该思考的问题是，美学如何获得人文性，如何使之具有现代性等。

第二,张玉能认为,经过实践的艺术化和人性的和谐发展,实现现实的艺术化和人生的审美化,最终可以实现美的理想世界。这是来自青年马克思的历史乌托邦,是不可能实现的,马克思后来以生产力和生产关系的矛盾运动终结了历史领域里的乌托邦。这种历史乐观主义的局限在于,实践只能解决现实问题,但人类总是不满于现实,理想总是否定现实指向未来,而审美活动就是对人类理想的守护和确证。实践活动不可能在现实世界实现完全审美化的理想世界。可以想见,如果这种审美王国在现实中实现了,人类将因为没有理想追求而停滞。这种对实践的乐观主义是传统实践美学的基本观点,也是启蒙哲学的典型特征,它没有看到现代性文化的另一面,即现代社会中审美活动与实践活动的否弃关系。

在现代社会,实践表现为生产力,可是生产力的巨大发展使物和人都成了"持存物",人成为技术链条之中的一个环节。海德格尔指出:"座架的作用就在于:人被坐落于此,被一股力量安排着、要求着,这股力量是在技术的本质中显示出来而又是人自己所不能控制的力量。""现在,人已经被连根拔起。我们现在还只有纯粹的技术关系。这已经不再是人今天生活于其上的地球了。"①生产力的发展导致的技术统治产生了新的异化,即技术异化。人本身的异化是实践活动导致的,也是实践美学无法解释的,因为实践处理的是人与自然的关系,而美学关心的是人的生存,西方当代美学的丑、荒诞等范畴的提出正是人的生存无根的表现,这就不是去寻找实践活动的审美本性的思路可以解决的,因为这些美学范畴产生于个体生存与社会关系的背谬。

现代西方哲学美学是对启蒙运动的主体性哲学所导致的技术主义、权力中心、绝对性、普遍性的消解(解构主义),在普遍性/偶然性、群体/个体、理性/非理性、中心/边缘、男/女等二元对立中突出后者(后结构主义),承认人的历史性、有限性的同时强调个体的创造性、能动性(现象学、解释学),强调意志、非理性、直觉(心理分析、生命哲学)以及审美超越对个体生命的意义(唯意志论),批判

---

① 北京大学外国哲学研究所编:《外国哲学资料》第5辑,北京:商务印书馆1980年版,第178、175页。

文艺复兴以来"人是万物的灵长"、"宇宙的精华"、"理性的动物"等观念,其背景是西方经历了两次世界大战和各种形式的集权主义,社会组织日益制度化、精密化,个人被强大的官僚体制和科技主义所奴役,宗教超越日益隐退,传统艺术日益去魅,在这样的文化环境里,美的存在如何?美学的存在何为?为什么说在奥斯维辛之后写诗是野蛮的?因为艺术已不关心人的存在,不关心人的存在的美学也是野蛮的。审美是黑暗社会的明灯,美学在异化的社会要有所作为,美学学者应该对现实发言,不能附和实践活动中的人的本质力量,美学的天职是守护人的自由存在。

有先哲说:"以前人类似可说在物质不满意的时代,以后似可说转入精神不安宁时代。物质不足必求之于外,精神不宁必求之于己。"①哲学作为爱智之学不是对于外在世界规律的总结和抽象,而是对人类行为的反思,是对人的生存智慧的追求。作为人类诗意存在的维护者,美学同样不是知识之学,而是爱智之学,不是对于人类外在的认识和实践活动的讴歌,而是对于人的内在生活智慧的追求。西方近代科学和理性在战胜上帝和自然的同时也带来了丰富的物质,但这些并没有给人类带来幸福和内心的和谐。其实,放大来看,这是个争论了许久的话题,在中国是20世纪二三十年代的科学玄学之争,在20世纪西方是科学主义和人文主义的对立。看看美国黑人民权运动家马丁·路德·金的一段话:"我们必须以极大的热情坚持不懈地工作,去跨越科学进步与我们的道德进步之间的鸿沟。人类最大的问题是我们蒙受精神上的贫困,它与我们科学技术方面的富裕形成鲜明的对照。我们在物质上变得越富有,在道德和精神上就变得越贫困。每个人都生活在两种世界之中:内心世界和外部世界。内心世界是用艺术、文学、道德和宗教表达的精神目标的世界。外部世界是我们赖以生存的那些装置、技术、机械和手段的综合。我们今天的问题是我们允许内心世界丧失于外部世界之中。我们允许赖以生存的手段超越生活的目标。……增大的物质力量如果没有相应的灵魂上的成长意味着增长大的灾祸。当人类本性的外部世界征服了内心世界,阴暗的暴

---

① 梁漱溟:《东西文化及其哲学》,北京:商务印书馆1999年版,第166页。

风雨层便开始。"①一切热爱生命的思想应该热爱智慧,应该关心人的幸福,美学理应如此,而新实践美学的理论旨趣与此相反。

第三,张玉能以实践的内涵决定美的特征,这就仍然无法解释一个根本的问题,即人为什么需要美?难道美仅仅是人类实践活动的副产品吗?难道人类需要美来确证人征服自然的伟力吗?回答是否定的。现实和人的存在是有限的,而审美活动创造的自由满足了人对无限的追求。从人类历史来说,审美活动创造的乌托邦满足了人类对自己终极命运的关怀,人类就是在乌托邦的幻影照耀下不断超越自身实现理想的;就个体而言,人需要自由,需要明了生存的意义。个体以全身心投入审美活动中,体验着现实中无法获得的自由,这种自由不是对实践对自然的改造和征服的确证,而是对生存完满性的自我认肯。生命本无意义,但人不同于动物的地方是他应当而且能够赋予自己的生命以意义。当人意识到自己的有限,渴望超越有限进入无限时,审美活动玉成人对无限的追求。

无论怎么开凿实践的精神内涵,从根本上说,实践是社会性的现实活动,不是精神性的超越活动,它不能提供个体的精神自由。张玉能以实践的本体内涵决定美的特征,以对实践的分析代替对美的分析,继续发掘实践活动的审美本性,美学就走上了科学主义,生命的自由、现实的异化、个体生命的有限与无限等问题就失落于美学的视野之外,审美活动的个体性、创造性、体验性等仍然得不到解释。科技不关心人的存在,不关心心灵的痛楚,不关心灵魂超脱,这就是科技主义与人本主义冲突的根源。新实践美学把美的桂冠戴在实践上,根本方向错了。存在主义哲学说:"虽然物质宇宙的存在是很明显的,虽然它的本性不断为自然科学显示出来,然而在某种意义上说,它是与人完全相反的,因为它无关乎人的理想、希望和奋斗。"②而美学就应该关心人的"理想、希望和奋斗"。

张玉能对马克思的阐释秉承启蒙现代性精神,这就无法借鉴

---

① 转引自罗筼筼:《休闲娱乐与审美文化》,载《文艺争鸣》1996年第3期。
② 考夫曼编:《存在主义》,北京:商务印书馆1995年版,第338、339页。

现代西方美学如否定美学、拯救美学的意义。以实践解释审美活动只能隔靴搔痒,不着边际。现代化进程中出现的个体的异化体验如孤独、焦虑、虚无、无意义等根本就不是实践活动所能解决的,而这正是当代西方美学的所指。由于缺乏对现代审美活动的体认,张玉能对当代西方美学始终不置一词,表现在理论上,就是张玉能缺乏对审美现代性的同情性体验,美学论争由此而起,我们从他对后实践美学的批评即可知道。美学理论在一定程度上是对自己审美体验的表述,没有对现代审美活动的体认,论争只能自说自话。

第四,新实践美学仍然延续传统实践美学的基本逻辑,除了发掘实践的含义外,在许多地方与后者一致。新实践美学把美感指向外在的客体对象,但人对外物的摄取是永无止境的,对此的欣赏也不是美感,只能是功利性的满足感,马克思说:"贩卖矿物的商人只看到矿物的商业价值,而看不到矿物的美和特性;他没有矿物学的感觉。"[1]作为西方哲学史的一个环节,马克思主义不是真理的终点。当代西方哲学主张抛弃先在的理念,回归现实生活世界,回归人的存在,它对西方传统哲学以及当代社会的批判与马克思主义有共同之处。黑格尔说:"最晚出的、最年轻、最新近的哲学就是最发展、最丰富、最深刻的哲学。"[2]历史唯物论并不能代替美学研究,后现代思潮是20世纪60年代以后的产物,后现代思潮的多元性、个体性、创造性、非决定论等正是实践美学所缺乏的。这就涉及到美学的思想资源问题。一种理论观点有其特定的思想资源,这种思想资源往往决定了其逻辑行程和阐释限度。我们来看看新实践美学的思想来源。新实践美学的美和审美的定义是:"美的存在本体在于人类的实践创造的自由的对象化,审美的存在本体在于人类在自己的自由的实践所创造的对象世界中直观到自己的愉悦。"这就是我们非常熟悉的传统实践美学的基本观点,即美是人的本质力量的对象化,美感是在对人的本质力量对象化的直观中

---

[1] 马克思:《1844年经济学—哲学手稿》,刘丕坤译,北京:人民出版社1985年版,第83页。
[2] 黑格尔:《哲学史演讲录》第1卷,北京:商务印书馆1959年版,第45页。

所产生的愉悦。前文已指出,这种观点建立在对马克思《巴黎手稿》过度诠释的基础上。新实践美学认为,美的对象具有"外观形象性、超越功利性和精神愉悦性"等特征,显然,这些规定来自席勒的客观形象说、康德的形式美学和审美无功利等思想。在20世纪西方美学看来,美的这些规定只是德国资产阶级的意识形态,美具有否定性(阿多诺:对于现实的超离)、超越性(尼采:对于个体生命存在的意义)、体验性(维特根斯坦:非逻辑语言)、理想性(萨特:构造生存乌托邦)、自由性(马克思·韦伯:对于理性化制度化社会的批判)等特征。可以看出,新实践美学因为没有吸收当代西方的美学资源而无助于美学基本理论的建设。比如新实践美学认为,实践是对象性的活动,产生的是对象性的客体,所以美就成了对象性的存在,美感就是主体性活动,这就如传统实践美学,美与美感分离,反映论的缺陷仍然存在。而且,把美客观化,美感主观化是被胡塞尔所批评过的典型的自然主义思维。在现象学对这种对象性思维的深刻批评之后,美学理论还坚持美与美感的对立是不可原谅的。海德格尔的存在论认为,人与世界打交道的方式是多种多样的,人以不同的方式与事物打交道,事物就显示出不同的面貌。我们以日常态度对待事物,事物就是上手的器具;以理性分析的态度对待事物,事物就是认知的对象;以审美的态度对待事物,事物就是审美对象。现实中的事物与人的关系具有多种可能性,只有与人的特定活动联系在一起时,它才表现出特定的客体属性,因此,纯粹客观的审美对象是不存在的,审美对象只能出现在主体以审美态度对待事物时,也就是说,审美主体和审美对象出现于审美活动中,审美活动是先在的,美就是美感,美和美感的二分和对立则是对审美活动抽象的结果,因此,美学应该从哲学人类学角度研究审美活动的性质、功能和生命意义。在审美活动论提出后,美学理论再也不可能认肯美的客观性,因为对象的存在依赖于主体,也不可能对美感心理进行经验性的分析,因为意识总是指向对象的意识。因此,后实践美学以对审美活动的哲学思辨代替实践美学的美感的心理学分析是一个重大的范式转换,其理论背景是现象学所带来的艺术哲学转向。

　　德国古典美学认为美是真和善的统一,实践美学继承了这一点。但现代美学和先锋派艺术抛弃了艺术的传统社会负载功能,而走向纯粹的审美活动。艺术的自律性、为艺术而艺术、唯美主义等现代性的美学理论和现代派艺术正是以艺术的自足性反抗僵化的现实。在现代派艺术理论看来,艺术并不反映现实,也与现实功利无关,艺术追求纯粹的审美愉悦,提供"震惊"性的"高峰体验",因此,形式和形式主义成为艺术和艺术哲学的主题。美学现代性的要义即是反思理性的限度以及以"新感性"(西方马克思主义)、差异(后结构主义)、欲望(精神分析)、混乱(现代派艺术)、神秘(存在主义)、超理性(唯意志主义)、高峰体验(人本主义心理学)、自律性(唯美主义)、陌生化(俄国形式主义)对抗平庸化、刻板化、制度化的日常生活,并赋予虚无的生命以意义。由于审美上的古典趣味,新实践美学认为审美活动是理性主导下的感性和理性、真和善的统一,没有认识到西方现代的"否定美学"、"超越美学"、"拯救美学"的意义。在现象学提出存在论及其艺术哲学后,美学是决不能绕开海德格尔开启的基本本体论转向的。由于对西方美学的隔膜,新实践美学对海德格尔的基本本体论的美学意义不置一词,不能理解现代美学把美作为一种生存方式以及审美活动对于生命意义的生成等这一主流观点。

第五,传统实践美学的观点自成逻辑。实践美学认为,实践是物质的客观的活动,美是社会实践的产物,因此,美是现实生活中的客观存在,美感是对美的反映,由此必然推导出艺术美是对现实美的反映,因此实践美学的艺术观是现实主义的,早期李泽厚、刘纲纪、蒋孔阳等人正是这样认为的,但张玉能的艺术观却很混乱。张玉能认为,从实践美学的观点看,艺术是意识形态,是创造性的生产,是社会生活的再现,是人的本质力量的表现。这些规定不能由实践这一逻辑起点推演而出,这些规定与实践美学没有必然的联系,它们只是历史上对于艺术的不同观点的罗列。这些规定之间也没有逻辑的连贯性,而且从不同方面界定艺术本身就说明了其对艺术的定义没有达到一般的抽象。仔细分析,这些规定只是历史上文艺理论家美学家对于艺术的历史性观点,是从某一方面某一视角对于艺术这一复杂现象的认识,本身有其局限性。比如艺术是意识形态这一定义,意识形态是一定利益集团或阶层为了自身利益而与权力结合的合法性论证。艺术确有意识形态性,但艺术又有超越性,艺术对现实的否定特性使它区别于意识形态;艺术是社会生活的再现也是早已为学界诟病的狭隘观点,这种一度在中国文艺学学界风行的观点根本不能解释中国传统的审美文化,也无法面对西方现代派艺术;艺术是创造性的生产这一定义太空泛,没有揭示出艺术之所以为艺术的特质;艺术是人的本质力量的表现也只是浪漫主义的艺术观。如果艺术的定义可以这样罗列,那么这种活动可以一直继续下去,我们可以说艺术是符号的生产,是情感的形式化,是情感交流的媒介等等。

第六,新实践美学的一个重要特点是把实践活动分为三类,即以物质生产为中心,包括物质生产、精神生产和话语实践。把实践分为三类,这已经偏离了马克思和传统实践美学的社会存在/社会意识、物质/精神的两分法。如果能够使理论更具有彻底性以便更好地解释美学问题,那么这种努力无疑具有重要意义。但是,把人类的所有活动都包括进实践中来,还有什么活动不是实践呢?建立在无所不包的人的活动之上的美学除了能够说明美是人的活动而非动物的本能或物质机械的存在之外,对于揭开美学之谜有什么帮助?即便是这样,这种看似囊括了人类活动整体的实践仍然没有包括审美活动,审美活动更不可能由这些活动推演而出,因为审美活动并不决定于物质生产,这就是马克思所说的古希腊艺术仍然具有极大魅力的原因;审美活动不是话语实践,因为它具有超语言性("美是存在之闪光"而"语言是存在的牢房");审美活动也不是精神生产,因为审美活动不是意识形态,这才有马克思所说的艺术生产与物质生产的不平衡现象。

人的物质活动离不开语言,是语言指导下的活动,精神活动更离不开语言,那么话语实践能够成为一种独立的实践方式吗?它与物质生产和精神生产的质的不同何在?事实上,人的这三种活动不是同质的,物质对于精神和语言是决定与被决定的关系,它们不能在同一个层次上发生作用。把人的实践活动分为三类无助于美学基本理论的建设,只能导致论证的混乱,比如在行文中,张玉能不得不一再回到经典马克思主义理论,在文章的开头就说:"实践在某种宽泛的意义上可以说就是人的现实活动,一般与人的意识过程、理论活动相对而言。"①既然是相对的,哪一种活动是美产生的根源呢?如果可以把人的活动这样分类,我们还可以把实践划分为情感实践、无意识实践等等,但这纯粹是烦琐理论。

第七,从美学方法看,实践美学仍然按照西方传统本体论哲学形态结构美学体系,即以实践为逻辑起点,遵循历史和逻辑统一的原则推演出美学范畴。对于实践美学的古典哲学体系的构造方法,张玉能是明确继承的,他说:"实践美学就以这种实践唯物主义作为哲学基础,是在实践本体论之上建构的美学体系。"②也就是说,张玉能是在认肯"劳动创造了美"这一论断的前提下,在实践美学的既定逻辑构架下发展实践美学的。但一种美学本体的选取就决定了其理论的逻辑行程和阐释限度,而无限扩充其内涵只能导致这种本体的无规定性。除了扩大实践的内涵外,张玉能的新实践美学仍然秉承传统实践美学的基本逻辑,在这种逻辑框架内,当代西方思想只能是异端,不可能被吸收进实践美学,这在李泽厚那里已经演绎过一遍,也是本体论哲学思维方式的先天弊端,因为其一,本体论哲学妄图把世界纳入其逻辑严整的体系中,世界的多样性和思想的多元性必然被舍弃;其二,本体论哲学以逻辑自恰性而非现实世界检验自身的真理性,而这种哲学所追求的逻辑圆融性(从本体出发演绎出世界然后回归本体)导致了其理论体系能够阐释一切问题的幻觉,这就是张玉能所说的新实践美学(古典形态的思维方式)甚至能够回应后现代思潮的挑战但其结论又没有超出传统实践美学的原因。相比传统实践美学,张玉能的新实践美学没有吸收新的思想资源,这就使之无法扩大其阐释域限,相反,在继承传统实践美学逻辑言路的同时,后者的基本观点连同诸多缺陷也被保留下来。

在我看来,实践美学的根本特征是以实践为哲学基础按照传统本体论哲学思维方式结构美学体系,这就首先误解了马克思的实践唯物论对于美学研究的意义,直接把哲学命题当作解决美学问题的法门,其次是本体论哲学的体系构造法则造成了其理论的

---

① 张玉能:《实践的超越性与审美》,载《西北师大学报》2005 年第 1 期。
② 张玉能:《实践的自由是审美的根本》,载《学术月刊》2004 年第 7 期。

封闭性,使其在追求逻辑完满的同时无法接纳新的思想资源。新实践美学继承了实践美学的逻辑构架,这就使其对后者的新发展只是修补性的,没有超越传统实践美学已有的结论,"新实践美学"之"新"无从谈起。朱立元把马克思海德格尔化,放弃了历史唯物主义对于美学研究的哲学意义,其发展实践美学的思路与后实践美学的理论旨趣相似,在我看来是宣告了传统实践美学的终结,但在美学现代性视野上迈进了一步。

结语：现代性与中国当代美学

　　美是上天恩赐给人类的精灵，人们九死不悔地去追求美，但要言说它捕捉它却是万难，它活生生地存在于人们的审美活动中，而一旦以理性的语言去把握它，它又隐身不现。美存在于人们的体验中，而每个人的体验彼此殊异，故对美的言说也就不同。既然语言只是文化的表征，那么以各种语言言说的只是各个文化中的美。既有这么多的困难，追问那普遍存在的美是可能的吗？如果根本就没有什么普遍的美的本质，没有美的理念存在，那么为什么各个民族又可以有文化的相通性？彼此隔绝的文化为什么能互相欣赏？这么说来，寻求具有普适性的美学原理，寻求能解释一切文化审美现象的一劳永逸的美学理论可能是个奢望。但美学作为人文学科，其天命是关注现实的人的生存，因此，在全球化的今天，在地球日益变成一个村庄的今天，在现代生活的基础上建立具有现代性的美学理论是可能的，也是我们美学学者应努力的方向。

　　审美活动是一种生存方式，是一种人生态度，是一种最自由、最逍遥的境界，这在中国古典美学中多有论述，但西方美学达到这种认识却经过了一个艰难的历程。西方美学一直在传统本体论哲学的束缚下，对审美活动对于生存意义的理解只是晚近的事。美学学科的创始人鲍姆嘉通把美和艺术纳入认识论问题，认为审美认识是从属于概念认识的低级的感性认识，很明显，这种观点来自柏拉图。柏拉图把最高的认识定为对理念的认识，认为这才是真理之追求，而审美和艺术因为只提供影像而被认为与真理隔着三层。在柏拉图看来，对于真理，艺术是无能为力的。这种以逻辑理性认识为真理之鹄的观点一直统治着西方思想界。到康德，情况仍然没有改变。康德把艺术和审美置于认识和实践之间，审美是中介，实践意志才是人生的最高活动。在黑格尔那里，审美和艺术只是理念的感性显现，把握真理要靠逻辑概念方式，理性思维才是接近真理之途。这种观点到尼采开始发生变化。尼采说,世界只有作为审美的对象才是有意义的,人生的意义就在酒神式的对世界之内在体验和日神式的对世界之外在观审。到海德格尔那里,审美作为人生在世的存在方式之一,是最高最自由的生存之境,这就一反西方形而上学传统,把审美和艺术等想象活动置于理性认识活动之上。德里达以隐喻虚构解释哲学,认为从修辞手法看,哲学与文学无异,这就解构了传统哲学高于文学的观念。至此,审美活动和艺术想象得以解放,西方思想经过几千年的洗练终于与东方思维沟通。审美是一种自由的生存方式成为中西美学的共识,也应该是新美学理论的基本出发点。

在20世纪西方在对形而上学的批判思潮中,美的本质问题因为不能证实,被认为是假问题而面临被取消的危险,这种倾向是科学主义对人文主义的僭越。美的本质是哲学问题,它不可实证只可思辨,它的存在对人有价值有意义,只要人类存在着,对人本身的思考存在着,那么美的本质问题就会存在。美的本质与人的存在不可分,与人的现实和理想不可分。不同时代的人会给予美不同的解答,表达的是人们的一个理想,一种期望,审美理想昭示了一个圣洁的彼岸。美的领域与自然科学领域不同,它并不遵守自然科学的决定论的普遍性法则。伽达默尔说,美是一个自由的世界,人类的自由世界并不表明自然法则的绝对普遍性。人需要美是因为人需要自由,并不是为了在对象上确证自身。对必然的认识和对现实的改造都是现实的活动,现实活动只能达到有限自由,自由之所以是自由就在其不可规定性,审美就是对无限自由的体认。审美理想不是对现实的肯定,而是对现实的批判和超越,审美活动是对人的存在的终极意义的创造,这正是人区别于动物的地方。人要追问存在的意义,这就产生了美。

在历史早期,审美和艺术活动与社会生活的关系是肯定性的,和谐为美是中西普遍的审美理想。如果说西方古典思想是朴素的经验论,是对直观的客观真理的信仰,产生了模仿论美学;近代启蒙思想是人类中心论,是人类"类"本质在人与自然对抗中的凸现,产生了德国古典美学和实践美学,那么现代思想则以个体自由为本位,产生了现代性的审美理想。审美活动的自由性、理想性、批判性、超越性即审美现代性产生于工业化以后,它与现代哲学同步,以审美理想反思批判着启蒙运动以来的现代化进程。西方现代派作品通过对无意识、虚无、丑、变形等人的存在样态的展示去追问生存的意义。

现代性之所以成为中国学界的一个话题,一是随着西方后现代思潮的引入,后现代思潮所批判的西方启蒙和现代哲学及其核心主题现代性就随之成为学术关键词。二是中国百年来的现代化进程在新时期重新成为社会经济制度以及思想文化层面的议题,因此现代性问题不仅有学术意义而且有现实意义。与西方已经进入后工业社会,文化思想进入后现代思潮相反,我们正进入现代化。与西方不一样的是,我们现代化的主要障碍不是西方传统的宗教文化而是封建性的儒家理性文化。对理性予以解构的最有力手段不是非理性而是理性本身,我们需要一种不同于传统集体理性和新传统的政治化理性的新理性,这种理性既整合社会又尊重个人的存在价值。现代化在社会制度层面是市场经济秩序,我们需要西方启蒙政治哲学里的自由公正以及个人主义思想,建立具有现代性的自由民主人权制度,同时在现代化的文化层面借鉴西方的现代性哲学以及后现代思潮警惕启蒙理性的非人化倾向,从而在现实的经济制度层面和思想文化的超越层面形成张力,一方面适应现代化进程,大力呼吁现代化事业,批判传统的集体理性,建立现代社会制度,另一方面以思想文化对现代性的批判维护着社会平衡,从而创造健康的人文生态环境。

但问题是,中国的现代化进程需要现代批判精神甚至后现代精神吗?有一种观点认为,中国美学的现代化历程应该与社会现代化一致,美学仍然需要启蒙理性精神,这是对审美本性的误解。第一,现代性是一种复杂的文化现象,在其发源之初就具有肯定和否定两个维度,前者以笛卡儿的普遍理性主体性为代表,后者以康德对理性的限定为代表。第二,审美活动本身具有理想性、自由性、乌托邦性、超越性等,这些注定了其对现实的批判态度。审美活动是暗夜的明灯,是冰谷里的死火,它以慧眼警觉并超越异化的现实,此即阿多诺所说的否定精神。审美活动在现代化开始时即以自由理想批判社会已经发生和即将发生的异化,因此美学必须获得现代性,这是美学的天命。第三,中国老传统的道德理性和新传统的政治理性需要解构和批判。我们面临的问题,一是封建主义的整体主义对个体性的压抑;二是新的革命传统把个人比做螺丝钉,把社会进程客观化、规律化;三是市场经济在呼唤着人性的同时也可能与市场逻辑一道腐蚀着生命的尊严和意义。对于现代性的美学研究来说,一方面要反对各种社会对人的异化和集权主义对人的漠视;另一方面,在没有宗教传统和传统道德已经退隐的今天,需要阐释审美对于个体生命的超越意义。

美学传播到中国已有百年历史,百年历史步履艰辛。从上世纪之初的王国维、蔡元培、朱光潜等人输入现代西方美学到马克思主义美学理论在中国的传播;从20世纪五六十年代美学大讨论中实践观点在美学中的确立到80年代初美学复兴与思想文化的解放;从80年代末实践美学的被批判到后实践美学的兴起,中国美学的历史经验和教训实在可大书特书。仅从经验方面而言,一是论争是美学学说兴起的重要方式。实践美学崛起于20世纪五六十年代的美学大讨论中,后实践美学在学界的粉墨登场也是从与实践美学的坚持者对话开始的。二是引进西学是美学学科知识增长的重要途径。美学本是西学的一支,现代中国美学学科的发源正是有赖于美学前贤对西方近现代美学思想的介绍吸纳。20世纪80年代的西学热给美学的现代转型提供了知识储备。三是美学思想的先锋性是中国美学学科的优良传统。在20世纪五六十年代的意识形态环境中,美学大讨论却在一定程度上坚守了学术自主性和思想自由性,80年代初的美学讨论引领了中国思想解放的潮流,90年代美学的现实关怀开拓了文化研究的新视野,这些都是美学在中国的独特现象,美学在无宗教传统的文化里担当了文化先锋的使命。四是中西会通是美学基本理论建设的前提条件。在美学学科建设之初,王国维就以西方理论会解中国审美文化现象。新时期以来,中西美学的比较研究得到了深入拓展,这些给了美学基本理论以广阔视野。在全球化的今天,美学的现代化不仅应该涵盖中西,而且应该融汇东西,使东方美学在现代性视野下焕发新的生命是中国美学在新世纪的题中之义。

百年中国在艰难地追求现代化,百年中国美学在蹒跚地追求现代性。在现代性历程中,中国美学在与政治功利主义,与时代社会思潮的纠缠中坚韧地追求着学术独立和自立。在对现代性的理解上学界也出现过偏差,比如在20世纪80年代美学文艺学界的自然科学方法论热中,美学学者急切地追求美学学科的现代化,试图给美学文艺学一个超文化的方法以便寻求普遍的真理,现代化被理解为科学化,但这一理解却忽视了美学的文化语境和人文本性,于是美学学科真理观的独特性被遗忘,美学的人文逻辑失落了。在现代化席卷全球的时代,现代性是美学基本理论建设的价值坐标。美学研究必须实现现代性转型的理论根据在于,一是我们除了现代化外别无他途可走,西方的现代化进程是我们的镜子。二是我们正在发展市场经济,市场经济的人性根据是人都有追求物质幸福和自由的权利,市场经济的主体是个体的人而非抽象的国家和集体。三是现代性的审美活动正是在神性、理性、集体性消退后给个体的生命意义以皈依,它在肯定个体现世生命活动的同时赋予其形而上的超越性体验。中国的新老传统是集体主义,中国现代化进程需要个体主义,当前的美学研究因此需要现代性理论。现代性的审美活动以理想性追求着乌托邦的同时批判着现实。

  从现代化视角看美学研究,一系列问题需要我们去思考,一系列理论需要我们去建构。实践美学在发轫之初的20世纪五六十年代还有浓厚的机械唯物主义色彩,朱光潜对其的批评有纠偏之效,但朱光潜的美学仍未获有现代性,它是在主客体对立的前提下对主体的强调,把主体的表现看成是对客体的征服。正因为朱光潜和李泽厚都是在古典哲学思想框架内,所以他们在讨论中谁也反驳不了谁。在西方思想史上,启蒙主体性是对法国机械唯物主义"人是机器"命题的反驳,因此,朱光潜对实践美学的批评仍然有其学术意义。李泽厚后来正式提出主体性实践哲学,以理性主体为哲学基点,则是明确地皈依启蒙精神。实践美学论者惯于大谈实践美学超越了旧唯物主义和唯心主义美学。相对于西方旧唯物主义和唯心主义而言,实践美学确实是"现代"的,但此现代只是启蒙的现代,而非现代性的现代。实践这一概念的内涵在马克思本人指的是人与自然进行物质交换的活动,实践是人与自然的中介和桥梁。在传统实践美学那里,实践作为社会的物质基础被本体论化,美学的一系列问题被追溯到实践,审美现代性问题则无法言说。以各种方式界定的新实践美学或是老调重弹,或与传统实践美学无关。实践美学作为曾经发生过巨大影响的美学流派应该走向终结。

后实践美学以当代西方的人文主义思潮如生命哲学、现象学、存在主义、解释学等为思想资源,以体验、存在、超越、超理性、想象等概念重新言说美学的一系列问题,使中国美学在走向现代性的路途上迈进了一步。从美学理论的问题意识、阐释限度、核心范畴、逻辑理路来看,后实践美学更具有现代学科意识。后实践美学借助当代西方哲学的存在论转向,在个体生存体验的基础上看审美活动与人的现代生存之间的关系,把审美活动与个体的存在方式联系起来,审美活动的精神性、个体性、超越性、自由性等一系列特征就得到了阐明,这就比实践美学更能阐释现代人生存的困境和期求。但中国现代性的语境不同于西方,中国传统的民族审美心理和审美文化也有自己独特的理论特征,如何吸收当代中国的审美文化实践和传统的审美文化资源是中国美学学人应该思考的问题。新的美学理论要建设在新的审美实践的基础上,一种理论没有现实的来源就不可能对现实发言,也就必然为现实所抛弃。中国当代审美文化可以分为大众审美文化和精英审美文化,大众审美文化具有现代性的正面价值,它反科技理性,重消费和感性刺激,具有世俗性,这是实践美学的理性主义无法容纳的。精英审美文化维护人在现代化过程中的诗意存在,反抗现代化对人的异化,主张自由的生命活动。在市场经济发展和个体主体日益成长的今天,精英审美文化实现了对现实的超越和批判。实践美学主张审美是现实对实践的肯定,恰与当前中国审美文化的精神相反。在西方主体性哲学已暴露弊端的今天,在胡塞尔已对自然思维方式予以清理,在海德格尔对控制论式思维进行批评,特别是经过后现代思潮洗礼之后,实践美学的基本精神就显得不合时宜了。海德格尔对传统形而上学遗忘存在的批评,对人的本原性存在的分析给审美之维带来了全新的思路,后实践美学吸收现象学的存在论建构美学体系,从而秉承现代精神,但后实践美学仍然按照西方古典本体论哲学的结构方法建立美学体系,使其理论具有本体论哲学的保守性和封闭性,这导致其对于中西审美历程和艺术史、审美史等问题的阐释困境。

中国古代有美无学,有美学思想而无美学思想体系。美学作为现代形态的学科建制最初由西方传播过来。新世纪中国美学的思想资源应是古今中外的美学遗产。新时期美学理论的概念范畴基本来自西方古代特别是德国古典美学,这表现在以实践美学为原理体系的美学教材中。比如,美的本质问题遵循客体性思维,把美先在地客观化、对象化,然后去追寻美的本质,于是提出美的本质是什么这样的问题。比如美感问题,许多人认为,美感作为一种意识是对客观存在的美的反映,美感作为心理活动包含理解、想象、感觉、知觉等因素,这种心理学的科学分析使审美心理学与普通心理学无法区别开来。再如认为美是真善的统一,是认识活动和伦理意志活动的中介等观点都来自德国古典美学,特别是康德和黑格尔。在对20世纪西方美学进行了深入研究后,新的美学基本理论在审美活动的接受论中必须引入个体的审美解释这一环;在审美活动的意义论中,必须引入审美活动的超越性这一维度;在审美活动的生成中,应实现存在论转向即把审美活动视为个体与环境打交道的一种方式;在审美活动的起源中应引入精神分析的欲望升华说等。

在当代西方思想中,现象学的存在论转向对于美学研究具有重要启示,这就是审美活动这一概念的提出。在审美活动中,主体不以理性抽象对象,是自由而无为的,对象也不以其单一属性与主体面对,而是以其完整的生命存在形式呈现出来,主体面对的是一个生命体,这就有了解释学美学的"视阈融合"、后现代的对话美学以及马丁·布伯"我你"关系本体论的提出。

美学基本理论的建设不能缺少东方美学思想遗产。长期以来,我国学界对东方美学智慧缺乏关注和研究,且常常以西方美学的思想框架去定义东方美学,这种状况随着全球化语境的到来应该得到改变。比如,东方审美思维认为,人与自然都是生命,万物的生命活动和情感体验与人类相同,人与自然不存在主体客体的对立,人认识世界的方式本身就是情感体验性的,不需要像现代西方心理学美学所说的那样以主体精神和情感有目的有意识地向自然客体外射和移入,这就是东方美学在自然美问题上的审美同情观。东方自然审美的思想基础是万物有灵观。万物有灵观是原始自然宗教的核心观念,是先民对外界自然物的原初看法。万物有灵观就是把客观存在的自然物自然力加以拟人化或人格化,赋予它们人的意志和生命,进而把它们看成同自己一样具有生命和思想感情的对象,因此,人可以同它们沟通。原始初民相信各种形式的生命在本质上是一体的,可以相互感应,彼此渗透。西方移情说美学的哲学基础是心物二元论,正是有主体和客体的对立,在审美欣赏中主体才需要把自己的生命、情感、人格注入对象,使本来没有生命的自然物情感化和人格化,从而产生审美心境。相比而言,东方自然审美思想经过创造性的转化可以为现代生态美学、环境美学所吸收,成为处理人与自然关系的有益资源。

新世纪美学基本理论的建设要继承实践美学的思想遗产,这就是对人的生存的关注。李泽厚说,美学是诗性的科学,是对人的存在命运的思考,这一点在对实践美学的批判中被忽视。同时我们也要吸收后实践美学所开创的视界。后实践美学以批判实践美学的面貌出现在中国学界,后实践美学的思想资源是当代西方思想,这就使其在现代性视野中获得了存在的根据。对于实践美学的德国古典哲学的思想背景,后实践美学对中国美学建设而言是一个推动。关注个体生存,阐释审美活动的个体性、非理性、超越性、精神性等是后实践美学的要义,但如果完全抛弃实践活动,抛弃工具本体,将如何解释个体存在的社会基础?审美活动的超越性如何与现实性关联?在审美活动的现实基础上,实践美学比后实践美学有着更为深刻的理论维度。在全球化语境中,各种文化语言的冲突和交融日益激烈,个体的选择日益多样化,那么审美文化的选择是否有多元性?在后殖民文化氛围中,文化平等交流是否可能?如何避免文化帝国主义即强势审美文化对弱势审美文化的宰制?在大众文化的帝国主义意识形态中,审美的超越性和自由性表现在何处?这些都是在后实践美学之后必须考虑的问题。

当代人的生存要处理人与环境的关系、人与社会的关系以及人与自身的关系,这三种关系都与美学问题有关。第一个方面就是环境美学、生态美学所研究的问题。超越人类中心主义和生态中心主义,创造人与自然和谐、科学与人文统一的具有建设性的美学理论是人与环境问题的美学解决。第二个方面即是美与真善的关系,新世纪中国美学应该借鉴当代西方美学的现代性视野即否定美学、批判美学的意义。在我国现代化历程中,审美和艺术活动也具有间离和否定性,也就是艺术审美对人类活动具有反思和批判性。审美活动的理想性、自由性和乌托邦性应该在与现实活动的张力关系中得到阐发。第三方面就是审美活动的个体生命意义,也就是审美代宗教的问题。在现代社会,审美活动是对个体生命意义的自我确证。后实践美学的个体视界转向和当代西方后现代思潮的意义延宕论、后现代解释学的真理观等应该被吸收进新的美学体系中。

美学学科的推进包括这么几个方面:一是美学思想范式的演化,这依赖于哲学思维方式的转换。美学是一门哲学性的学科,哲学思维的变更必然导致美学思想的变化,这一点可以从西方美学的历史看出来,也可以从当代中国美学发展演化的历史现出,比如从反映论美学到实践美学到后实践美学的更替,其背后的哲学根源就是自然物质本体论到实践本体论到生存本体论的演进,美学越来越接近自己的问题域。寻找新的哲学本体始终是美学发展的根本动力。二是美学基本范畴和概念的更新,这是建立在东西方美学思想深入研究基础上的综合。比如后实践美学以审美活动论代替实践美学的美感论,以美的存在论代替美的本质论,以审美解释代替美的客观性等就是对美学基本命题的推进。三是美学要面对人存在的现实,要对人的存在状况作出审美阐释。近年来审美现代性概念的提出标志着中国美学与中国现代化进程的同步,美学作为超越性的思考与世俗现代化保持着肯定与否定的张力关系。具体说来,当前我国美学学科的问题意识表现在三个方面。其一是美学思想的结构方法问题。从美学思想的组接方法来说,东方美学包括中国美学在内是诗性的非体系非逻辑的结构方式,西方古典美学则是体系性的理论,中国当代美学按照西方古代的本体论方法即从哲学起点遵循逻辑和历史统一的原则建构美学体系。那么,体系性美学的弊端何在?这种体系性的言说方式是否就是最好的结构美学思想的方法?在后现代话语理论看来,表达艺术审美之真理的言说方式是多元的,散文式的西方现代美学、诗意化的中国古代美学都是美学表达真理的方式。如何组织美学思想结构美学体系是中国当代美学应该思考的问题。其二是美学知识的增长应该吸收东西方的思想资源。中国美学思想再也不是填充西方美学体系的资料和佐证,中国古典美学提供了一种审美方式,一种生存方式,一种语言方式。在西方建设性后现代思潮出现后,东方思想更焕发出自己独特的魅力。西方现代美学是对西方现代化历程中人的生存状态的审美观照,我国正走向现代化,西方现代美学应是我们美学思想建设的有益资源。其三是赋予经典以新的生命。实践美学是中国化的马克思主义美学。在传统实践美学那里,马克思的社会实践被阐释为客观的现实的人改造自然的物质活动,实践被赋予与个体存在不相干的客观性。当前中国马克思主义研究者把实践阐释为个体性的生存活动,这不失为经典阐释的新视野,那么从马克思出发,融合现代西方的个体哲学,把个体生存的审美化作为美学研究的主题是美学基本理论建设的题中之义。

作为有普遍阐释有效性的基础理论,理想的美学应该吸收东西方美学思想,能够解释东西方的审美文化现象,但这两点实际上难以达到,因为任何一种阐释都只是一种视角,它既有对真理的洞见也有对真理的遮蔽。而且作为文化传统的一个方面,审美现象具有文化异质性,如何统合异质的审美文化现象本身就是一个理论难题。我们可以退而求其次,在当前美学基本理论的建设中,我们要求美学:一、具有全球化的理论视野,吸纳西方现代性理论;二、能够阐释中国传统的审美文化现象和当前审美现象;三、作为人文学科,作为审美之思,要关怀人的现实存在,为人的存在的价值和意义做理论论证;四、能够对美的发生、美的本质、艺术本质等美学基本问题提出新的解释。作为一个历史的学术流派,实践美学应走向终结;作为一个学科的历史环节,实践美学的有益资源应被吸收进中国新世纪的美学建设中,后实践美学对审美活动的理论阐释是一个有益的开端。新的美学应该继承实践美学积极乐观的人文品格,在全面吸收中西美学思想的基础上,建立具有现代性的哲学美学理论。美学基本理论总要不断地重构,美学学科正是在学人不断的思考中前进的。思想者应该是世界的守夜人,美学学者应该做人的诗意生存的维护者和世界真相的揭示者。海德格尔警告说,科技越发达,人们犯错误的危险就越大。让我们行走在思想的路途中吧!

参考文献

一、实践美学文献

1. 邓晓芒、易中天:《黄与蓝的交响》,人民文学出版社 1999 年版。
2. 《蒋孔阳全集》第三卷,安徽文艺出版社 1999 年版。
3. 卡冈:《马克思主义美学史》,汤侠生译,北京大学出版社 1987 年版。
4. 卡冈:《卡冈美学教程》,凌继尧等译,北京大学出版社 1990 年版。
5. 刘纲纪:《艺术哲学》,湖北人民出版社 1986 年版。
6. 刘纲纪:《哲学与美学》,湖北人民出版社 1986 年版。
7. 刘纲纪:《传统文化、哲学与美学》,广西师范大学出版社 1997 年版。
8. 李泽厚:《批判哲学的批判》,人民出版社 1979 年版。
9. 李泽厚:《美学论集》,上海文艺出版社 1980 年版。
10. 《李泽厚十年集》第 1 卷,安徽文艺出版社 1994 年版。
11. 《李泽厚哲学文存》,安徽文艺出版社 1999 年版。
12. 李泽厚:《历史本体论》,北京三联书店 2002 年版。
13. 马克思:《1844 年经济学—哲学手稿》,刘丕坤译,人民出版社 1985 年版。
14. 四川省社会科学院文学所编:《中国当代美学论文选》第 1、2 集,重庆出版社 1984 年版。
15. 万斯罗夫等:《美与崇高》,上海文艺出版社 1958 年版。
16. 文艺报编辑部:《美学问题讨论集》第 1—6 集,作家出版社 1957 年—1964 年版。
17. 王朝闻主编:《美学概论》,人民出版社 1981 年版。
18. 尤·鲍列夫:《美学》,上海译文出版社 1988 年版。
19. 杨恩寰:《审美与人生》,辽宁大学大学出版社 1998 年版。
20. 《朱光潜美学文集》第三卷,上海文艺出版社 1983 年版。
21. 周来祥:《古代的美 近代的美 现代的美》,东北师范大学出版社 1996 年版。
22. 《周来祥美学文选》,广西师范大学出版社 1998 年版。
23. 朱立元:《美学与实践》,广西师范大学出版社 1999 年版。

24. 朱立元主编：《美学》，高等教育出版社2001年版。

二、其他参考文献

1. 埃斯卡皮：《文学社会学》，浙江人民出版社1987年版。
2. 艾温·辛格：《我们的迷惘》，广西师范大学出版社2001年版。
3. 艾耶尔：《语言、真理与逻辑》，上海译文出版社1981年版。
4. 布洛克曼：《结构主义》，商务印书馆1986年版。
5. 布莱克：《现代化的动力》，浙江人民出版社1989年版。
6. 白瑞德：《非理性的人》，黑龙江教育出版社1988年版。
7. 曹俊峰：《康德美学引论》，天津教育出版社1999年版。
8. 陈嘉明等：《现代性与后现代性》，人民出版社2001年版。
9. 陈炎：《积淀与突破》，广西师范大学出版社1997年版。
10. 《蔡仪美学论文选》，湖南人民出版社1982年版。
11. 戴茂堂：《超越自然主义》，武汉大学出版社1998年版。
12. 格里芬：《后现代精神》；中央编译出版社1998年版。
13. 海德格尔：《存在与时间》，北京三联书店1987年版。
14. 海德格尔：《面向思的事情》，商务印书馆1996年版。
15. 胡塞尔：《现象学的观念》，上海译文出版社1986年版。
16. 黑格尔：《美学》第一卷，商务印书馆1981年版。
17. 洪汉鼎主编：《理解与解释—诠释学经典文选》，东方出版社2001年版。
18. 吉登斯：《现代性与自我认同》，北京三联书店1998年版。
19. 今道有信等：《存在主义美学》，辽宁人民出版社1987年版。
20. 加达默尔：《哲学解释学》，上海译文出版社1994年版。
21. 加达默尔：《真理与方法》，上海译文出版社1999年版。
22. 贾泽林等：《苏联当代哲学》，人民出版社1986年版。
23. 康德：《对美感和崇高感的观察》，黑龙江人民出版社1989年版。
24. 康德：《历史理性批判文集》，商务印书馆1990年版。
25. 康德：《判断力批判》上卷，商务印书馆1996年版。
26. 孔多塞：《人类精神进步史表纲要》，北京三联书店1998年版。
27. 考夫曼编著：《存在主义》，商务印书馆1995年版。
28. 利奥塔：《后现代性与公正游戏——利奥塔访谈录》，上海人民出版社1997年版。
29. 倪梁康：《现象学及其效应》，北京三联书店1994年版。
30. 刘小枫编：《人类困境中的审美精神》，东方出版中心1994年版。

31. 刘晓波：《选择的批判——与李泽厚对话》，上海人民出版社 1988 年版。

32. 马尔库塞：《爱欲与文明》，上海译文出版社 1987 年版。

33. 马丁·布伯：《我与你》，北京三联书店 2002 年版。

34. 米盖尔·杜夫海纳主编：《美学文艺学方法论》，中国文联出版公司 1992 年版。

35. 潘知常：《诗与思的对话》，上海三联书店 1997 年版。

36. 潘知常：《生命美学论稿》，郑州大学出版社 2002 年版。

37. 乔·奥·赫茨勒：《乌托邦思想史》，商务印书馆 1990 年版。

38. 齐格蒙·鲍曼：《立法者与阐释者：论现代性、后现代性与知识分子》，上海人民出版社 2000 年版。

39. 钱念孙：《朱光潜与中西文化》，安徽教育出版社 1995 年版。

40. 邱紫华：《东方美学史》，商务印书馆 2003 年版。

41. 汝信、王德胜主编：《美学的历史—20 世纪中国美学学术进程》，安徽教育出版社 2000 年版。

42. 杜夫海纳：《美学与哲学》，中国社会科学出版社 1985 年版。

43. 威廉·巴雷特：《非理性的人》，商务印书馆 1995 年版。

44. 维特根斯坦：《逻辑哲学论》，商务印书馆 1996 年版。

45. 王鲁湘等：《西方学者眼中的西方现代美学》，北京大学出版社 1987 年版。

46. 王治河：《扑朔迷离的游戏——后现代哲学思潮研究》，社会科学文献出版社 1998 年版。

47. 万斯洛夫、特罗菲莫夫：《美与崇高》，上海文艺出版社 1958 年版。

48. 王树人：《思辨哲学新探》，人民出版社 1985 年版。

49. 文艺美学丛书编辑委员会编：《美学向导》，北京大学出版社 1982 年版。

50. 夏中义：《新潮学案》，上海三联书店 1996 年版。

51. 杨春时：《现代性视野中的文学与美学》，黑龙江教育出版社 2002 年版。

52. 杨春时：《生存与超越》，广西师范大学出版社 1998 年版。

53. 雅斯贝尔斯：《存在与超越》，上海三联书店 1988 年版。

54. 伊夫·瓦岱：《文学与现代性》，北京大学出版社 2001 年版。

55. 约瑟夫·科克尔曼斯：《海德格尔的〈存在与时间〉》，商务印书馆 1996 年版。

56. 杨耕：《杨耕集》，学林出版社 1998 年版。

57. 严平：《走向解释学的真理》，东方出版社 1998 年版。
58. 叶秀山：《思·史·诗》，人民出版社 1988 年版。
59. 叶秀山：《美的哲学》，东方出版社 1991 年版。
60. 俞宣孟：《本体论研究》，上海人民出版社 1999 年版。
61. 俞宣孟：《现代西方的超越思考——海德格尔的哲学》，上海人民出版社 1989 年版。
62. 俞吾金：《俞吾金集》，学林出版社 1998 年版。
63. 叶夫格拉夫主编：《苏联哲学史》，商务印书馆 1998 年版。
64. 张法：《美学导论》，中国人民大学出版社 1999 年版。
65. 张法：《20 世纪西方美学史》，四川人民出版社 2003 年版。
66. 张法：《走向全球化时代的文艺理论》，安徽教育出版社 2005 年版。
67. 张弘：《临界的对垒 1989—1999 学术文化论集》，吉林人民出版社 2000 年版。
68. 张世英：《天人之际——中西哲学的困惑与选择》，人民出版社 1995 年版。
69. 张世英：《进入澄明之境》，商务印书馆 1999 年版。
70. 张世英：《哲学导论》，北京大学出版社 2002 年版。

附录 实践美学研究文献索引

A：著作类

1. 施昌东：《"美"的探索》，上海文艺出版社1980年版。
2. 王朝闻主编：《美学概论》，人民出版社1981年版。
3. 全国高等院校美学研究会编《美学讲演集》，北京师范大学出版社1981年版。
4. 朱狄：《美学问题》，陕西人民出版社1982年版。
5. 程代熙：《马克思主义与美学中的现实主义》，上海文艺出版社1983年版。
6. 栾栋：《美的钥匙》，陕西人民出版社1983年版。
7. 杨辛、甘霖：《美学原理》，北京大学出版社1983年版。
8. 齐一、马奇等编：《美学专题选讲汇编》，中央广播电视大学出版社1983年版。
9. 刘叔成、楼昔勇、夏之放：《美学基本原理》，上海人民出版社1984年版。
10. 马奇：《艺术哲学论稿》，山西人民出版社1985年版。
11. 邱明正：《美学讲座》，江西人民出版社1986年版。
12. 丁枫、张锡坤：《美学导论》，吉林人民出版社1986年版。
13. 阎国忠：《朱光潜美学思想研究》，辽宁人民出版社1987年版。
14. 王生平：《李泽厚美学思想研究》，辽宁人民出版社1987年版。
15. 高楠：《蒋孔阳美学思想研究》，辽宁人民出版社1987年版。
16. 赵士林：《当代中国美学研究概述》，天津教育出版社1988年版。
17. 杨安伦主编：《美学纲要》，湖南人民出版社1988年版。
18. 陈望衡：《美学王国探秘》，陕西人民出版社1988年版。
19. 周忠厚：《美学教程》，齐鲁书社1988年版。
20. 毛崇杰等：《美学论丛》第10辑，文化艺术出版社1989年版。
21. 张涵主编：《中国当代美学》，河南人民出版社1990年版。
22. 杜东枝主编：《美·艺术·审美：实践美学原理》，云南大学出版社1990年版。

23. 朱立元:《历史与美学之谜的求解》,学林出版社1992年版。
24. 朱立元主编:《当代中国美学新学派》,复旦大学出版社1992年版。
25. 戚廷贵:《美的发生与流变》,吉林文史出版社1992年版。
26. 杨恩寰主编:《美学引论》,辽宁大学出版社1992年版。
27. 王善忠:《美学散论》,社会科学文献出版社1993年版。
28. 李丕显:《寻美探幽》,中国铁道出版社1995年版。
29. 阎国忠:《走出古典——中国当代美学论争述评》,安徽教育出版社1996年
30. 封孝伦:《二十世纪中国美学》,东北师范大学出版社1997年版。
31. 夏之放:《异化的扬弃》,花城出版社2000年版。
32. 阎国忠、徐辉等:《美学建构中的尝试与问题》,安徽教育出版社2001年版。
33. 陈文忠:《美学领域中的中国学人》,安徽教育出版社2001年版。
34. 牛宏宝、张法等:《汉语语境中的西方美学》,安徽教育出版社2001年版。
35. 陈望衡:《20世纪中国美学本体论问题》,湖南教育出版社2001年版。
36. 邹华:《20世纪中国美学研究》,复旦大学出版社2003年版。

B. 论文类

1980年—1985年:

1. 贾明:《评〈美的探索〉对李泽厚美学观点的批评》,《学习与探索》1981年第6期。
2. 庞安福:《论自然美的价值及其他——答李泽厚同志》,《学习与探索》1981年第4期。
3. 李戎:《试评李泽厚同志的"审美积淀论"》,《聊城师范学院学报》1982年第1期。
4. 杜东枝:《论美的两种基本形式及其与物质生产和精神生产的关系(与朱光潜、李泽厚两同志商榷)》,《思想战线》1982年第3期。
5. 潇牧:《美的本质疑析——兼与刘纲纪同志商榷》,《学术月刊》1982年第7期。
6. 丛英奇:《"历史之谜"的探求与"结构方程"的预言(李泽厚同志美学思想述评)》,《齐齐哈尔师范学院学报》1982年第3期。
7. 洪毅然:《美和美感的复杂性》,《西北师院学报》1983年第3期。
8. 靳绍彤:《美的"社会实践说"解疑》,《求索》1983年第1期。

9. 周忠厚:《论美来自实践》,《华南师范大学学报》1983 年第 1 期。

10. 陈伟:《有历史唯物主义地看待美的本质》,《求是学刊》1983 年第 1 期。

11. 李志宏:《自然美的客观性问题应该怎么理解》,《兰州学刊》1983 年第 1 期。

12. 王臻中:《"人化的自然"与自然美》,《南京师院学报》1983 年第 2 期。

13. 吴泽惠:《略论美及其特征》,《四川大学学报》1983 年第 2 期。

14. 洪风桐:《美与对象化》,《四平师院学报》1983 年第 2 期。

15. 李欣复:《再论美是实践基础上的主客体统一》,《东岳论丛》1983 年第 6 期。

16. 凯塞林·林琦:《李泽厚〈美的历程〉》,梁志成译,《美育》1984 年第 4 期。

17. 洪毅然:《自然的人化与美的规律》,《西北师院学报(社科版)》1984 年第 3 期。

18. 楼昔勇:《自然美与社会实践》,《学术月刊》1984 年第 11 期。

19. 丁黎:《美学引用经济学概念的问题:同朱光潜、刘纲纪二先生商榷》,《晋阳学刊》1984 年第 5 期。

20. 胡义成:《朱光潜先生美论中的实践观略评》,《求索》1984 年第 2 期。

21. 贾明:《什么是自然美的客观性》,《上海师院学报》1984 年第 2 期。

22. 姚文放:《论自然美》,《学术月刊》1984 年第 6 期。

23. 李安平:《谈谈美是"人的本质力量对象化"》,《华中师范学院研究生学报》1984 年第 3 期。

24. 李丕显:《简论美是自由的形式》,《云南民族师范学院》1985 年第 1 期。

25. 李昆山:《"美是劳动的产物"质疑》,《人大复印资料(美学卷)》1985 年第 5 期。

26. 李遥:《哲学,她表达希望——〈李泽厚哲学美学文选〉读后》,《新华文摘》1985 年第 11 期。

27. 朱德真:《评李泽厚同志美学观》,《晋阳学刊》1985 年第 1 期。

28. 胡义成:《李泽厚同志美论中的实践观略评》,《辽宁大学学报(哲社版)》1985 年第 2 期。

29. 胡光清:《刘纲纪和他的美学思想研究》,《学习与实践》1985 年第 5 期。

30. 靳绍彤:《美的社会属性说是马克思主义的美学观点吗?——与李泽厚同志商榷》,《争鸣》1985 年第 1 期。

31. 梅宝树:《要重视人类学本体论的研究:读李泽厚哲学美学论著札记》,《河北大学学报(哲社版)》1985年第4期。

32. 梅宝树:《历史"积淀"是美学的主要课题》,《美学》第4期。

1986年—1990年:

1. 邱紫华:《蒋孔阳美学思想的特点》,《文艺研究》1986年第5期。

2. 丁枫:《美与实践的亲和性》,《社会科学战线》1986年第3期。

3. 杨小彦、邵宏:《艺术的文化阐释意义:兼评李泽厚的"积淀说"》,《新美术》1986年第4期。

4. 梅宝树:《再谈李泽厚的美学思想》,《文艺研究》1986年第3期。

5. 朱震:《美是人的本质力量对象化》,《西南民族学院学报》1986年第4期。

6. 张德兴:《辛勤的耕耘,丰硕的成果——记蒋孔阳先生的治学道路》,《文史哲》1987年第1期。

7. 潘国祥:《简论朱光潜的后期美学思想》,《安徽省委党校学报》1987年第2期。

8. 姚志安:《评"实践美学"的实践观》,《长沙水电师院学报(社科版)》1987年第4期。

9. 王让新:《审美共通感与实践的二重品格》,《人大复印资料(美学卷)》1987年第1期。

10. 袁振保:《李泽厚美学体系的矛盾及其根源》,《华中师范大学学报(哲社版)》1987年第3期。

11. 易中天:《站在实践哲学的历史高度:刘纲纪"实践自由说"的美学观点述评》,《武汉大学学报(社科版)》1987年第6期。

12. 张玉能:《马克思主义美学研究新成果:简论刘纲纪实践观美学思想》,《文艺研究》1987年第5期。

13. 陈望衡:《简论毛泽东实践美学观》,《毛泽东思想研究》1988年第2期。

14. 洪毅然:《"美是自由的象征"说质疑——与高尔泰同志论美》,《文艺研究》1988年第5期。

15. 樊德三:《李泽厚五六十年代美学思想概观之二:关于美感》,《盐城师专学报(社科版)》1988年第4期。

16. 樊德三:《李泽厚五六十年代美学思想概观》,《盐城师专学报(社科版)》1988年第2期。

17. 何新:《李泽厚与当代中国思潮》,《光明日报》1988年第5期。

18. 吴楚克:《蔡仪、朱光潜、李泽厚美学体系逻辑起点的分别》,《内蒙古社会科学(文史哲版)》1988年第2期。

19. 杨忻葆:《美是创造力的自由形式:蒋孔阳创造论美学思想研究之一》,《安徽大学学报(哲社版)》1988年第3期。

20. 杨忻葆:《美的创造——多层累的突创:蒋孔阳创造论美学思想研究之二》,《江淮论坛》1988第5期。

21. 黎山峣:《实践—自由—审美——刘纲纪美学思想述评》,《江汉论坛》1989年第3期。

22. 林化:《大争鸣:李泽厚、刘晓波及其他》,《文艺争鸣》1989年第1期。

23. 朱立元:《博采众长、自成一家——简评蒋孔阳教授的美学研究》,《文艺报》1989年第4期。

24. 刘绍信:《李泽厚猜想——审美心理结构诠解》,《农垦师专学报(综合版)》1989年第1期。

25. 洪毅然:《美与"人的本质力量对象化"》,《文艺研究》1989年第4期。

26. 袁振保:《评李泽厚同志的"实践"美学》,《高校社会科学》1990年第6期。

27. 阎国忠:《谈当前的几个美学理论问题的论争》,《文艺研究》1990年第3期。

28. 汤龙发:《试析李泽厚的主体性哲学及其来源》,《高校社会科学》1990年第2期。

29. 彭修银、代茂堂:《中国当代美学研究的基本特征及其研究方法之选择》,《宝鸡师院学报(哲社版)》1990年第3期。

30. 张国安:《"积淀说"之逻辑分析》,《扬州师院学报(社科版)》1990年第1期。

31. 王耕天:《论社会实践与艺术生发的几个问题》,《民族艺术研究》1990年第5期。

1991年—1995年:

1. 邹华:《中国当代美学的深层结构》,《学术月刊》1990年第8期。

2. 潘立勇:《中国当代美学研究之反思》,《百科知识》1990年第9期。

3. 王正萍:《马克思主义的实践论还是抽象人性论——评李泽厚的"主体性的实践哲学"》,《文艺理论与批评》1991年第5期。

4. 徐麟:《美的命题与文化阐释——兼与李泽厚、刘纲纪先生商榷》,《江苏社会科学》1991年第1期。

5. 谷方:《评李泽厚的"自然的人化"美学观》,《文艺理论与批评》1991年第3期。

6. 朱立元:《中国美学界独树一帜的"第五派"——略论蒋孔阳教授的美

学思想》,《复旦学报(社科版)》1991年第2期。

7. 刘宏彬:《李泽厚美学思想的哲学基础》,《文艺理论与批评》1991年第4期。

8. 陈鸣树:《有容乃大——简论蒋孔阳教授的美学思想》,《上海文化》1991年第3期。

9. 谷方:《从〈美学四讲〉看李泽厚的美学观》,《文学评论》1992年第3期。

10. 余三定、张玉能:《博大精深,自成一家——刘纲纪教授美学研究特色》,《云梦学刊(社科版)》1992年第4期。

11. 喻立平:《蒋孔阳美学体系的动态结构》,《益阳师专学报》1992年第2期。

12. 谷方:《评李泽厚的审美经验中心论》,《文艺理论与批评》1992年第5期。

13. 陈炎:《从马克思的〈手稿〉到毛泽东的〈讲话〉——兼论"实践美学"的历史发展》,《理论学刊》1992年第3期。

14. 邹元江、许金如:《刘纲纪和他的美学思想》,《社科信息》1993年第9期。

15. 邹华:《向主体外部世界扩展的崇高——刘纲纪的美学思想》,《西北师大学报(社科版)》1993年第1期。

16. 潘立勇:《中国当代美学研究的主体症结》,《学术月刊》1993年第1期。

17. 贾明、晓瀛:《回顾与检讨——哲学美学与实践美学的研究方法》,《学术月刊》1993年第10期。

18. 刘晓英:《实践美学新证——兼解马克思〈手稿〉中的实践美学思想》,《理论探讨》1994年第2期。

19. 刘晓英:《美的本质与马克思〈手稿〉的实践美学思想》,《齐齐哈尔师范学院学报(哲社版)》1994年第6期。

20. 曹俊峰:《"积淀说"质疑》,《学术月刊》1994年第7期。

21. 李泽厚、王德胜:《关于哲学、美学和审美文化研究的对话》,《文艺研究》1994年第6期。

22. 张玉能:《坚持实践观点,发展中国美学,社会科学战线》1994年第4期。

23. 童庆炳:《中国当代美学研究的总结形态——读蒋孔阳的〈美学新论〉》,《文艺报》1994年第4期。

24. 陶伯华:《美的本质研究的视界转换》,《江海学刊》1994年第6期。

25. 徐梦秋:《积淀与中介》,《学术月刊》1994 年 7 期。
26. 邱明正:《建构——积淀与超越的中介》,《学术月刊》1994 年第 4 期。
27. 李衍柱:《自立于世界美学之林—评蒋孔阳的〈美学新论〉》,《学术月刊》1994 年第 10 期。
28. 李衍柱:《美学家蒋孔阳先生的治学之道》,《文史哲》1994 年第 5 期。
29. 姚文放:《创造美学的现代建构——读蒋孔阳新著〈美学新论〉》,《社会科学》1994 年第 11 期。
30. 潘知常:《实践美学的本体论之误》,《学术月刊》1994 年 12 期。
31. 魏之梆:《"积淀说"——我的怀疑》,《社会科学》1995 年第 3 期。
32. 潘知常:《美学的重建》,《学术月刊》1995 年 8 期。
33. 丁磊、李西建:《当代中国美学的前沿》,《学术月刊》1995 年 9 期。
34. 张立斌:《略论美学的逻辑起点》,《学术月刊》1995 年 8 期。
35. 王侁:《谈后实践美学新视界》,《社会科学报》1995 年 11 期。
36. 黄赞梅:《蒋孔阳美的本质论述评》,《南昌大学学报》1995 年第 2 期。
37. 封孝伦:《周来祥美学理论体系刍议》,《西北师大学报(社科版)》1995 年第 2 期。
38. 张履岳:《由来与对照——也说"美是人的本质力量的对象化"》,《学术月刊》1995 年第 9 期。
39. 黄赞梅:《蒋孔阳美的本质论述评》,《南昌大学学报(社会科学版)》1995 年 02 期。
40. 封孝伦:《从抽象走向具体——辩证思维方法与周来祥美学思想体系》,《西北师大学报(社会科学版)》1995 年第 2 期。
41. 张玉能:《评所谓"后实践美学"》,《云梦学刊》1995 年第 1 期。

1996 年—2003 年:

1. 晓棣:《关于实践美学的讨论》,《光明日报》1996 年 11 月 16 日。
2. 黄理彪:《从抽象走向具体——辩证思维方法与周来祥美学思想体系》,《广西大学学报(哲社版)》1996 年第 3 期。
3. 郑元者:《蒋孔阳的美论及其人类学美学主题》,《文艺研究》1996 年第 6 期。
4. 邹华:《主体实践与理性结构——李泽厚的美学思想》,《西北师大学报(社科版)》1996 年第 4 期。
5. 黄杨:《"积淀说"社会历史成因刍议》,《延边大学学报(社科版)》1996 年第 4 期。
6. 朱立元:《当前美学研究几个问题的思考》,《文汇报》1996 年 1 月 31 日。

7. 张立斌:《实践论、后实践论与美学的重建》,《学术月刊》1996 年第 3 期。

8. 张玉能:《当代中国美学应该高扬人文精神》,《华中师范大学学报》1996 年第 1 期。

9. 阎国忠:《关于审美活动——评实践美学与生命美学的论争》,《文艺研究》1997 年第 1 期。

10. 黄理彪、袁鼎生:《整一的学术品格与和谐的理论体系:谈周来祥〈再论美是和谐〉》,《社会科学家》1997 年第 3 期。

11. 张玉能:《自然美与自由》,《云梦学刊》1997 年第 1 期。

12. 张立斌:《实践论、后实践论美学的悖立与会同》,《新疆大学学报》1997 年第 4 期。

13. 黄扬:《扬弃"积淀"的历程——高尔泰及其所代表的中国现代美学新潮》,《延边大学学报(哲社版)》1997 年第 4 期。

14. 刘恒健:《略论周来祥的和谐美学》,《广西社会科学》1997 年第 1 期。

15. 李亚彬:《走向新世纪的马克思主义美学——访刘纲纪》,《光明日报》1997 年 1 月 4 日。

16. 陈炎:《改造并完善"实践美学"》,《光明日报》1997 年 7 月 12 日。

17. 周来祥:《关键在于思维方式的突破》,《光明日报》1997 年 7 月 12 日。

18. 杨恩寰:《实践是美学的根本》,《光明日报》1997 年 7 月 12 日。

19. 韩德信:《中国近现代美学发展勾勒与周来祥美学理论述评》,《社会科学家》1998 年第 2 期。

20. 刘纲纪:《马克思主义实践观与当代美学问题》,《光明日报》1998 年 10 月 23 日。

21. 刘纲纪、陈望衡、张玉能、毛庆、邓晓芒、张皓:《世纪之交的美学走向》,《武汉教育学院学报》1998 年第 1 期。

22. 彭锋:《朱光潜、李泽厚和当代美学基本理论建设》,《学术月刊》1998 年第 6 期。

23. 章辉:《自然、实践与人——与刘大新先生商榷》,《河北师范大学学报》1998 年第 2 期。

24. 刘大新:《不能无视理论建构上的疏漏——再评实践的美学观点》,《河北师范大学学报》1998 年第 2 期。

25. 曾永成:《"后实践美学":前进还是倒退?》,《四川师范大学学报》1998 年第 1 期。

26. 李丕显:《实践美学和实践唯物主义》,《安徽师范大学学报》1999 年第 1 期。

27. 陈望衡:《实践美学体系的三重矛盾》,《学术月刊》1999 年第 8 期。

28. 吴炫:《中国当代美学建设的三个问题——兼谈否定主义美学对实践和后实践美学的超越》,《文艺理论研究》1999 年第 4 期。

29. 李丕显:《实践美学的哲学基础和理论逻辑》,《学术月刊》1999 年第 8 期。

30. 陈望衡:《美在境界——实践美学的反思》,《理论与创作》1999 年第 1 期。

31. 刘纲纪:《略论 19 世纪末至 20 世纪马克思主义美学》,《文艺研究》1999 年第 3 期。

32. 宋蒙:《对实践美学的历史地位及现实命运的反思》,《湘潭师范学院学报》1999 年第 2 期。

33. 章启群:《论朱光潜后期美学思想的内在矛盾》,《江苏社会科学》2000 年第 3 期。

34. 潘知常等:《生命美学——世纪之交的美学新方向》,《学术月刊》2000 年第 11 期。

35. 潘知常:《再谈生命美学与实践美学的论争》,《学术月刊》2000 年第 5 期。

36. 彭富春:《"后实践美学"质疑》,《哲学动态》2000 年第 7 期。

37. 曾繁仁:《蒋孔阳美学思想评述》,《文史哲》2000 年第 5 期。

38. 张天曦、陈芳:《艺术:情感本体的物态化形式——李泽厚艺术思想述评》,《思想战线》2000 年第 2 期。

39. 韩德民:《李泽厚与 20 世纪后半期中国美学》,《安徽师范大学学报(人文社会科学版)》2000 年第 1 期。

40. 潘知常:《再谈生命美学与实践美学的论争》,《学术月刊》2000 年第 5 期。

41. 张天曦:《美学:人生之诗的哲学解读——李泽厚关于美学性质的观点述评》,《山西师大学报(社会科学版)》2000 年第 1 期。

42. 张天曦:《"积淀"——李泽厚美感论的基石》,《人文杂志》2000 年第 2 期。

43. 张玉能:《实践美学——超越传统美学的开放体系》,《云梦学刊》2000 年第 2 期。

44. 彭富春:《刘纲纪与实践本体论的建设》,《华中师范大学学报(人文社会科学版)》2000 年第 3 期。

45. 张玉能:《蒋孔阳美学体系的动态立体构成》,《武汉教育学院学报》

2000年第5期。

46. 朱刚:《本体论问题的重新理解与实践美学的未来发展》,《内蒙古社会科学》2000年第6期。

47. 陶伯华:《生命美学是世纪之交的美学新方向吗?》,《学术月刊》2001年第7期。

48. 张弘:《本体论的歧见和美学的发展》,《学术月刊》2001年第6期。

49. 吴炫:《论否定主义美学的三个原理》,《学术月刊》2001年第7期。

50. 杨春时:《论审美现代性》,《学术月刊》2001年第5期。

51. 陈望衡:《李泽厚实践美学述评》,《学术月刊》2001年第3期。

52. 成复旺:《审美、异化与实践美学》,《福建论坛》2001年第4期。

53. 朱立元:《发展和建设实践本体论美学》,《广西师范大学学报》2001年3期。

54. 朱刚:《多声部的实践美学——李泽厚与刘纲纪实践美学之比较,兼谈实践美学与后实践美学之争》,《沙洋师范高等专科学校学报》2001年第1期。

55. 彭富春:《中国当代思想的困境与出路——评李泽厚哲学与美学的最新探索》,《文艺研究》2001年第2期。

56. 吴炫:《论否定主义美学的三个原理——兼谈对实践美学和后实践美学的超越》,《学术月刊》2001年第7期。

57. 王向峰:《劳动实践与审美对象化的确证——解读蒋孔阳先生关于美的规律的论述》,《锦州师范学院学报(哲学社会科学版)》2001年第1期。

58. 张玉能:《形式美的生成》,《云梦学刊》2001年第2期。

59. 张玉能:《审美人类学与人生论美学的统一》,《东方丛刊》2001年第2期。

60. 张玉能:《实践的类型与审美活动》,《吉首大学学报》2001年第4期。

61. 张玉能:《实践的结构与美的特征》,《华中师范大学学报》2001年第1期。

62. 张玉能:《形式美的基本特点》,《益阳师专学报》2001年第2期。

63. 张玉能:《在后现代语境下拓展实践美学》,《广西师范大学学报》2001年第1期。

64. 张玉能:《重树实践美学的话语威信》,《民族艺术》2001年第1期。

65. 傅谨:《周来祥美学思想的自我超越——评〈再论美是和谐〉》,《浙江社会科学》2001年第2期。

66. 杨春时:《审美的超实践性与超理性——与刘纲纪先生商榷》,《学海》2001年第2期。

67. 周来祥：《蒋孔阳的美学思想与人格精神》，《学术月刊》2001年第3期。

68. 郑元者、李震、吴乐晋：《蒋孔阳美学思想的现代性意蕴》，《江汉论坛》2001年第3期。

69. 潘知常：《实践美学的一个误区："还原预设"——生命美学与实践美学的论争》，《学海》2001年第2期。

70. 潘知常：《超越知识框架：美学提问方式的转换》，《思想战线》2002年第3期。

71. 王天保：《实践美学视野中的"滑稽"与"幽默"》，《华中师范大学学报》2002年第4期。

72. 彭锋：《从实践美学到美学实践》，《学术月刊》2002年第4期。

73. 杜安：《对抗？对话？实践美学与生命美学本体论之争辨析》，《贵州师范大学学报》2002年第5期。

74. 邓晓芒：《什么是新实践美学——兼与杨春时先生商讨》，《学术月刊》2002年第10期。

75. 杨春时：《从实践美学的主体性到后实践美学的主体间性》，《学术月刊》2002年第9期。

76. 杨春时：《新实践美学不能走出实践美学的困境——答易中天先生》，《学术月刊》2002年第1期。

77. 易中天：《走向"后实践美学"，还是"新实践美学"——与杨春时先生商榷》，《学术月刊》2002年第1期。

78. 张玉能：《后现代主义与实践美学的同步》，《江汉大学学报（人文社会科学版）》2002年第4期。

79. 邵滢：《从"实践"的界定反思实践美学》，《武汉理工大学学报（社会科学版）》2002年第4期。

80. 李社教：《人的自由活动与实践美学的意义》，《武汉理工大学学报》2002年第4期。

81. 王庆卫：《对实践美学的再认识》，《武汉理工大学学报》2002年第2期。

82. 潘知常：《超越知识框架：美学提问方式的转换——关于生命美学与实践美学的论争》，《思想战线》2002年第3期。

83. 张玉能：《从实践美学的话语生成看它的生命力》，《益阳师专学报》2002年第1期。

84. 张玉能：《新实践美学与实践观点》，《武汉理工大学学报》2002年第4期。

85．张玉能：《后现代主义与实践美学的回答》，《华中师范大学学报》2002年第1期。

86．陈晓春：《从中国传统本然美学看实践美学》，《四川师范大学学报（社会科学版）》2002年第3期。

87．曾耀农：《浅谈实践美学的开放性》，《北京社会科学》2002年第2期。

88．薛富兴：《新康德主义：李泽厚主体性实践哲学要素分析》，《哲学动态》2002年第6期。

89．陈炎：《和谐论美学体系的由来与得失》，《学术月刊》2002年第9期。

90．王坤：《蒋孔阳美学思想的基本特点及其历史功绩》，《北京科技大学学报（社会科学版）》2002年第1期。

91．郭文成：《积淀的突围——试论李泽厚的积淀论》，《美与时代》2003年第1期。

92．薛富兴：《美是和谐——周来祥美学论略》，《民族艺术研究》2003年第2期。

93．阎国忠：《从认识论到本体论的跨越（上、下）——卢卡奇与李泽厚美学比较》，《吉首大学学报（社会科学版）》2003年第2、3期。

94．薛富兴：《李泽厚主体性实践哲学的理论根源——马克思〈1844年经济学哲学手稿〉对主体性实践哲学之规定》，《贵州师范大学学报（社会科学版）》2003年第3期。

95．宋传东：《李泽厚美学批判》，《安徽教育学院学报》2003年第1期。

96．胡鹏林、陈春生：《实践美学的超越性思维方式》，《宁夏社会科学》2003年第6期。

97．习传进：《从主体—对象范畴看实践美学的生命活力》，《郧阳师范高等专科学校学报》2003年第2期。

98．胡鹏林：《从二元对立到多元共存——走出实践美学争论的二元对立思维误区》，《烟台大学学报（哲学社会科学版）》2003年第3期。

99．梁玉水：《实践美学如何实现自我超越——从实践唯物主义实践本体论中心已转移谈起》，《佳木斯大学社会科学学报》2003年第1期。

100．薛富兴：《李泽厚后期实践美学的内在矛盾》，《求是学刊》2003年第2期。

101．周纪文：《构筑和谐美学的理论体系大厦——周来祥先生美学思想述评》，《阴山学刊》2003年第2期。

102．郭玉生：《从人生论美学到实践美学——中国悲剧观演变论》，《东方论坛》2004年第1期。

103．岳友熙：《后现代与实践美学的崇高理论》，《华中师范大学学报》

2004 年第 1 期。

104. 周全田、傅静:《对实践美学的反思》,《商丘师范学院学报》2004 年第 1 期。

105. 薛富兴:《李泽厚后期实践美学的基本理路》,《广西师范大学学报》2004 年第 1 期。

106. 华昉:《超越实践美学:当代中国美学建设的首要任务——兼评刘纲纪先生实践美学观的人本主义哲学基础》,《广西社会科学》2004 年第 6 期。

107. 朱立元:《走向实践存在论美学——实践美学突破之途初探》,《湖南师范大学社会科学学报》2004 年第 4 期。

108. 郭玉生:《实践美学视阈中的悲剧范畴》,《天府新论》2004 年第 3 期。

109. 张玉能:《主体间性是后实践美学的陷阱》,《汕头大学学报》2004 年第 3 期。

110. 杨洪林,杨直:《论杨献珍的实践美学思想》,《江汉论坛》2004 年第 7 期。

111. 胡鹏林:《走出实践美学二元对立思维的误区——兼与易中天、杨春时商榷》,《学术研究》2004 年第 11 期。

112. 朱寿兴:《实践美学的核心问题与发展前景一议》,《河南师范大学学报》2004 年第 5 期。

2004—2006 年:

1. 张玉能:《实践美学是不该这样去理解的——与章辉博士商榷》,载《河北学刊》2004 年第 6 期。

2. 杨平、王生平:《美学的动力与转换的向度——"实践美学的反思与展望"国际学术研讨会纪要》,载《哲学研究》2004 年第 11 期。

3. 张玉能:《实践美学与现代性》,载《华中师范大学学报(人文社会科学版)》2005 年第 1 期。

4. 岳友熙:《叶茂根深的实践美学》,载《武汉理工大学学报(社会科学版)》2005 年第 1 期。

5. 王庆卫:《重释"尺度":实践美学与生态观念兼容》,载《贵州师范大学学报(社会科学版)》2005 年第 2 期。

6. 曾忆梦:《再论蒋孔阳对实践美学的贡献》,载《绥化学院学报》2005 年第 1 期。

7. 胡鹏林、党晓培:《后现代转向中的文化研究与实践美学》,载《商丘师范学院学报》2005 年第 1 期。

8. 张玉能:《比较视野中的实践美学更有生命力——与章辉博士商榷》,

载《江西社会科学》2005年第6期。

9. 朱志荣：《论马克思实践美学观的价值》，载《广东社会科学》2005年第4期。

10. 岳友熙：《生态美学与实践美学同源》，载《山东理工大学学报（社会科学版）》2005年第3期。

11. 李世涛：《对实践美学和后实践美学的评价及其论争——从对立、排斥走向对话、汇通之三》，载《甘肃社会科学》2005年第4期。

12. 张黔：《心理化——实践美学发展的一条线索》，载《滨州学院学报》2005年第4期。

13. 张玉能：《实践美学终结了吗——与章辉博士商榷》，载《汕头大学学报（人文社会科学版）》2005年第4期。

14. 陈全黎：《作为反思现代性的实践美学——驳"实践美学终结论"》，载《汕头大学学报（人文社会科学版）》2005年第4期。

15. 禹建湘：《话语实践：实践美学对后现代话语理论的超越》，载《汕头大学学报（人文社会科学版）》2005年第4期。

16. 徐勇：《反驳实践美学终结论——与章辉先生商榷》，载《汕头大学学报（人文社会科学版）》2005年第4期。

17. 徐碧辉：《从实践美学看"生态美学"》，载《哲学研究》2005年第9期。

18. 程镇海：《"发展"不等于"告别"实践美学》，载《湖南师范大学社会科学学报》2006年第1期。

19. 于云：《无法告别的实践美学》，载《湖南师范大学社会科学学报》2006年第1期。

20. 徐碧辉、王丽英：《论李泽厚的实践美学》，载《吉林大学社会科学学报》2006年第1期。

21. 单小曦：《"新实践美学"的现代性批判》，载《吉林大学社会科学学报》2006年第1期。

22. 李志宏：《人类审美是怎样从无到有的——对新实践美学及实践美学的解析与提问》，载《厦门大学学报（哲学社会科学版）》2006年第1期。

23. 张玉能：《实践美学与审美个体性》，载《湖北大学学报（哲学社会科学版）》第2006年第2期。

24. 梁艳萍：《实践美学视野中"柔美"特性与形态》，载《湖北大学学报（哲学社会科学版）》2006年第2期。

25. 张玉能：《新实践美学的告别——答章辉博士》，载《吉首大学学报（社会科学版）》2006年第1期。

26. 吴承笃、路琳：《实践美学视域下的自然美问题反思》，载《天府新论》

2006 年第 2 期。

27. 张韬、张玉能:《实践美学与构建和谐社会》,载《云梦学刊》第 2006 年第 2 期。

28. 张玉能:《实践美学与审美形式性》,载《广西师范大学学报(哲学社会科学版)》2006 年第 1 期。

跋　实践美学：我的思路

　　首先,我们回顾一下实践美学的问题史。发生在20世纪五六十年代的美学大讨论以《文艺报》编辑部编辑出版的6卷本《美学问题讨论集》告终。讨论中赞同蔡仪客观说和吕荧、高尔泰主观说的人相对较少,论争主要在以朱光潜为代表的主客观统一派和李泽厚为代表的客观社会派之间进行,但赞同客观社会派的人似乎更多。除了李泽厚外,洪毅然、马奇、刘纲纪、蒋孔阳、敏泽、周来祥等人都是实践美学的主将,20世纪80年代这些美学家从自己对《巴黎手稿》的理解出发发展了实践美学。查文献索引,整个80年代涉及实践美学的论文为70篇左右,批评质疑的为10篇左右,占整个论文数量的15%,绝大部分论文的内容是阐述实践美学代表人物的观点和以实践美学观点解释审美现象。随着《巴黎手稿》讨论的深入,实践美学得到经典支持而迅速发展。从发表论文和编写的各类美学原理性教材的发行量进行数据分析,可以肯定实践美学是20世纪80年代中国美学的主流学派。

　　1988年刘晓波批评李泽厚的理性主义和文化保守主义倾向。90年代初开始,潘知常批评实践美学,并提出生命美学观。1993年陈炎发表论文《试论"积淀说"与"突破说"》,重新评价刘李之争。文章发表后,上海市美学学会组织针对此文的专题研讨会,朱立元等人发表文章回应。1994年,杨春时发文指出实践美学的缺陷,并提出超越美学的理论构想。朱立元、张玉能站在维护实践美学的立场对杨文提出批评,实践美学与后实践美学之争趋于深化。1994年,张弘就实践美学的本体论问题与朱立元展开争鸣,并提出存在论美学。1996年,中华美学学会青年学术委员会、海南省社联和海南师范学院联合召开了"世纪之交的中国美学:发展与超越"学术研讨会,实践美学与后实践美学代表者进行面对面的交流。在实践美学讨论中,大概形成坚守派、改造派和超越派三种意见。

实践美学:历史谱系与理论终结

20世纪末,实践美学的坚守者张玉能和朱立元变成实践美学的改造者,但张的新实践美学思路仍未解决实践美学难题,朱则与后实践美学观趋向一致,实践美学作为一个具有理论规定性的学术流派走向终结。

实践美学是发生于20世纪五六十年代中国化的马克思主义美学,也是中国20世纪下半期的主流美学学派,它的产生和发展对中国当代哲学美学、文艺理论乃至思想解放都具有重大影响。从中西美学三千多年的发展历程来看,实践美学不过是众多美学学说之一;从百年中国现代化进程来看,实践美学是中西文化交流碰撞的产物。实践美学在中国的发生、发展、兴盛到衰落走过了近半个世纪的历史,站在新世纪之初回顾这段历史,在感慨系之的同时需要我们有更多的理性思考。面对实践美学这一美学学说,我们必须询问这样一些问题:实践美学发生的社会历史背景是怎样的?其代表人物如何形成了继承与发展的谱系?其理论核心是什么?其思想来源有哪些?作为美学理论,实践美学具有怎么样的价值取向和阐释有效性?从前沿理论和其他参照系来看,实践美学有哪些缺陷?这些缺陷如何导致了其合法性的丧失?等等。

国内现有的对实践美学的研究主要以论文形式存在。检索各类文献,从20世纪80年代到2006年国内实践美学的研究性论文有200多篇,论文的主题或是对实践美学代表人物的基本思想进行评述,或是以实践美学解释审美文化现象,或是对实践美学提出批评和质疑。在撰写20世纪中国美学史学术专著时,实践美学也被论及,但把实践美学作为一个整体进行研究的专著还没有出现。现有研究的缺陷在于,第一,缺乏系统性。研究的重点多集中在实践美学的某个观点或某个代表人物,没有从宏观整体上把实践美学作为一个具有历史规定性和总体特征的美学流派加以把握。第二,缺乏历史谱系观念。作为一个有着特定理论内涵的美学思潮,实践美学凝结着几代学人的学术心血,由于历史观念的缺乏,这一思潮中的继承、发展和完善的思路历程没有被呈现。进而,作为一个有着逻辑整一性的美学流派的哲学基础、概念范畴、精神要义、价值指向、阐释限度等就无法被把握。

第三,停留于就事论事,缺乏批判性审视对象的理论视角。在理论多元化,各种思潮迭起的今天,这种状况令人遗憾。在我看来,理论思潮的涌现恰提供了我们审视对象的多重视阈。实践美学研究中所存在的这些缺陷主要是由研究性论文的形式决定的。论文篇幅有限,只能就事论事,缺乏系统性、整体性和历史观念是可以理解的。但对于学术研究的推进来说,这种辩解不能令人满意,特别是在对实践美学的整体把握已成为可能的今天,改变这种状况应成为美学界必修的功课。

在我看来,整体地、历史地、系统地研究实践美学的客观条件已经具备。这些条件一是实践美学的代表人物的学术生命大多已完成,这些前辈学界功勋卓著,大多年事已高,有的已经作古,对其学术思想的整理和评价已成为可能。二是实践美学作为一个理论流派已经走过从发生、发展到成熟完善的历程,并作为体系性的美学理论被写进各类《美学概论》和《美学基本原理》等教材中,对美学、文艺学、艺术学等学科的知识普及产生了巨大影响。三是对实践美学的批评质疑已进行多时,特别是后实践美学的倡导者对实践美学提出了深刻的批评,这些有助于我们对实践美学的深入理解。四是实践美学发生在20世纪五六十年代,在那个特定年代里,中国古代思想作为封建主义的东西被抛弃,西方现代思想作为资产阶级的腐朽产物被否定,政治意识形态对学术的钳制导致了实践美学的思想资源只剩下苏联化的马克思主义和德国古典哲学。新时期以来,随着对西方现当代哲学美学文艺以及中国古代美学思想的研究,我们获得了审视实践美学的多重参照系,实践美学思想资源的缺陷以及由此导致的阐释局限也显示出来。基于以上原因,对实践美学的整体研究成为可能。在我看来,对实践美学的系统思考具有重要的学理意义。这一课题对于总结20世纪中国美学的历史遗产,对于当代中国美学转型的历史性思考,对于中国新世纪哲学美学的建设乃至对于美学原理性教材的编写都具有重要的理论意义。

那么,如何系统地整体地把握实践美学呢?我的思路是这样的:

第一,从历史主义视角宏观把握实践美学,把实践美学作为一个具有逻辑整一性和历史规定性的美学流派,从实践美学的整体而不是就其某个观点、某个人物或其体系的某一方面来展开论述。实践美学是以马克思《巴黎手稿》中的实践观点为哲学基础解释审美现象的美学流派,实践美学因其实践观而在美学大讨论中与其他三派区别开来。在20世纪80年代的美学热中,实践美学获得了众多支持者,美学界多位成就卓著者以实践美学的基本观点撰写中国美学史、美学原理和艺术发生学。经数据统计,实践美学在20世纪80年代是主流美学学派,在美的本质、审美心理学、艺术社会学等领域有鲜明和独特的建树。这些使实践美学成为一个具有体系性和独特阐释视角的美学思潮。

第二,追溯实践美学的历史起源,从其发生处看其问题史背景和逻辑结构。在此,我发现发生在我国20世纪五六十年代的美学大讨论与当时苏联的美学讨论在时序、问题框架、思想来源、政治文化背景上具有惊人的相似性,这一点使实践美学打上了独特的时代烙印。考虑到当时我国与苏联的关系以及对待西方文化的态度,实践美学的苏联背景和意识形态性就不难理解。其次分析实践美学在美学大讨论中崛起的原因。围绕着美的本质问题,美学大讨论产生了四派美学观即蔡仪的客观派、吕荧的主观派、朱光潜的主客观统一派和李泽厚的实践派(即客观社会派)。经数据统计,在当时发表的300余篇美学论战文章中,实践派美学观的拥护者最多。其原因我以为一是其所依据的马克思这一思想来源,二是在特定时期劳动成为一种被肯定的意识形态,"劳动创造美"也成为时代的美学观点。三是李泽厚找到了实践这个联系人与自然的中介,在本体论而非认识论层面规定美的根源,这一点使其在学理上比其他三家更胜一筹。李泽厚早期和后期美学思想变化较大,对其观点的梳理应有历史意识。在美学大讨论中朱光潜重新翻译了马克思《巴黎手稿》中的片段,并以自己的理解提出了不同于李泽厚的实践美学观。后来蒋孔阳继承了朱光潜对实践美学的理解,克服了李泽厚的机械论成分。

第三,梳理实践美学的历史谱系,总结实践美学的基本观点和总体特征。20世纪80年代,随着思想解放和美学热,实践美学走向成熟,并以体系性原理性观点被写进各类美学文艺学教材中。

在80年代，除了实践美学外，其他三派或因政治原因被打压（吕荧），或因为学理性不足而被抛弃（高尔泰），或因为机械性无法解释审美现象而被否定（蔡仪），或被吸收进实践美学中（朱光潜），绝大部分美学著作都以实践美学观点编写，实践美学完善的标志性事件就是王朝闻主编的由实践美学代表人物参著的《美学概论》的大规模出版。作为一个历史的美学流派，在实践美学的发生发展史上，从李泽厚、朱光潜到刘纲纪、蒋孔阳再到邓晓芒、张玉能和朱立元，三代美学学人耗费了巨大的心智。其观点有继承有发展，有综合有扬弃。实践美学经历了20世纪五六十年代创始期、80年代的发展完善期和21世纪初新发展期三个阶段。概而言之，李泽厚和朱光潜奠定了实践美学的理论构架，刘纲纪、周来祥、蒋孔阳和王朝闻等人发展完善了实践美学，朱立元、张玉能在实践美学面临挑战时试图给予其新的生命。当然，历史的勾勒总是粗线条的，在实践美学的建构史上许多美学学人都做出了自己的贡献。作为一个有着独特哲学基础的美学思潮，实践美学的基本观点和主要特征可以从其历史发展中抽象出来。

第四，探索实践美学的思想来源。实践美学的思想资源主要是马克思早期思想和德国古典哲学，我们从实践美学代表人物的学术专长以及实践美学发生的历史背景就可以看出这一点，因此，分析《巴黎手稿》与实践美学的关系甚为必要。在实践美学的发生发展时期，由于意识形态的原因，现代西方和中国古代美学思想被抛弃，东方美学思想的研究则是一片空白，这些导致了实践美学思想来源和阐释效能的有限性。

我以为，把这四个问题说清楚了，实践美学的基本历史线索就清晰了，剩下的问题就是如何理解如何评价实践美学的问题。如何评价实践美学是一个颇为困难的理论问题，因为实践美学离我们还太近，其自身的意义还没有完全展开，同时，历史还没有赋予我们因时空距离和积淀下来的文化传统而成的合法的"偏见"，也就是说，我们很难获得一个审视它的理论视点，这就给我们把握其要义增加了难度。但难度也是相对而言的，因为实践美学的历史发展、逻辑演进、基本观点及其理论局限经过多年的学术沉淀已渐趋明晰，而且经过20多年的学术开放，学界对中西美学思想的研究已很深入,全球化语境也给我们提供了很多理论参照,这就为我们整体性地把握和客观地审视实践美学提供了可能。

在我看来,评价一种美学思想仍然必须遵循历史主义原则,就是看这种美学思想与它以前的美学观点相比对于美学学科建设增加了什么东西。我以为,实践美学优越于当代中国机械唯物主义美学的地方就是它引进了"人"这一维度,美学学科从而变成了人文学科而不是自然科学,这也就是实践美学在当代中国能够充当思想先锋的原因。但任何一种理论都只是一种视角,都只是提供了一种阐释对象的视阈,因此,任何理论都有不可避免的历史缺陷,在真理的路途中,它只具有相对性,不论它以什么经典作为自己的依托,否则它就只是一种意识形态而不能做学理的探讨和批评。

那么如何检视实践美学的理论局限呢?我首先从思维方式,从美学思想的结构方式考察实践美学,这就是本体论问题。本体论是西方古典思想的思维模式。本体论这种思维方式对实践美学的影响就是追求理论的体系性和逻辑性,即我们非常熟悉的逻辑和历史的统一,但消极影响就是自足性和封闭性,这导致其无法接纳新的美学思想从而无法阐释新的审美现象。这从李泽厚后期感性与理性的矛盾可以看出。李泽厚本想重视感性、偶然和个体,但这些新思想却与其基本观点相矛盾,原因就是体系性的思维方式使然。因为一种本体的选取就决定了这种理论的逻辑行程和阐释限度,一种阐释视角的选择必然是对另一种视角的遮蔽。实践美学以实践为本体,实践又是集体性的社会性的客观活动,美是实践的产物,对于个体而言,美就是先在、预成的,个体的审美活动就在其逻辑之外;后实践美学以个体性的生命、存在为本体,使之对美的社会性即康德的美学难题——审美共通感问题无法解释。

其次,一种思想体系的限度还可以从其本身的理论观点看出,也就是以具体审美现象看这种美学理论的阐释局限。从其本身的基本观点和逻辑言路看,我认为实践美学存在起源本质论、实践决定论、美感认识论以及误设了美的客观存在、把美误作意识形态、忽视接受主体性、褊狭的自由观、自然美观和艺术观等九个缺陷。

第三,对一种美学理论的考察也可以引进"他者",从比较对照的视野看其阐释视阈。这可分为三个层面。首先,实践美学的思想资源是德国古典美学,现代西方美学是对德国古典美学的扬弃,因此,现代西方美学可与实践美学构成参照。我选取当代西方美学的三个代表性流派即现象学美学、解释学美学和分析美学,从对比参照中分析实践美学的得失。从当代西方美学主流看实践美学,我发现实践美学存在着忽视存在本身、缺乏对生命的尊重、语言误置等缺陷。其次,现代性话语提供了一种审视现代思想发生的理论标尺,借助它我们可以看清许多东西。从现代性话语视角可以发现,实践美学的基本思想来自启蒙运动。实践美学肯定人的实践,它把美学基本范畴美和崇高的根源归结为人的改造自然的实践力量,缺乏对现代社会中人的活动力量的批判反思精神,这在人与自然的关系日益紧张的今天令人无法容忍,是美学人文性的失落。实践美学是古典美学,其古典性表现在理性、主体性、人类中心论、科学方法论、乐观主义历史进步观、古典自由观、现实主义文艺观以及审美超越的缺乏等方面,正是因此,实践美学无法回应审美现代性的一系列问题。最后,实践美学与后实践美学都是黑格尔主义式的体系性美学。美学理论是否有体系并不重要,关键在于能否有效地言说美。后实践美学以实践美学的批判者和替代者出现在中国学界,我们从比较视野,从思想来源、结构体系、价值取向、问题框架、核心命题、阐释限度等方面来看实践美学与后实践美学,就可以更清晰地辨识当代中国美学的逻辑理路,对实践美学的精神实质也更为明了。

第四,是从对美学核心概念的考察中审视实践美学。在我看来,美学的永恒问题是人生意义的有限与无限,这一问题表现在美学理论上就是审美超越这一概念,而对于美学的这一根本问题实践美学无法言说。所谓审美超越就是指现代审美活动对于生命意义的建构,这一点以前是被忽视和否定的。随着我国学界对西方处于支流的体验美学的研究,随着现代宗教信仰的退隐以及现代审美活动对生命意义的肯定,审美超越的内涵凸现出来。审美中的"超越"不是指实践活动对物质现实,或实践的精神性对动物性本能的超越,而是指对人存在的终极目标的追求和生命的超越性意义的建构。这种超越性表现在人类活动的各个方面,如哲学思辨里对体系性、"理式"、"理念"的追求,宗教信仰领域里的上帝皈依,历史领域里的乌托邦构想。在中国这个没有宗教传统的文化里,在现代社会个体生命意义的寻求更为自觉的今天,审美超越应得到更明确的阐释。

第五,是对实践美学的新发展进行评论。为回应对实践美学的批评,原来坚持传统实践美学观点的一些学人致力于发展新的实践美学,代表性人物是朱立元和张玉能。朱立元力图把马克思的实践概念与海德格尔的存在概念沟通,这种实践美学发展观一方面忽视了马克思与海德格尔的根本区别,抹杀了历史唯物主义对于美学研究的哲学意义,另一方面使实践美学倒向后实践美学一边。张玉能仍然坚持"劳动创造了美"这一实践美学的基本逻辑,试图通过扩大实践概念的内涵来解决实践美学的问题,但传统本体论哲学的思维模式制约了新实践美学的阐释域限,实践美学的基本观点和缺陷仍然被保留,其实是宣告了实践美学的终结。我认为,一种美学观点有自己的逻辑基础和阐释视阈,这就决定了它的精神取向,如果无限制地演绎实践概念的内涵,使之与某种哲学沟通,那么作为具有自身独特规定性的这种美学就不再存在,你可以把它叫其他什么美学都可以,但就不是实践美学了。至于这种美学是否比实践美学提供了更多的东西,是否具有更大的阐释效力就是另外的问题。

我认为,从以上几个方面审视实践美学,实践美学的基本观点、逻辑结构、价值取向、理论视阈、精神气质就呈现出来,作为问题史的实践美学也就可以得到全面的把握。由此,全书共分四章:第一章追溯实践美学的历史缘起;第二章论述实践美学的奠基人物李泽厚和朱光潜的实践美学观;第三章论述了20世纪80年代实践美学的代表人物刘纲纪、蒋孔阳、周来祥、邓晓芒、张玉能等人的实践美学观,并分析了实践美学与《巴黎手稿》的关系;以上为史,第四章为论,即站在后实践美学、现代性、西方美学、美学本体论等视角审视实践美学的历史贡献和理论缺陷,以对实践美学新发展的评论作结。当然,我们还可以从其他许多方面考察实践美学,比如借鉴东方美学思想和审美现象看实践美学的理论缺陷,从原始艺术和审美起源看实践美学的历史贡献等。但我想,从与当代西方思想的对照中,从与后实践美学的比较中,从思维方式的考察中,从核心概念的辨正中,从其基本观点的分析中,从其新发展的评论中去审视实践美学,实践美学就能被全面地把握。我的工作也应到此结束。

作为诗性智慧,作为对审美文化现象的理论抽象和人类生存的哲理性思考,在我看来衡量一种美学理论是否具有历史的合法性,一是看这种美学理论的基本范畴和核心命题是否比前此的美学理论提供了更多的新东西,也就是是否推进了美学的学科建设。二是是否赋予了经典以新的生命。并不能声称自己的观点来源于一种经典这种观点自然就获得了合法性,这种治学方式在今天必须被抛弃。只有赋予经典以新的生命才可以为解决现实问题提供新的思想资源。三是是否能够阐释新的审美文化现象。旧理论"旧"在对新的审美现象无法言说,新理论"新"在既能阐释旧的审美现象,又能够对新的审美现象提供解释。四是作为人文学科之一,是否能阐释现代性处境中的人的生存。美学应具有深厚的人文关怀而不能仅仅提供关于审美现象的一般知识,新的美学理论应该提供生命意义的阐释系统,给人的生存以超越之维。从这几个方面看,实践美学存在不可忽视的缺陷。比如,因其古典性质,实践美学无法解释现代审美现象如丑和荒诞以及中国古代感兴论审美文化;因其理性主义,实践美学无法解释审美活动的超越性,生命意义的有限与无限这一永恒的美学问题无法进入其论域;因其主体性,现代社会人的活动所导致的困境如环境污染等问题实践美学始终无法言说,因为实践美学的根本精神是肯定人对自然的主体地位,赞誉人开发自然的本质力量的;因其中国传统的注经式治学方式,实践美学匍匐在经典的言说范围内,经典的思想边界限制了其理论视野,也限制了其知识增长;因其集体主义倾向,实践美学极易与中国传统合谋,走向保守;在解释学和接受美学已横扫中西学界的今天,实践美学对个体审美解释活动的忽视不可原谅;实践美学以唯物主义哲学代替美学,没有深入美学的问题域,无法回应审美现代性的一系列问题等等。实践美学是历史的产物,其思想资源的局限性、理论精神的古典性、思想方法的非人文性等缺陷导致了其阐释能力的有限性。作为一个历史的美学流派,实践美学应走向终结;作为一个学科的历史环节,实践美学的有效资源应被吸收进中国新世纪的美学建设中。

实践美学对20世纪后半期的中国学术产生了巨大的影响。我认为,一种理论总有自己的逻辑行程和理论规定性,因此,任何一种理论都有自己的特定有效性,否则,这种理论就是苍白的。理论总是历史的,任何理论在学理的批评面前都不可赦免,否则它就是一种信仰而无学理意义。美学基本理论必须重写,它总是在写作中,这是因为我们时代的问题需要新理论做出新的回答。当一种理论因其限度失去了继续阐释现实的可能性之后,我们应该将它历史化,继承其适合时代精神的东西并进行新的理论探索,我想这是我们对待一切理论当然包括实践美学的应有态度。

实践美学的最大特色和恒久魅力就是论争。论争是美学理论推进和学科范式转换的有效手段,通过论争这种直接的对话方式可以把问题的焦点展现出来。实践美学的生长发展历史就是一部学术论争史,这一点构成了实践美学的生命个性。为什么会发生那么多的美学争鸣呢?我以为原因有二:第一,美学是务虚的理论,不是实证性的科学,不像魔术可以现实地表演给人看。同时,审美体验、审美趣味、审美理想乃至生的意义与死的体验等都是极富个体差异性的,美学理论的不同甚至是人生观、生命观和价值观的不同,因此,这里包含着一个价值选择的问题,在一定程度上是不可以争论的。第二,美学理论的更新也是一个知识累积、知识结构更新的结果,不同的思想资源和阐释前见导致了不同的理论构架和价值取向。当一种理论以其逻辑的圆融性似乎具有无限的阐释效能,这种理论的坚持者因其理论的所谓辩证性而自得的时候,任何论争都是无效的,这一点只要看看中国近半个世纪美学论争中某些机械观点的顽强生命力以及对《巴黎手稿》阐释的旧唯物主义倾向仍然盘踞学界就可以知道。但我仍然要提倡美学论争。美学论争构成了中国人文学术的一大风景。我想,如果我们秉承如下原则,美学论争就可能导向健康的学术生产。第一,面对美学文本本身,只能从其具体观点出发进而分析其他层面。第二,我们不能声称自己的观点因为依托某种神圣理论而天然地具有合理性,这种治学方式是意识形态而不是自由思想的生产机制。在实践美学的讨论中,许多人惯于寻章摘句地论证实践美学与经典作家的关系,这就经常出现一种怪现象,即论者并不说实践美学,而是说马克思、康德和席勒等人,似乎这样就获得了理论的合法性。今天的美学理论再也不能以"征圣"的方式使自己神学化。第三,学术争鸣必须讲究形式逻辑,其前提是全面完整地把握论争对象的基本观点而不能流于情绪化。这一点是老生常谈,但在今天的美学讨论中,许多争论就是因为没有完整地而是断章取义地分割对象而产生的。学术论争必须遵循公共理性原则,这样做的根本原因在于,人的理性是有限的,我们只能凭借自己的视角窥探事物真相之一角,因此在真理面前我们必须保持虔诚和谨慎。第四,我们需要在讨论中坚持自己的观点,而在他人揭示自己观点的局限性后加以接受和改进就更值得钦佩。这一点我希望能与学界同仁共勉。

美国哲学家苏珊·朗格说过,理论的生命只有 20 年。在我完成这本书的时候,哲人的教言再次回荡在我的耳边。但我们不应悲观,正因为理论的创新如此困难,才更能激发我们站在前人的肩膀上去追寻!

本书是我长期关注实践美学的一个系统总结。在研究的过程中,我把本书的核心部分以论文形式发表在以下学术刊物上:

1.《论审美活动与超理性追求》,《河北师范大学学报》2000 年第 3 期。《人大复印资料(美学卷)》2000 年第 9 期转载;《高校文科学术文摘》2000 年第 6 期摘录。

2.《"积淀说"与"视阈融合"——李泽厚与伽达默尔的一个比较》,《外国文学研究》2003 年第 1 期。

3.《李泽厚早期美学思想的贡献及其理论局限》,《河北师范大学学报》2003 年第 5 期。《人大复印资料(美学卷)》2003 年第 10 期转载。

4.《对 20 世纪五六十年代美学大讨论的历史反思》,《学术研究》2003 年第 11 期。

5.《苏联影响与实践美学的缘起》,《俄罗斯文艺》2003 年第 5 期。

6.《论审美超越》,《人文杂志》2003 年第 6 期。《人大复印资料(美学卷)》2004 年第 1 期转载。

7.《刘纲纪实践美学观的理论贡献及其局限》,《社会科学家》2004 年第 2 期。

8.《实践美学——一段问题史》,《人文杂志》2004 年第 4 期。《新华文摘》2004 年第 21 期全文转载;《人大复印资料(美学卷)》2004 年第 9 期转载;《中国美学年鉴》2005 年度收录。

9.《论实践美学的九个缺陷》,《河北学刊》2004 年第 5 期。

10.《实践美学与现代性问题》,《中国人民大学学报》2004 年第 6 期。

11.《呼唤主体——朱光潜与实践美学》,《华中师范大学学报》2004 年第 1 期。

12.《评实践美学与后实践美学之争》,《文学评论》2005 年第 6 期。

13.《告别实践美学——评两种实践美学发展观》,《学术月刊》2005 年第 3 期。

14.《本体论的歧见及其与当代中国美学的关联》,《人文杂志》2005 年第 5 期。《中国美学年鉴》2005 年度收录。

15.《当前实践美学论争中几个问题的思考》,《西北师范大学学报》2005 年第 6 期。

16.《从比较视野看实践美学》,《江西社会科学》2005 年第 4 期。

17.《现代性:美学研究的一种价值追求》,《甘肃社会科学》2005 年第 4 期。《人大复印资料(美学卷)》2005 年第 12 期转载。

18.《美学逻辑的演进与实践美学的崛起》,《武汉理工大学学报》2005 年第 1 期。《人大复印资料(美学卷)》2005 年第 4 期转载。

19.《蒋孔阳:实践美学的总结者与终结者》,《江汉论坛》2006 年第 6 期。

20.《〈巴黎手稿〉与实践美学》,《学术研究》2006年第8期。

对各刊物及其编辑刘德兴先生、胡亚敏教授、陶原珂先生、吴泽霖教授、杨立民先生、邓祝仁先生、田卫平先生、林间博士、邱紫华教授、党圣元教授、夏锦乾先生、张兵先生、余悦先生、胡政平先生、韩文革博士、刘保昌博士等表示诚挚的感谢！张法教授经常给予学术指点,重庆市教委和四川外语学院科研处提供了本书的出版资助,在此表示感谢!

章 辉

2006年5月14日于重庆歌乐山下